工程建设理论与实践丛书

CHENGSHI DAOLU
GUIHUA SHEJI YU ZAOJIA GUANLI

城市道路
规划设计与造价管理

周云钦　邵晓峰　何栋奎　主编

華中科技大學出版社
http://press.hust.edu.cn
中国·武汉

图书在版编目(CIP)数据

城市道路规划设计与造价管理/周云钦,邵晓峰,何栋奎主编.—武汉:华中科技大学出版社,2022.12

ISBN 978-7-5680-8950-0

Ⅰ.①城… Ⅱ.①周… ②邵… ③何… Ⅲ.①城市道路-城市规划-规划布局-研究 ②城市道路-道路工程-造价管理-研究 Ⅳ.①TU984.191 ②U415.13

中国版本图书馆 CIP 数据核字(2022)第 229827 号

城市道路规划设计与造价管理 周云钦 邵晓峰 何栋奎 主编

Chengshi Daolu Guihua Sheji yu Zaojia Guanli

策划编辑:周永华

责任编辑:叶向荣

封面设计:王 娜

责任监印:朱 玢

出版发行:华中科技大学出版社(中国·武汉) 电话:(027)81321913

武汉市东湖新技术开发区华工科技园 邮编:430223

录 排:华中科技大学惠友文印中心

印 刷:武汉科源印刷设计有限公司

开 本:710mm×1000mm 1/16

印 张:21

字 数:377 千字

版 次:2022 年 12 月第 1 版第 1 次印刷

定 价:98.00 元

编　委　会

主　编　周云钦（上海中凯工程技术有限公司/华汇工程设计集团股份有限公司）
邵晓峰（中铁上海设计院集团有限公司）
何栋奎（华设设计集团股份有限公司）

副主编　黄始南（北京市市政工程设计研究总院有限公司深圳分院）
史刚雷（华杰工程咨询有限公司）
王武刚（中铁隧道勘察设计研究院有限公司）

编　委　曾志平（中国公路工程咨询集团有限公司）
王晓娜（中建-大成建筑有限责任公司）

前　　言

城市道路直接影响了城市的发展，它是将城市社会活动及经济活动联系起来的一个重要桥梁。当前城市发展迅速，各种道路建设如火如荼，城市道路的规划设计、城市道路工程全过程的造价管理越来越重要。

城市道路是城市基础设施建设的重要内容，对城市的现代化建设起着至关重要的作用。城市道路规划是对城市辖区范围内各种不同功能的干道、支路及附属交通设施所组成的交通运输网的规划。科学、合理的城市道路规划设计，对城市的可持续性建设与发展具有重要意义。而对城市道路工程项目建设全过程的造价管理，是实现城市道路工程项目成本控制的有力手段。

全书共计 10 章，第 1 章～第 5 章为城市道路规划设计方面的内容，第 6 章～第 10 章为城市道路造价管理方面的内容。

本书可作为城市建设部门的工程技术人员和业务管理人员的阅读参考材料，也可作为继续教育的培训材料。

本书在编写过程中，参阅了国内外同行的著作，得到了有关单位的大力支持，在此深表感谢。书中不足之处在所难免，恳请读者批评指正。

目　　录

第 1 章　城市道路工程概述

1.1　城市道路工程的定义和特点

1.1.1　城市道路概述

1. 城市道路的定义

城市道路是指通达城市的各地区，供城市内交通运输及行人使用，便于居民生活、工作及文化娱乐活动，并与市外道路连接，负担着对外交通的道路，参见图 1.1。

图 1.1　城市道路示意图

2. 城市道路发展简史

中国古代营建都城，对道路布置极为重视。当时都城有纵向道路、横向道路和环形道路以及郊区道路，并有不同的宽度。中国唐代（618—907 年）都城长安，明、清两代(1368—1912 年)都城北京的道路系统皆为棋盘式，纵横有序，主干道宽广，中间以支路连接便利居民交通。

巴基斯坦信德省印度河右岸著名古城遗址摩亨佐·达罗城(Mohenjo Daro，公元前 15 世纪前)有排列整齐的街道，主要道路为南北向，宽约 10 m，次要道路为东西向。古罗马城(公元前 15—前 6 世纪)贯穿全城的南北大道宽 15 m 左右，大部分街道为东西向，路面分成三部分，两侧行人，中间行车马，路侧有排水边沟。公元 1 世纪末的罗马城，城内干道宽 25～30 m，有些宽达 35 m，人行道与车行道用列柱分隔，路面用平整的大石板铺砌，城市中心设有广场。

随着历史的演进，世界各大城市的道路都有不同程度的发展，自发明汽车以后，为保证汽车快速、安全行驶，城市道路建设发生了新的变化。除道路布置有了多种形式外，路面也由土路改变为石板、块石、碎石，以至沥青混凝土路面和水泥混凝土路面，以承担繁重的车辆交通，并设置了各种控制交通的设施。

3. 城市道路的要求

现代的城市道路是城市总体规划的主要组成部分，它关系到整个城市的有机活动。为了使城市的人流、车流畅通有序，城市道路要满足以下要求：①适当的路幅以容纳繁重的交通；②坚固耐久、平整抗滑的路面以利车辆安全、舒适、迅捷地行驶；③少扬尘、少噪声以利于环境卫生；④便利的排水设施以便将雨、雪、水及时排除；⑤充分的照明设施以利居民晚间活动和车辆运行；⑥道路两侧要设置足够宽的人行道、绿化带、地上杆线、地下管线。

此外，城市道路还为城市地震、火灾等灾害提供隔离地带、避难处和抢救通道(地下部分可作人防之用)；为城市绿化、美化提供场地，配合城市重要公共建筑物前庭布置，为城市环境需要的光照通风提供空间；为市民散步和体育锻炼提供方便。

4. 对城市道路发展的展望

随着汽车工业的发展，各国汽车保有量飞速增加，各国城市道路为适应汽车交通的需要，在数量上大幅增长，在质量上大幅提高，世界大都市如伦敦、巴黎、柏林、莫斯科、纽约、东京等，均建有为汽车交通运输服务的完善道路网，其他各国的城市道路也均有不同程度的发展。

但是由于城市的发展、人口的集中，各种交通工具大量增加，城市交通日益拥挤，公共汽车行驶速度缓慢，道路堵塞，交通事故频繁，居民生活环境遭到废气、噪声的严重污染。解决日益严重的城市交通问题已成为当前重要课题。已

开始实施或正在研究的措施有：①改建地面现有道路系统，增加城市高速车道、干路、环路数量，以疏导、分散过境交通及市内交通，减轻城市中心区交通压力，以改善城市内部交通状况；②发展地上高架道路与路堑式地下道路，供高速车辆行驶，减少慢行交通的互相干扰；③研制新型交通工具，如气垫车、电动汽车、太阳能汽车等速度高、运量大的车辆，以提高运输速度并加大运量；④加强交通组织管理，如利用电子计算机建立控制中心，研制自动调度公共交通的电子调度系统、广泛采用绿波交通（汽车按规定的速度行驶至每个平交路口时，均遇绿灯，不需要停车而连续通过）、实行公共交通优先等；⑤开展交通流理论研究，采用新交通观测仪器以研究解决日益严重的交通问题；⑥发展自动驾驶和无人驾驶技术，积极引入人工智能技术，发展智能交通系统。

1.1.2　城市道路工程的特点

1. 准备期短，开工急

城市道路工程通常由政府出资建设，出于减少工程建设对城市日常生活的干扰这一目的，对施工周期的要求十分严格，工程只能提前，不准推后，施工单位往往根据工期，倒排进度计划，难免缺乏周密性。

2. 施工场地狭窄，动迁量大

由于城市道路工程一般是在市内的大街小巷进行施工，旧房拆迁量大，场地狭窄，常常影响施工路段的环境和交通，给市民的生活和生产带来了不便，也增加了对道路工程进行进度控制、质量控制的难度。

3. 地下管线复杂

城市道路工程建设实施当中，经常遇到供热、给水、排水、污水、煤气、电力、通信等管线位置不明的情况，若盲目施工极有可能挖断管线，造成重大的经济损失和严重的社会危害。

4. 原材料投资大

在工程造价中，城市道路工程材料使用量极大，所占比例达到50%左右，如何合理选材，是工程监理工作质量控制的重要环节。施工现场的分布、运距等都是材料选择的重要依据。

5. 质量控制难度大

在城市道路的施工过程中，往往会出现片面追求施工进度、不求质量，只讲

施工效益的情况，给施工监理工作带来了很大困难。

6. 地质条件影响大

城市道路工程中雨水、污水工程，往往受施工现场地质条件的影响，如遇现场地下水位高、土质差，就需要采取井点或深井降水措施，待水位降至符合施工条件，才能组织沟槽的开挖，如果管道埋设深、土质差，还需要沟槽护坡支护，方能保证正常施工。

1.2 城市道路的功能、分类和性能要求

1.2.1 城市道路的功能

道路是供各种车辆和行人等通行的工程设施。它主要承受车辆荷载的重复作用，并经受各种自然因素的长期影响。根据道路的不同组成和功能特点，道路分为两大类：公路与城市道路。位于城市郊区及城市以外、连接城市与乡村，主要供汽车行驶的具备一定技术条件和设施的道路，称为公路。而在城市范围内，供车辆及行人通行的具备一定技术条件和设施的道路，称为城市道路。

作为文化、政治和经济中心的城市，是在与它周围地区（空间）进行密切不断的联系中存在的。因此，一个城市的对外交通是促使这个城市发展的重要条件，也是构成城市的主要物质要素。城市对外交通的方式是多种多样的，如航空、水运、铁路、道路等。而道路是面的交通运输，它比“点”和“线”的交通运输方式具有更大的机动灵活性，能够深入各个领域。

在城市里，道路交通的运输功能更加明显。以汽车为主要工具的道路运输，无论是在时间上还是在地区上都能随意运行。一方面，道路交通在货物品种、运输地段、运距以及包装形式等方面有较高的机动、迅速、准确、直接到位的机能；另一方面，道路交通随着人们生活方式的变化，有快捷、舒适、直达家门、机动评价高、尊重私人生活等优点。

道路按空间论，有四种功能：一是把城市的各个不同功能组成部分，例如，市中心区、工业区、居住区、机场、码头、车站、货物、公园、体育场（馆）等，通过城市道路连接起来的联系功能；二是把不同的区域按用地分区，使其具有不同使用要求的区划功能；三是敷设各种设施的容纳功能；四是由城市道路网构成的美化城市功能。把这些功能有机组合，道路空间便有种种作用，如交通空间、环境空间、

服务设施的容纳空间和防灾空间等。

城市的各个功能组成部分，通过道路的连接，形成城市道路网（包括快速路、主干路、次干路和支路），构成统一的有机体，表现城市建筑各个方位的立面，以及建筑群体之间组合的艺术。把建筑这种"凝固的诗"通过在道路上律动的视点，变为"有节奏的乐章"，可以使人获得丰富而生动的环境感受。因此，城市道路在承担基本的交通运输任务的同时，还成了反映城市面貌与建筑风格的手段。

1.2.2　城市道路分类

城市道路的功能是综合性的，为发挥其不同功能，保证城市中的生产、生活正常进行，交通运输经济合理，应对道路进行科学的分类。分类方法有多种形式：根据道路在城市规划道路系统中所处的地位划分为主干路、次干路及支路；根据道路对交通运输所起的作用分为全市性道路、区域性道路、环路、放射路、过境道路等；根据承担的主要运输性质分为客运道路、货运道路、客货运道路等；根据道路所处环境划分为中心区道路、工业区道路、仓库区道路、文教区道路、行政区道路、住宅区道路、风景游览区道路、文化娱乐性道路、科技卫生性道路、生活性道路、火车站道路、游览性道路、林荫路等。以上各种分类方法，主要是满足道路在交通运输方面的功能。《城市道路工程设计规范（2016 年版）》（CJJ 37—2012）中以道路在城市道路网中的地位和交通功能为基础，同时也考虑对沿线的服务功能，将城市道路分为 4 类，即快速路、主干路、次干路与支路。

1. 快速路

快速路完全为交通功能服务，是解决城市大容量、长距离、快速交通的主要道路。快速路要有平顺的线形，与一般道路分开，使汽车交通安全、通畅和舒适。与交通量大的干路相交时应采用立体交叉，与交通量小的支路相交时可采用平面交叉，但要有控制交通的措施。两侧有非机动车时，必须设完整的分隔带。横过车行道时，需经过控制的交叉路口或地道、天桥。快速路见图 1.2。

2. 主干路

主干路为连接城市各主要分区的干路，是城市道路网的主要骨架，以交通功能为主。主干路上的交通要保证一定的行车速度，故应根据交通量的大小设置相应宽度的车行道，以供车辆通畅地行驶。线形应顺捷，交叉口宜尽可能少，以减少相交道路上车辆进出的干扰；平面交叉要有控制交通的措施，交通量超过平面交叉口的通行能力时，可根据规划采用立体交叉。机动车道与非机动车道应

图 1.2 快速路

用隔离带分开。在交通量大的主干路上，快速机动车如小客车等，也应与速度较慢的卡车、公共汽车等分道行驶。主干路两侧应有适当宽度的人行道。应严格控制行人横穿主干路。主干路两侧不宜建设吸引大量人流、车流的公共建筑物，如剧院、体育馆、大商场等。

3. 次干路

次干路是城市区域性的交通干道，为区域交通集散服务，兼有服务功能，配合主干路组成道路网。次干路是一个区域内的主要道路，是一般交通道路，兼有服务功能，配合主干路共同组成干路网，起广泛联系城市各部分与集散交通的作用，一般情况下快慢车混合行驶。条件许可时也可另设非机动车道。道路两侧应设人行道，并可设置吸引人流的公共建筑物。次干路见图 1.3。

图 1.3 次干路

4. 支路

支路为次干路联系各居住小区的连接线路，解决局部地区交通问题，直接与两侧建筑物出入口相接，以服务功能为主，也起集散交通的作用，两旁可有人行道，也可有商业性建筑。支路见图 1.4。

图 1.4　支路图

1.2.3　城市道路分级

大、中、小城市现有道路行车速度、路面宽度、路面结构厚度、交叉口形式等都有区别，为了使道路既能满足使用要求，又节约投资及土地，《城市道路工程设计规范（2016 年版）》（CJJ 37—2012）中规定：除快速路外，每类道路按照所占城市的规模、设计交通量、地形等分为 I、II、III 级。大城市应采用各类道路中的 I 级标准；中等城市应采用 II 级标准；小城市应采用 III 级标准。有特殊情况需变更级别时，应做技术经济论证，报规划审批部门批准。

1.2.4　城市道路路面分类

城市道路路面按照以下方式分类。

1.2.4.1　按结构强度分类

1. 高级路面

路面强度高、刚度大、稳定性好是高级路面的特点。它使用年限长，能适应繁重的交通量，且路面平整、允许行驶速度高、运输成本低，建设投资高，养护费用少，适用于城市快速路、主干路。

2. 次高级路面

次高级路面的路面强度、刚度、稳定性、使用寿命、允许行驶速度、适应交通量等均低于高级路面，但是维修、养护、运输费用较高，可用于城市次干路、支路。

1.2.4.2 按力学特性分类

1. 柔性路面

柔性路面在荷载作用下产生的弯沉变形较大、抗弯强度小，在反复荷载作用下产生累积变形。它的破坏取决于极限垂直变形和弯拉应变。柔性路面的主要代表是各种沥青类路面。

2. 刚性路面

刚性路面在行车荷载作用下产生板体作用，抗弯拉强度大，弯沉变形很小，呈现出较大的刚性。它的破坏取决于极限弯拉强度。刚性路面主要代表是水泥混凝土路面。

1.2.5 路基与路面的性能要求

城市道路由路基和路面构成。路基是在地表按道路的线形（位置）和断面（几何尺寸）的要求开挖或堆填而成的岩土结构物。路面是在路基顶面的行车部分用不同粒料或混合料铺筑而成的层状结构物。

1.2.5.1 路基的性能要求

路基既为车辆在道路上行驶提供基本条件，也是道路的支撑结构物，对路面的使用性能有重要影响。反映路基性能要求的主要指标有整体稳定性和变形量。

1. 整体稳定性

在地表上开挖或填筑路基，必然会改变原地层（土层或岩层）的受力状态。原先处于稳定状态的地层，有可能由于填筑或开挖而引起不平衡，进而导致路基失稳。软土地层上填筑高路堤产生的填土附加荷载若超出软土地基的承载力，就会造成路堤沉陷；在山坡上开挖深路堑使上侧坡体失去支撑，有可能造成坡体坍塌破坏。在不稳定的地层上填筑或开挖路基会加剧滑坡或坍塌。必须保证路基在不利的环境（地质、水文或气候）条件下具有足够的整体稳定性，以发挥路基在道路结构中的强力承载作用。

2. 变形量

路基及其下承的地基，在自重和车辆荷载作用下会产生变形，当地基软弱填

土过分疏松或潮湿时，所产生的沉陷、固结或不均匀变形，会导致路面出现过量的变形和应力增大现象，促使路面过早破坏并影响汽车行驶舒适性。因此，必须尽量控制路基、地基的变形量，才能给路面以坚实的支撑。

1.2.5.2　路面的性能要求

路面直接承受行车的作用。设置路面结构可以改善汽车的行驶条件，提高道路服务水平（包括舒适性和经济性），以满足汽车运输的要求。反映路面性能要求的主要指标如下。

1. 平整度

平整的路表面可减小车轮对路面的冲击力，行车产生的附加振动小，不会造成车辆颠簸，能提高行车速度和舒适性，不增加运行费用。依靠优质的施工机具、精细的施工工艺、严格的施工质量控制，以及经常、及时的维修养护，可实现路面的高平整度。为减缓路面平整度的衰变速率，应重视路面结构及面层材料的强度和抗变形能力。

2. 承载能力

当车辆荷载作用在路面上，使路面结构内产生应力和应变时，如果路面结构整体或某一结构层的强度或抗变形能力不足以抵抗这些应力和应变，路面便出现开裂或变形（沉陷、车辙等），降低其服务水平。路面结构暴露在大气中，受到温度和湿度的周期性影响，承载能力也会下降。路面在长期使用中会出现疲劳损坏和塑性累积变形，需要维修、养护，但频繁维修、养护，势必会干扰正常的交通运营。为此，路面必须满足设计年限的使用需要，具有足够抗疲劳破坏和塑性变形的能力，即具备相当高的强度和刚度。

3. 温度稳定性

路面材料特别是表面层材料，长期受到水文、温度、大气因素的作用，材料强度会下降，材料形状会变化，如沥青面层老化，弹性、黏性、塑性逐渐丧失，最终路况恶化，导致车辆运行质量下降。为此，路面必须保持较高的稳定性，即具有较低的温度、湿度敏感度。

4. 抗滑能力

光滑的路表面使车轮缺乏足够的附着力，汽车在雨雪天行驶、紧急制动或转弯时，车轮易产生空转或溜滑危险，极有可能造成交通事故。因此，路表面应平整、密实、粗糙、耐磨，具有较大的摩擦系数和较强的抗滑能力。路面抗滑能力强，可缩短汽车的制动距离，降低发生交通安全事故的频率。

5. 透水性

路面应具有不透水性，以防止水渗入道路结构层和土基，致使路面的使用功能丧失。

6. 噪声量

城市道路在使用过程中产生的交通噪声，使人们出行感到不舒适，居民生活质量下降。城市区域应尽量使用低噪声路面，为营造静谧的社会环境创造条件。

第 2 章　城市道路规划

2.1　城市道路规划内容概述

城市规划的主要任务是对用地进行综合布置，它充分研究有关城市的政治、经济、法律、历史、地理、风土人情和自然条件等，据此制定城市发展战略、方针政策、城市人口、城市规模和经济发展等规划。

城市道路规划是城市规划的重要组成部分，受到城市规划中的人口、规模、城市布局、城市环境及城市土地使用等重要因素的制约和影响。同时，城市道路也影响着城市规划中的各个方面的功能和发展。从总体上而言，城市道路依附于城市规划；从城市交通本身而言，其又有独立性，因此，城市道路是大系统中的一个重要的子系统，同时又是独立性很强的系统工程，而它本身又分为若干个规模较大的连续性很强的分系统。

城市是人们活动的舞台，可分为两类：一类是人们直接参与活动的场所，如各类建筑是人们工作、居住和休憩的场所，各种道路设施既是静态设施又是人流及车流动态活动场所；另一类是供应设施，如供水、供电设施等。因此，城市道路离不开城市规划与城市建设的各个方面、各种因素，道路是提供各类公用市政设施的场所。

2.1.1　城市布局与城市道路网的关系

城市布局依据城市特点、规模、地理位置、自然条件、旧城现状、工作与居住关系，以及建设用地与绿化用地比例等条件而定。城市布局大致可分为以下 7 种。

(1)带形城市。城市布局呈带状，沿河流或沿铁路发展。

(2)集中成片式城市。城市布局呈集中成片状发展。

(3)子母城市。中心市区与周围若干卫星城镇组成子母城市，但是母城与子城规模之间的比例尚没有明确的数量关系。很多几百万乃至上千万人口的大城市是这种布局，其市区以外有若干新城或工业县镇。

(4)走廊城市。在中心城市以外由若干交通走廊所组成的城市,沿交通走廊布置建筑群。

(5)分散集中城市。城市布局是在中心市区以外周围有若干分散的重点建设地区。

(6)手指式城市。城市布局是中心市区以外呈手指状放射发展。

(7)特殊地形城市。因地形限制,如山城、沿江、沿海城市,因地制宜形成独特的城市布局。

城市布局不同,制约着城市道路网的布设,左右着城市交通网络。城市布局与城市路网密切相关,相互依存。城市道路布设要服从城市布局,反过来说又影响着城市总体布局。要布设城市道路交通网络,首先要了解城市布局、研究城市布局;反之,确定一个新城市布局,首先必须考虑城市交通的布设。只有统筹考虑,全面安排,整个城市才能活动起来。

分析研究世界上一些大城市地区布局的发展战略,城市道路布设主要应考虑以下 4 个方面。

(1)大城市地区交通布设,应打破同心圆向心发展,改为开敞式,城市布局沿交通干线发展,城市用地呈组团布置,组团之间用绿地空间隔开,如深圳。

(2)在具有悠久历史传统、逐步发展起来的中心城市中,除历史形成的传统中央商业区、金融、行政中心外,在其外部城市建成区内,新辟副中心以分散市中心繁杂的功能。另外,在中心城市外围地区,建设快速交通干线,形成大容量客运工具的交通网络,在其沿线建设新城或卫星城。

(3)在超越大城市地区更大区域范围内,组成都市圈、城市群或城市带。用城市体系的布局战略来疏导各个城市的城市功能,如伦敦周围的英国东南部战略规划,日本东京沿太平洋的东京、横滨、名古屋、大阪、神户城市群带,美国沿大西洋的波士顿、纽约、华盛顿城市群带,这些城市群带组成综合交通网络。

(4)有不少城市在中心城市外围大范围内,划定较大范围内森林公园或绿色环带,以保护城市生态环境或控制大城市中心地区的发展规模。

2.1.2 土地使用规划与城市交通

城市土地使用规划与城市道路交通是一个问题的两个方面。从土地使用形态上看,土地使用规划体现在地面上(包括地下和空间)各类建筑设施的综合布局,而城市道路交通网络主要体现在线路上的综合安排,两者相辅相成,相互联系,相互制约。因此,规划城市道路交通首先要研究土地使用规划;编制土地使用规划也要先布设城市道路网络,确定道路密度,而道路密度又与土地使用功能

息息相关。一座城市的土地使用规划,如果没有与之相适应的城市道路密度,那么将来建成的城市就不能活动起来,会影响整个城市的经济生活。

一般来说,土地使用性质不同,将来建成区产生的交通流密度也不同。城市中心区大型公共建筑多,商业及服务业也多,因而产生的交通量就大;居住区是人们生活的场所,产生的交通量次之;城市中心区之外的工业区、城市边缘区产生的交通量更小。影响城市交通的因素除以上几个方面外,还有城市环境市政公用系统等。这些因素与城市交通相互制约、相互影响。

2.1.3　城市道路网络分类

城市道路网络是城市交通的主要载体,它担负着各种机动车、非机动车、行人以及地面有轨交通的运行。城市道路既是交通规划的主脉,又是城市规划的骨架,其网络布局是否合理,关系到城市规划和城市交通的大局。城市道路网络布局有的是历史上形成的,如巴黎、伦敦、莫斯科和华盛顿等城市;有的是在历史上形成的基础上有所发展,形成新的格局,如上海、北京和天津等城市;还有近些年来新建成的城市,如美国的达拉斯、中国的深圳等城市。

城市道路网具有多种形式,大致可以分为 7 种。

2.1.3.1　线形或带形道路网

中小城市线形或带形道路网以一条干道为主轴,沿线两侧布置工业与民用建筑,从干道分出一些支路联系每侧的建筑群。线形或带形道路网布局又可分为两种方式:一种方式是干道一侧为居住区,另一侧为工业企业区,干道的中部为中心区,两侧各有一个副中心;另一种方式为沿干道为多个建设区,中间为居住区及行政商业服务业中心,两侧各为一个工业企业区,最外侧各有居住区及商业服务业副中心,并与工业区分开布局。

2.1.3.2　环形放射式道路网

这种道路网布局形式,从城市中心起向四周由若干条放射线和以城市中心为圆心的几条环形线所组成,城市中心即为中心区,四周分布几个副中心,比较理想的布局方式是从中心起向四周一定范围内为居住区,市区外围为工业区。

环形放射式道路网最初多见于欧洲以广场组织道路规划的城市,如莫斯科、巴黎。我国各大城市一般由中心区逐步向外发展,由中心区向四周引出的放射性道路逐步演变过来。环形放射式道路网的特点是放射性道路在加强了市郊联系的同时,也将城市外围交通引入了城市中心区域;环形道路在加强城区以外地区相互之间联系的同时,有可能引起城市沿环路发展。环形放射式道路系统有利于市中心同外围地区的联系,也有利于外围地区之间的相互联系,但是同时容易将外围交通引入中心区,形成许多不规则的街坊,灵活性不强。环形道路与放射式道路应该互相配合,环形道路要起到保护中心区不被过境交通穿越的功能,必须提高环形道路的等级,形成快速环路系统。我国典型的环形放射式道路网可参见成都市。

2.1.3.3 方格网式道路网

方格网式又称作棋盘式,是一种在地形平坦城市中常见的道路网类型。方格网式道路网的特点是道路布局整齐,有利于建筑物的布置;平行道路多,有利于交通分散,便于机动灵活地进行交通组织;但是对角线方向的交通联系不方便,增加了部分车辆的绕行。完全方格网的形式仅用于中小城市,见图 2.1、图 2.2。大城市的各分区均呈方格式,道路大多平行或垂直于铁路或河流布置。国内外一些大城市如纽约、郑州、洛阳等旧城区,由于历史形成的路幅狭窄、密度较大的方格网式道路网,已经较难适应现代交通的需求,于是通过组织单向交通等措施来缓解交通拥挤的问题。

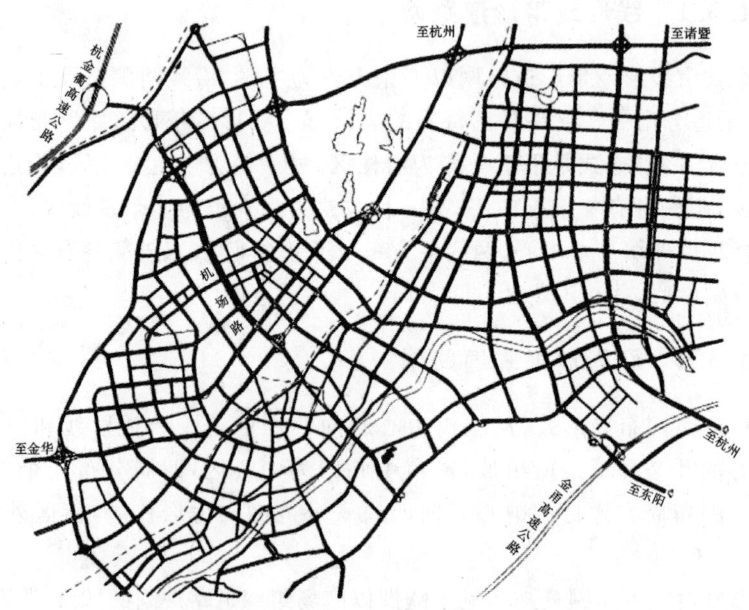

图 2.1 义乌市方格网式道路网规划示意图

图 2.2　苍南县方格网式道路网规划示意图

2.1.3.4　方格环形放射式道路网

方格环形放射式道路网又称混合式道路网，是对方格网和环形放射式道路网的综合，即在同一个城市同时存在几种类型的道路网，组合成混合式的道路网。其特点是扬长避短，充分发挥各种形式道路网的优势。我国如北京、上海、天津、沈阳和武汉等大多数大城市都采用了方格环形放射式道路网布局。图2.3为武汉市方格环形放射式道路网规划示意图。

2.1.3.5　星状放射式道路网

星状放射式道路网又称单放射式道路网，是由城市中心向四周引出放射性道路，通常是城郊道路或对外公路的形式。单放射式道路网没有环形放射式道路网方便。市内道路只呈环状，也不便于各层之间的联系。

2.1.3.6　自由式道路网

自由式道路网是由于城市地形起伏较大，道路结合自然地形呈不规则状布置而形成的。自由式道路网的特点是受自然地形制约，会出现较多的不规则街

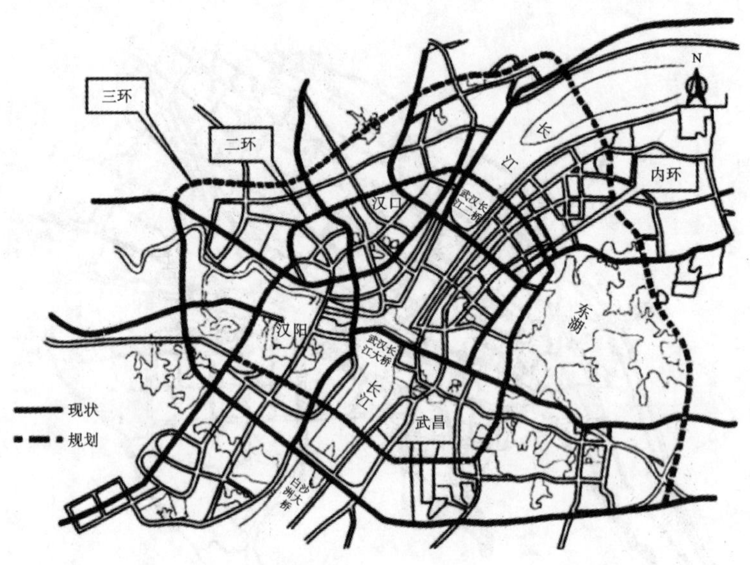

图 2.3　武汉市方格环形放射式道路网规划示意图

坊，造成建设用地分散。自由式道路网没有一定的格式，变化很多，如果综合考虑城市用地布局和城市景观等因素，精心规划，不仅同样可以建成高效的道路运行系统，而且可以形成活泼丰富的景观效果。我国山区和丘陵地区的一些城市较常采用这类形式，如青岛、重庆、南平等城市。

2.1.3.7　组团式道路网

河流或其他天然障隔将城市用地分成几个系统。城市用地由城市干道和绿化带分隔。

我国城市的旧市区，一般多是方格网式或自由式或混合式道路网。随着城市人口数量的增加和城市规模的不断扩大，现有的路网形式已不能适应现代化交通的要求，各区之间，市区与郊区之间的联系很不方便。为此，大中城市应开辟放射式和环式干道系统，以缩短各区之间、市区与郊区之间的联系时间，让过境车辆从郊区通过。道路距离较长，交通量又大的，应开辟为快速路，以"快速"解决"远距"问题。在市区中心区域，应积极改善现有道路，打通卡口、堵头，改善平交路口的交通组织方式，拓宽路口，增加进口道断面的车道数，以提高道路的利用率和通行能力，逐步完善城市道路系统。

2.2　城市道路规划

2.2.1　规划原则

(1)城市用地扩展,城市道路网要能随之长大、向外延伸。国内有些城市为了追求轴线、视点,将干路正对着火车站或重要的公共建筑物,形成许多错位丁字路口,不仅不利于车流通行,而且改造困难,若要延伸道路,无论是地道下穿还是高架桥跨越,造价都很昂贵。因此,不应将干路建成尽端式道路。

(2)各相邻片区之间至少有两条道路相通,可使城市因发生突发事件或交通事故而堵塞道路时,仍有一条道路能通行。

(3)次干路和支路的道路网规划成长方格,可使各个地块具有良好的可达性,又可减少许多交叉口。

(4)道路交叉口相交道路条数多,或道路相交角度小,都不利于交叉口的交通组织。它减少了车辆通过的有效绿灯时间,降低了通行能力,使交叉口用地畸形,影响行车安全视距,加大行人过街距离。因此,若交叉口上道路夹角小,需在路段上用较大转折角度将道路扭过来,使交叉口进口道之间的夹角放大,这种做法虽然会在道路施工或埋设地下管线时增添麻烦,但可改善道路交通,丰富城市道路景观。

(5)改造旧城道路网时,必须充分研究原有道路网的形成和发展过程,不要随意改变道路走向。否则,大量支路与干路斜交,不仅难于组织平行道路以分担主干路的交通压力,反而会使干路上产生许多畸形交叉口,更增加了干路的交通负担。

2.2.2　各类道路的规划要求

2.2.2.1　快速路

快速路网形成城市主要的交通走廊,承担大部分的中长距离出行。这一部分中长距离的出行主要集中在中心城区到郊区以及郊区之间,另外还有一部分是在通向外省市的高速公路上。

对人口在 50 万以下的城市,其用地一般在 7 km×8 km 以下,市民活动基本是在骑行 30 min 的范围内，没有必要设置快速路；对人口在 200 万以上的大城市，将市区各主要组团，与郊区的卫星城镇、机场、工业区、仓库区和货物流通中心快速联系起来，缩短其间的距离；对人口在 50 万～200 万的大城市，可根据城市用地的形状和交通需求确定是否建造快速路，一般快速路可呈“十”字形在城市中心区的外围切过。

快速路规划应符合下列要求。

(1)规划人口在 200 万以上的大城市和长度超过 30 km 的带形城市应设置快速路。快速路应与其他干路构成系统，与城市对外公路有便捷的联系。

(2)快速路上的机动车道两侧不宜设置非机动车道，可设置辅道。机动车道应设置中央隔离带。

(3)与快速路交汇的道路数量应严格控制。

(4)快速路两侧不应设置公共建筑出入口，快速路穿过人流集中的地区，应设置人行天桥或地道。

2.2.2.2 主干路

城市主干路是城市路网的骨架，主干路两侧不应设置吸引大量车流、人流的公共建筑物的进出口。大城市在周边道路条件成熟的情况下，鼓励一些主干路设置机动车专用路。主干路的设计车速一般为 40～60 km/h，布置 4 条以上的行车道，交通流量特别大的道路也可以布置 6 或 8 条车道。例如，上海市以“三横三纵”的主干路作为中心区道路的主骨架。有的城市还将主干路分为交通性主干路和生活性主干路，例如，成都市规划中的 4 条“井”字形主干路，用于分流穿越市中心两条“十”字形的生活性主干道。交通性主干路和生活性主干路的共同点是它们在整体路网布局中都处于非常重要的位置，区别在于前者主要的交通功能是满足交通运输服务的需求。中小城市主干路道路两旁已经布置了大量的休闲、娱乐和商业设施，道路的实际使用功能更多地转向了生活服务。

主干路建设得很宽，中间车行道上的汽车和自行车交通量很大，在主干路的两旁设置大型商店和公共建筑，吸引大量人流，当道路上车辆交通量不大时，行人可选用车辆间空当穿梭；当车辆交通量日益增加时，穿行的人流迫使车速下降，车流密度增加，反过来进一步降低车速；此外，沿路两侧建筑物前的自行车停车问题也日益严重。目前，许多城市采用几道栅栏纵向分隔的办法，阻止行人穿越道路，来提高车速并保证交通安全，但对商店顾客和公共交通乘客造成很大不便。为此，应将吸引人流多的商店和公共建筑设置在次干路上，使主干路主要发

挥通行车辆的交通功能。

主干路提供的行驶车速、通行条件介于快速路和其他道路之间。建立一个与区域支路相对分离的、有限的主干路系统，保持这一层次道路系统的相对独立和稳定：一方面，与快速路共同组成覆盖面较广的城市骨架网，保持一定的路网密度为中长距离的出行服务；另一方面，作为快速路的主要集散通道，可避免快速系统交通量过度集中。

中长距离的出行对于大城市交通是相当重要的部分。这一部分的出行对于城市道路的使用最主要的就是主干路，环形加放射式道路网里，无论是中心城区内的出行，还是中心城区和郊区之间的出行，对中心城区内的主干路以及连接中心城区和郊区之间的快速道路的使用都是相当频繁的。因此快速路和主干路的服务水平对于整个交通的情况具有决定性的影响。由于这一部分道路的服务水平并不是很高，因此相应这一部分的交通状况就会承受一定的压力，面临一定的挑战。整个城市的交通状况明显体现在主干路的交通运行状况上。在城市的主干路的服务水平和标准有一定差距的现状下，道路的拥挤情况也就比较严重，尤其是在高峰时段。随着机动车尤其是小汽车的进一步发展，主干路将面临更加严峻的挑战，承受更大的压力。

主干路规划应符合下列要求。

(1)主干路上的机动车与非机动车应分道行驶。

(2)主干路两侧不宜设置公共建筑物出入口。

2.2.2.3　次干路

次干路是服务范围较广的城市干道，也是较能体现城市活力的空间走廊之一。虽然次干路服务对象众多，但在不同区域，其主要功能应有所侧重。在大型交通枢纽及可能引发大量交通的公共建筑邻近或联系重要骨架道路的次干路，应以疏解交通为主，通过必要的交通分流和其他管理措施以提高道路的交通容量，尽量实施机动车专用；一般生活性次干路，应对过境交通实行一定的限制措施，优先满足公交通行，注重路内绿化布置，营造宜人的环境，并实施机、非分道；景观性干路应尽量避免吸引过境交通，注重道路与沿路建筑的整体视觉效果，尤其要从步行者的感受出发，满足其观赏、游览、娱乐和休憩的需要。功能多样化和平面布置灵活的次干路设计，还有利于保持区域路网的多样性。

随着出行量的增长以及出行目的的多样化发展，机动车出行尤其是小汽车出行对于道路的选择也将多样化，对于次干路的选择也会逐渐增加，这样，次干

路在整个道路交通系统中的地位也将逐渐提高。如果能够提高次干路的服务水平,将对快速路以及主干路的服务水平起到很好的支持作用。次干路的环境以及服务水平在一定程度上也能说明整个交通路网的状况。可以说次干路的服务水平对整个城市的交通状况产生潜在的相当重要的影响。

在我国大城市的公交线路比较多,非机动车也占一定比例的情况之下,次干路和支路对于快速路以及主干路的辅助作用就显得更加重要。如果次干路按照4个机动车车道为标准,则从实际情况也可以看出次干路已经明显承受了很大的交通压力,这同时也是由于整个道路网的面积不够,快速路和主干路的容量也满足不了大量的交通需求。

2.2.2.4　支路

城市支路是次干路与街坊内部道路的连接线,以服务功能为主。支路还包括非机动车道路和步行道路。从城市支路的性质出发,支路主要为沿路地块服务,要求能通行公共交通,自行车系统一般也基于支路网。支路除了具备"通达"功能,还应满足公共交通线路行驶的要求,在市区建筑容积率大的地区,支路网密度应为全市平均值的2倍以上。因此建立一个具有足够密度的支路网,其长度应达到路网总长的一半左右,除了出入功能,还起到干道网"满溢"的作用。实际上,发达的支路网络是干道不出现节点阻塞而局部瘫痪的主要条件。

我国很多城市支路密度与国外发达城市的差距更大,而且道路网络比较复杂,支路的环境以及道路设施等也有一定的欠缺,因而机动车的出行相对比较少地选择支路,这就使很多干路承担了支路的功能,反过来也影响了干路的通行功能,就进一步加重了干路的交通压力。如果支路的条件可以有所改善,支路的路网密度有所提高,将会对整个城市的交通有相当大的益处。尤其是私人小汽车和出租车这样两部分相当重要的出行,应该比较多地倾向于选择条件比较好的支路。充分利用支路的容量,将有效地减轻次干路乃至主干路和快速路的交通压力,这样也就有助于提高整个城市的交通运行效率。

2.3　环形放射式道路系统

环形放射式道路系统是我国大多数城市道路网络的基本框架,这是因为我国城市的发展大多是由市中心向四周逐步延伸发展的,环形放射式道路的形成和发展是对城市用地演变的适应。

自 20 世纪 80 年代以来，城市环路建设已成为我国大、中城市道路设施建设的热点。

城市环路在路网中具有独特的功能，它与城市的多数道路相通，形成网络。因而，在交通上具有同一目的的多向选择性和快捷性，灵活性高，可达性强。特别在大、中城市，在原有的基础上进行改造，城市环路已成为提高城市交通功能的有效途径。

2.3.1　环路

2.3.1.1　环路的形成

环路系统的发展伴随着城市用地的拓展，两者互为影响，相互作用。多层环路的发展过程是由内到外和由外到内的跳跃式发展过程，充分反映了城市用地与交通发展的互动作用。当城市发展到一定的规模时，市中心往往汇聚了大量的交通量，由此出现了严重的交通堵塞现象。为了疏导市中心过于集中的交通压力，往往会在建成区的市中心附近形成环路，起到保护内核的作用。城市总体规划确定了城市未来发展的规模，为防止城市用地无限蔓延，往往会在规划区的周边形成半径较大的环路，一方面成为城市集中发展区的边界，另一方面将郊区之间的客货运输和城市交通先行阻止在城市外围，保护城市交通的外壳。

对于规模庞大的特大城市来说，内外环之间用地面积较大，在城市的拓展过程中，城市功能将逐步向内外环之间疏散，旧城区的交通问题将逐步向外蔓延，为了适应城市的发展，在内环与外环之间会逐步形成一个或者若干个环路，形成多层环路。

2.3.1.2　环路的作用

环路是城市内部交通的保护壳，不仅保持城市交通的通过性，而且有维护城市中心的功能，避免交通流量集中在中心区域，起到截流和分流的作用。环路的保护功能按照作用的大小可分为截流穿越、进出分流和疏解交通。

1. 截流穿越

环路像一道屏障对过境交通起到截流穿越的作用。将起点和终点都在环线以外的交通吸引到环线上，能有效避免过境交通占用城市内部道路的现象，提高环内交通的运行效率。

2. 进出分流

环路对进出市中心的交通起到进出分流的作用。将一个端点在环内，另一个端点在环外的交通量部分吸引到环线上，一方面减少进出车辆对环内道路的占用，另一方面将交通流量分散到多条射线道路上，避免交通集中涌入。

3. 疏解交通

环路对市中心的交通起到内部疏解的作用。将终点和起点都在环内的中长距离的交通量部分吸引到环线上，为城市里面交通提供快速绕行的选择。如果环线上集中了大量短距离的内部交通，环线特有的交通功能就会逐步丧失，仅能成为形态上的环路，其功能与多条径向线相交围成的矩形网络相当，主要起到通达的作用。

2.3.1.3 城市环路的分层和分类

城市环路依据城市规模、城市性质、环路位置、交通功能、设计标准、地形条件等分为 3 类。

1. 高速环路

高速环路位于特大城市或大城市的规划区边缘，主要用于疏导过境和长距离交通。道路全封闭，进出口采用完全控制。如沈阳的外环路采用全封闭，全立交，允许速度 $v=120$ km/h。又如伦敦 M25 外围高速环路长 188 km，距市中心 25～35 km，有 32 处互通立交。

2. 快速环路

快速环路在特大城市、大城市位于高速环路和市中心区之间，在中等城市位于市区外围。快速环路主要是截流部分通向市中心区的车流、汇集市区车流、向外疏导车流，形成市区的交通走廊，或承担过境交通功能。其进出口采用完全控制或部分控制。

3. 一般环路

一般环路位于特大城市、大城市的中心区位置，主要为客运服务。中等城市的环路位于中心区边缘，其为客货兼用，用于疏导市区交通量，进出口采用部分控制。

2.3.1.4 多层环路

内部环路的截流作用随城市用地的拓展逐步下降。在多层环路系统中，一

般城市内部的环路先期形成。在环路形成之初，与当时的用地条件相适应，内部环路也曾经以截流穿越作为主要的交通功能。但是随着城市面积的进一步扩大，内部环线截流穿越的功能逐步下降，疏解分流的功能逐步上升，甚至丧失环线道路特有的环流功能。

由外到内多层环路的保护功能逐步减弱。城市环路越接近城市中心区域，它的保护作用就越小。在环线的保护作用中，截流穿越功能占的份额越大，说明环线的保护作用越大；反之，内部疏解功能占的份额越大，说明环线的保护作用越弱。外层环路的保护功能主要体现在截流穿越方面，内层环路的保护功能更多地体现在内部疏解方面。

2.3.1.5　城市环路的服务水平

多层环路由内到外服务水平应逐步提高。对于绕行交通而言，外层环路的绕行距离总是要大于内层环路。为了鼓励和引导车辆走外层环路，避免内部环路承担较大的交通量，多层环路设置应遵循一个原则，即外层环路的通行条件要好于内层环路，由内到外的服务水平应逐步提高。服务水平可以指道路行驶条件，诸如车辆实际行驶的车速、道路等级、道路宽度和交叉口处理方式等多方面的因素。

2.3.2　放射路的布设

2.3.2.1　放射路与用地的关系

放射路加强了城市与外界、中心城区与郊区新城之间的联系，将有利于促进城市“一元多心”的布局结构形成。“一元”是指在城市强中心的基础上，城市用地及功能逐步向外疏散，并且将城市蔓延控制在一定的范围内，形成相对集中的中心城。“多心”是指在中心城之外，设置相对独立和分散的功能区，形成组团式发展格局。城市的活力体现在便利的交通联系上，尽管郊区各组团中心具备相对独立的功能，但是仍然依托中心城区的支持，放射路是促进城乡一体化发展的基本物质条件。

2.3.2.2　放射路的直达功能

放射路的作用是承担市中心与外界联系的交通，方便车辆快捷进出，与环路的作用不仅互补且互斥。环路吸引车辆绕行以缓解环内的交通压力，放射路则满足了车辆直达的要求以减少车辆的绕行距离。

通行条件良好的射路系统固然改善了市中心和城市外围的交通联系，但是，同时也可能将外围车辆引入市中心，甚至形成穿越之势，从而加剧中心区的交通压力，先前的直达作用也将被大大削弱。放射路保证车辆直达的作用，必须建立在不将外围穿越交通引入城市内部的基础上，需要多层环路的配合。所以规划设计时应将放射路终止在不同层次的环路上。

2.3.2.3 放射路的道路等级

放射路在系统中也有层次，但与环路不同，放射路的层次不是指地理位置的区别，而是指直达性的区别，即放射路在不同区域内的直达性取决于放射路的道路等级。

如果放射路是主干路等级，车辆在经过放射路与切向道路相交点时将受到停车延误。越接近市中心，路网密度越高，由外而内，放射路的延误将逐步增大，行程车速逐步下降，越来越多的车辆会被逐层分流。因此，主干路等级的放射路在不同区域的行车条件是不同的，直达性也随着接近市中心而逐步下降。

如果放射路是全封闭快速路等级，由于不再受路口延误的影响，整条道路的通行条件始终保持一致，与其相交的环路很难起到分流的作用。因此，快速路等级的放射路，直达性不会随车辆接近市中心而逐步下降，完全取决于连接方式和通达的区域。所以特大城市的放射路宜是快速路，至少是主干路。

2.3.3 环路与放射路互补关系

2.3.3.1 相互补充

环路和放射路都有其各自的功能。环路将放射路联系起来，使放射路上的车辆逐层分流，减少中心区的交通压力。同样，放射路也加强了多层环路之间的联系，减少了车辆的绕行距离。放射路将城市的中心城和新城紧密地联系起来，同时也为城市对外联系提供了便捷的通道。如果说这些放射路本身是孤立的，毫无关联，那么环路则将之紧密地结合起来。环路和放射路是城市干道系统的两个重要元素。只有互相配合、协同考虑，才能使道路系统发挥网络作用。

2.3.3.2 互为匹配

环路的三个保护作用无论是截流穿越、进出分流还是内部疏解，无不体现在

车辆的绕行上，只有当绕行的时间小于穿越和直达的时间，环路的保护作用才能真正实现。环路与放射路的匹配首先反映在行驶条件上。理论上讲，只有当环路的设计车速大于放射路设计车速的 1.5 倍时，才有可能吸引车辆绕行，以牺牲距离来换取时间的节约。但是实际情况并没有这么高的要求。原因主要有以下 3 点。

(1)车速 1.5 倍的关系是根据车辆绕行半环的距离计算获得的，但是实际情况是绝大部分车辆绕行的距离为 1/4～1/3 环路。

(2)车辆实际行驶的车速，除与道路设计车速有关，还与道路的饱和度有关，向心射线道路的交通负荷度一般都要高于环路。

(3)驾驶心理倾向于使用连续的交通设施，断续驾驶往往会增加疲劳，因此即使时间稍长，驾驶员也愿意选择连续的绕行。

尽管如此，只有当环路具有比放射路更好的服务水平时，环路的保护作用才能实现。一般要求环路的设计车速至少不低于放射路，并且要有比放射路更大的容量和更好的行车条件。

所以环路通常是快速路等级，而放射路可以是主干路等级。

2.3.3.3　节点处理

如果放射路直接跨过环路或者与环路的转向条件较差，则会使环路的保护作用丧失；相反，如果能使放射路(尤其是快速路)在适当的位置断头，将引导车辆进入环线绕行，增强环线的保护作用。所以要求放射路与环路的交叉口建成具有快速转向功能的互通式立交，并且应尽量避免快速路形式的放射路穿越内层环路。

2.3.4　环射路路段构造形式与横断面

2.3.4.1　路段构造形式

为适应各种不同的地形，城市环路和主要放射路的路段构造形式应因地制宜选用地平式、高架式、路堤式、路堑式、隧道式，或这些类型的组合式。

2.3.4.2　横断面

1. 红线宽度

城市环路横断面红线宽度应根据环路类别、路段构造类型、交通性质、路幅形式、交通量、沿线设施布置，结合环境与地形条件等综合拟订。一环因位于市区中心，沿线建筑密集，用地困难，宽度受到限制，但应不小于 50 m。二环宜为 50～70 m。考虑城市远期发展以及净化城市环境需要，三环及以外的城市环路宽度宜大于 70 m。

2. 横断面形式

横断面形式随路段的构造类型而异。其布置应能满足交通组织与行车安全的需要。

自行车交通是我国城市地面交通的一个特点。当环路为地平式路段构造类型时，一般应选用四幅路横断面形式，即机动车与非机动车同向分隔行驶，机动车双向分隔行驶。如市区另有非机动车道系统可供自行车通行，或因横向高差大、地形特殊的路段，也可采用两幅路或因地制宜采用不同标高的横断面形式。

3. 机动车车道数

高速环路的路面双向机动车车道数不应少于 6 车道，宜为 8 车道，当为 4 车道时，应设置紧急停车带或硬路肩；快速环路路面双向机动车车道数不应少于 6 车道；一般环路双向机动车车道数不应少于 6 车道。

2.3.5　辅路

为解决高速、快速环路两侧非机动车交通、沿线单位车辆及区域性地方机动车交通进出环路的需要，应设置高速环路、快速环路的机动车专用道的辅路。辅路可采用单向交通或双向交通。辅路路面宽度按交通量大小确定。主、辅路之间通过主路的进出口道路或互通式立交的匝道连接。

1. 行人与自行车横向交通

应妥善以人行立交或进出辅路的方式解决好行人与自行车交通对城市环路的横向穿越。高速环路、位于城市边缘的快速环路的过路位置宜根据实际需要布设，间距一般不小于 800 m；位于市区的跨越环路的过路间距宜为 500 m，一般环路的过路间距为 350～400 m。

2. 环路与路网的连接

地平式路段环路，通过环路出入道口或立交匝道与路网连接。高架式路段环路，其地面交通通过环路地面道路出入口，高架桥则通过出入匝道或环路立交匝道与路网连接。

从环路出入口进出的车辆应是自由畅流式。沿环路出入道口的一定长度范围内，应根据需要设置变速车道与集散车道。为减少车辆出入环路对环路交通造成的干扰，环路出入口密度应根据路网交通组织要求合理布置。

2.3.6　国内外主要大城市环形放射干道系统

国外特大城市如华盛顿、巴黎、伦敦和东京，国内如北京、天津、深圳和上海等城市在路网组成中都建有城市的环线交通，而且都是多层次、多环线。实践证明，城市道路网布局无论是方格棋盘型，还是放射加同心环路型，都注入了环线。环线交通的建立对解决这些城市的交通矛盾、减轻市中心城区交通压力均起到了很好的作用。

2.3.6.1　华盛顿

美国城市如纽约、华盛顿的道路网最早是方格型的，近年来这些城市都在市区或中心区以外修建环路和放射路。华盛顿为了减少通过市中心的车辆，在市区以外规划和修建了一条环线高速公路，称为“首都环路”。在环路和放射性干道的交叉口附近设置大型商业中心。采用多中心的方针避免客流集中到市中心区。华盛顿之外，经马里兰公路一部分，它距白宫大约 16 km，即南北和东西直径约 32 km，全长 115 km，设有 38 座立交。平均 3 km 一座立交，大部分线路有单向 4 个车道，局部地段有 3 个或 5 个车道，目前规定行驶速度为 88.5 km/h。这条环路连接了 25 条放射形公路，其中包括 7 条高速公路。它具有很好的行车条件，吸引着大量穿城交通，减轻了市内的交通压力。这条环路建成后，车流很快达到饱和程度，所以又再修建原规划的一条大环路和改建市区内一条内环路。华盛顿的高速环路设计车速为 88 km/h，伦敦 M25 环城高速公路设计车速为 60 km/h，天津外环线设计车速为 80 km/h。

2.3.6.2　巴黎

巴黎早期的道路网一般都是从市中心区起向外放射，因此需要修建环路。巴黎道路交通规划期限为 30 年，1970—2000 年共规划了 3 条环路：内环路修建了一部分，中环路已建成，并于 1987 年修建成一条宽大的高速外环路。

巴黎的中环路从 1960 年建设，花费了 13 年时间，到 1973 年才建成。这条环路全长 35.5 km，没有平面交叉路口，全部是立交，限制车速 60～80 km/h，形成一条在市内的快速路。环路为双向行驶，每个方向由 4 个车道组成，每个方向的车行道宽 14 m，中间有 3 m 分隔带，两侧人行道各宽 1.5 m，道路总宽度为 40～60 m(南段第一期工程修建的 7 km 道路比较窄，每个方向仅为 3 车道，即双向 6 车道)。道路的最大纵坡为 4.0%，曲线最小半径不低于 300 m，限制车速 80 km/h。根据各段地理条件不同采取了多样化的工程处理方法，如 13.6 km 长的路堑、9.1 km 的高路堤、6.5 km 的高架桥和 5.8 km 长的隧道。环路上允许通行载重汽车或拖挂车，车辆限高 4.75 m。环路两次跨越塞纳河(上、下各一次)，跨过 9 条铁路线、17 条地铁线和 66 条放射公路。

2.3.6.3 北京

北京道路系统在原有城区棋盘状道路和郊区放射状道路基础上，在城区布置了 6 条贯穿东西和 3 条贯穿南北的干线，在城区以外布置了 9 条放射形道路和 5 条环路，以构成新的棋盘，即环形、放射相结合的道路系统。

北京二环路于 1976 年结合地铁，改建工程标准较低。20 世纪 80 年代随着首都的经济发展，机动车辆猛增，环线交通阻塞现象严重，尤其是平面交叉口远不能适应交通运输的发展。为此，北京市从 1985 年开始先后对二环线进行了改造。二环线全长 33 km，目前二环线上共有 31 座立交，平均每千米一个，环线道路横断面布置为“三来三去”共 6 个车道，交叉口全部采用立交，主线交通避免采用色灯控制，从而为机动车快速通行提供了保证。为了减少非机动车、公交停站及沿线厂矿企业车辆进入对主线交通的影响，在道路两侧各设置了一条宽为 12～15 m 的辅道，可以作为与横向道路连接的匝道，其功能是多方面的。二环线设计车速为 60 km/h，在立交范围设计车速应适当降低。

2.3.6.4 上海

上海的道路格局为“四环十射”，“四环”为内环线、中环线、外环线和郊区环线。内环线是城市内环高架快速干道，用以解决城市中心区域快速交通需求，具有中心区交通保护壳的功能；中环线是一条进出市区交通集散的快速路，具有分担内、外环交通流量的功能；外环线是城市外围的快速干道，用以解决各城区之间快速交通需求；郊区环线在中心城区外，用于沟通外围周边区县，是各郊县和卫星城之间的主要联系通道。“十射”指的是与环线垂直的干线公路，用于沟通中心城区和周边区县的联系，并一直向外延伸至江、浙两省。

2.4　公共交通专用车道

2.4.1　概述

2.4.1.1　公共交通专用车道发展的必要性

交通问题是世界各国共同的难题，交通拥堵导致环境污染、资源浪费、经济损失，公交出行比重下降，出租车、自行车出行增加。各国纷纷提出公共交通优先。公共交通专用车道是体现公交优先最直接和最有效的手段之一。

随着社会经济的迅猛发展，城市规模不断扩大，社会经济和文化娱乐活动也空前活跃，机动车进入高速增长期。建立现代化的公共交通系统已势在必行。

1. 实施公共交通专用车道有利于缓解交通堵塞

交通需求是快变量，特别是在城市化、现代化和汽车化的共同作用下，交通需求很难被完全控制。国外汽车业发展了几百年，已经是一个成熟的产业。相配套的设施也比较完善，例如道路、城市现代化等一系列因素都在为城市的汽车化铺平道路。即便如此，在发达国家的大城市，交通拥堵问题也远没有一劳永逸地得到解决，只能是缓解和调节。时至今日，全世界还没有一个国家能够真正解决交通拥堵问题。

在北京、上海等大城市，每天早晚高峰交通的拥挤令人们头痛不已。我国城市道路面积占市域面积的比例虽然比日本等国家要低，但车均占路面积却在日本之上。这说明我国城市交通的根本症结不在于缺路，而在于道路功能的战略规划不当。

无论是国外的成功经验，还是中国的国情都表明，解决城市交通问题的根本途径在于改善公共交通。

中国市民的出行方式，绝大多数要依靠公共交通。随着城市规模的日益扩大，居民出行距离逐步超出可使用非机动交通的范围，公共交通成为大多数市民必选的交通方式。在这种情况下，公交优先政策在中国有着越来越迫切的实施要求。公交优先措施之一为道路使用的公交优先，包括以下几个方面。

(1)优先通行，改善通行时间及可靠性。

(2)道路同向车道中设公共汽车专用车道。

(3)在单向道路系统中,设置逆向的公共汽车专用车道。

(4)在道路宽度受到限制的中心区设置公共汽车专用道路。

(5)交叉口信号控制设公共汽车专用相位(见相关的交通工程教材)。

(6)交通控制系统在交通信号协调时优先照顾重要的公共汽车专用车道。

公共交通专用车道是公交优先的重要措施,已经越来越受到人们的重视。

很多国家市民建议市政府采取缓解交通拥堵的措施,呼声最高的两项建议是降低机动车使用率和提高公交车服务水平的稳定性。建设公共交通专用车道,给予公共交通更大的便捷,可以有效地降低机动车使用率和提高公交车服务水平的稳定性。划分专用车道是从总体上减少交通参与者的总量和缩短交通参与者的出行时间。由于给了公交车辆完全独立的行驶空间,减少了干扰,提高了行车速度,也就提高了公交车服务水平的稳定性;对个人来讲,大大节约了出行时间,而且出行费用远低于私人车辆,这样公交车辆相对于私人车辆的优势,必然抑制私人车辆的增长,从而达到了有效地降低机动车增长率和使用率。专用车道对优先发展公共客运交通有着极其重要的意义。

2.发展公共交通专用车道是交通可持续发展的要求

各大城市交通问题日益严重,车辆拥挤、车速下降、汽车尾气排量急剧增多,噪声、振动严重污染环境,危害了城市的可持续发展。公共交通在经济的可行性、财政的可承受性、社会的可接受性、环境的可持续性等方面优于小汽车。在公共交通内部,公共汽车在经济的可行性、财政的可承受性、社会的可接受性等方面优于轨道交通。大容量城市轨道交通建设投资费用和运营成本费用的昂贵和漫长的施工周期,使百万人口规模的普通大城市受限于诸多条件的制约,而不可能都去发展轨道交通,因此合理发展公共交通事业,提高交通设施的使用效率,开设公交专用车道就提上日程,它可使城市交通状况改善。做好公共汽车交通的规划意义重大,尤其在我国。

我国大城市仍以公共汽车为主要出行方式,设置公共交通专用车道可以利用现有道路,投资少、见效快。公共汽车在公共交通专用车道上享有充分的优先权,能以高效、快速、优质的服务来吸引乘客,减少自行车和小汽车的出行,这对缓解交通拥挤及其带来的一系列问题有重要作用。公共交通优先是城市可持续发展的重要方面。

3.道路交通拥挤导致公共交通出行比重下降

道路服务水平的下降、公共交通发展的滞后直接导致的结果就是公共交通

出行比重的下降。在我国经济还不很发达的情况下，不仅没有一个大城市公共交通出行比重占到交通出行方式的首位，而且还呈下降趋势。

4. 城市不断扩大导致出行距离增加

随着我国经济的发展，城市规模也越来越大，原本拥挤的市中心人口搬到外围居住，但大量就业岗位仍在市中心，居民的出行距离也随之增大，在这种情况下，公共交通应占主导地位。实际的情况却是公共交通出行比重在下降。主要原因是公共交通发展跟不上城市建设的步伐。

5. 公共交通乘次下降、出租车和自行车出行比重上升

在公共交通出行比重下降的同时，在我国很多大城市自行车出行仍占居民出行的主体，出租车出行比重逐渐上升，这说明公共交通的服务水平在便捷、准时、舒适等方面已不能满足人们的日常出行要求。

2.4.1.2　公共交通专用车道发展的可能性

1. 发挥公共交通服务的优势

采用公共交通、步行、自行车、小汽车交通方式的人均占用道路面积比为1∶3∶18∶45。因此采用公共汽车出行是占用道路资源最少的。

就安全和交通环境而言，自行车最为危险，事故率最高。公共汽车适于各种年龄阶段的人，也适于各种天气状况出行。

2. 道路条件的改善使公共交通专用车道实施逐渐成为可能

20 世纪 90 年代以后，为适应经济发展的需要，我国大城市投入大量资金进行大规模的道路交通建设。以上海为例，“八五”期间，上海市用于交通设施的总投资达 206.55 亿元，年均投资 41.31 亿元，人均交通设施投资 336 元。

3. 管理水平的提高对公共交通专用车道的辅助作用

近年来我国积极引进国外先进的交通管理设施和技术。以上海为例，1991 年底时采用信号灯管制的路口只有 543 个，1994 年增至 756 个，1996 年增至 964 个，交叉口交通管理得到改善。

2.4.2　城市公共交通专用车道的基本概念

2.4.2.1　公共交通专用车道与公共交通专用路

公共交通专用车道是在道路平面上通过物理分隔划分出部分车道空间专供

公共汽车行驶的道路形式,公共交通专用路是将整个道路平面都作为专供公共汽车行驶的道路形式。目前,较多使用的是公共交通专用车道,尤其是国内,还没有出现公共汽车专用街(道路)。一方面,公共交通专用街应用较少,理论研究和经验不足;另一方面,实施公共交通专用街对人流量和社会车流的合理组织有更高的要求,所以本书这里不多介绍。一般人们所说的公共交通专用道是指公共交通专用车道,本书为避免混淆,一律称为公共交通专用车道。

2.4.2.2 路权公平的交通理念

路权是每个人都应该公平享有的权利。从公平性出发,对有限的城市交通资源进行优化配置,也就是以人的交通资源占有率(时空性)作为分配的依据。人们有选择交通出行方式的权利,但必须为占用交通资源付出相应的代价。占用的交通资源多(例如选择小汽车代步),在享有舒适和私密空间的同时,就必须忍受车辆拥堵并承担较高费用。相反,占用的交通资源少(例如选择公共交通),就应该得到快捷、准时等相应的交通便利。

2.4.2.3 快速公共交通系统

快速公共交通系统是一种利用合理及符合地方实际的规划及措施,运营在公共交通专用道路空间上,并由专用信号控制的新型公共交通方式,既可保有轨道交通独立运作的特性,又具备普通公共交通的灵活性。BRT 是介于传统的轨道模式与公共交通模式之间的“第三种方式”,甚至可以说是二者的桥梁。它为城市规划者提高交通服务水平提供了一种更经济快捷的方法。它的应用模式通常有开辟公共交通专用通道、全日及高峰时段公共交通专用车道、逆向公共交通线路、路口公共交通优先处置等。公共汽车专用道(路)是快速公共交通系统的重要核心要素。BRT 的基本特点就是由公共汽车专用道(路)组成网络。快速公共汽车运营系统具有交通运量大、快捷、安全等特点,工程造价和运营成本比轨道交通低廉,目前在国际上得到广泛关注和推广,我国具备条件的城市应结合城市道路网络改造,积极发展快速公交系统。

1.快速公交系统的基本特征

(1)快捷准时。专用车道可以保证车辆行驶不受交通拥堵干扰,从而保证行车准时。

(2)安全舒适。专用车道能够更有效地保证行驶安全,新型大容量公共交通车辆可以提高舒适程度。

(3)充分体现了公共交通优先的原则。专用车道保证公共交通占用足够的道路资源、足够的投资,真正实现了交通资源的优化配置,体现了路权面前人人平等的公平原则。

2.快速公共交通与轨道交通的比较

(1)实施快速公共交通在项目投资及运营成本上均比轨道交通费用低。

轨道交通的建设成本高达每千米 7 亿元人民币且建设周期相当长。以北京地铁为例,自 1965 年开始建造,38 年才建成 41.6 km,日平均客运量 125 万人次,远远满足不了需要。况且巨额建设费用还会给政府财政造成难以承受的负担。

高科技快速公共交通系统的效率像地铁一样高,但建设成本只相当于地铁的 5%。也就是说,建设 1 km 的地铁线所需要的资金可以建成 10~20 km 的快速公共交通网络。一个完善的快速公共交通网络对整个城市公共交通所起的作用往往高于一条轨道交通走廊。从投资方面来看,大容量公共交通系统的投资每千米 0.2 亿~1 亿元,远低于地铁每千米的投资。但从旅客的运送量来看,大容量公共交通系统与轻轨基本一样,是地铁的 1/3~1/2。从系统的运行速度来看,大容量公共交通系统与轻轨时速都为 10~20 km,约为地铁运行时速的 1/3~1/2。从建设周期来看,大容量公共交通系统最短,一般需 1~2 年。大容量公交系统从建设周期、建设费用、服务水平来看都有着不可比拟的优势,是符合现代化大都市的建设需求的。

(2)快速公共交通建设与使用的灵活性高于轨道交通。

快速公共交通走廊道路设施可以根据城市的财政状况分阶段实施,快速公共交通的辅助设施也同样可以分阶段实施。这些辅助设施可包括车站设施、公共交通优先的交通控制设备、公共交通车辆,以及通信与其他智能化交通设备。快速公共交通可以在走廊的道路设施及辅助设施完全建成前提前运营。而地铁与轻轨必须在所有设施全部建成后才能运营。

(3)实施快速公共交通系统可以降低居民的出行成本。

快速公共交通与普通公共交通相比,由于其运营车速高,在提供相同服务水平的前提下,其运营成本较低。如果城市政府能够将用于推迟或是取消轨道交通的建设资金用于补贴城市的公共交通系统,这将进一步降低公共交通的出行费用。

(4)快速公共交通系统现状。

近几年,快速大容量公共交通系统已成为当前世界上有关公共交通方面研究的重要课题，被看作大城市中代表高新技术水平的、创新的现代化公共交通客运系统。目前巴西库里蒂巴、美国纽约、加拿大温哥华和法国里昂等城市已经建立了快速大容量公共交通系统。

巴西库里蒂巴市的公共交通系统的骨干网络是完全建立在快速公共交通系统上的。这一具有战略眼光的举措，为库里蒂巴市政府节省了巨大的交通投资与开支费用。库里蒂巴市政府利用这些节省的资金，大力改善城市的投资环境以及居民的生活质量。快速公共交通的低成本运营以及库里蒂巴市政府对公共交通的额外补贴，使得该市低收入居民用于交通的费用约占他们收入的10%。

目前，在中国推广快速公共交通系统对减轻城市的财政负担以及降低居民的出行费用具有重大的战略意义。

快速公共交通在中国的发展还处于萌芽阶段，但是其发展前景极为广阔。中国的一些城市已先后实施了不同形式的公共交通优先的快速公共交通走廊。如昆明建设实施了中央快速公共交通专用车道，沈阳在东西快速干道高架道路下设中央公共交通专用道，上海中环线正在考虑引入BRT。这些公共交通优先措施为今后实施快速公共交通系统提供了必要的设施与交通管理条件。

2.4.3 城市公共交通专用车道的产生和发展

2.4.3.1 国外城市公共交通专用车道

为了解决城市交通拥堵对城市公共交通运营的影响，许多国家都实行了城市公共交通优先的措施，并提倡在大城市优先发展城市公共交通，限制私人汽车出行，从而改善了城市交通拥堵现象。开发商们最先认识到发展城市公共交通的目标应当是快速、高效地使人流动起来，而不是使车流动起来。在这样的认识之下，BRT从拉丁美洲国家发展起来，开创了全球低成本、高质量的公共交通模式。公共交通专用车道也应运而生了。巴西库里蒂巴市的BRT已经发展多年，公交专用车道是发展较早也是较好的。

巴西库里蒂巴市的成功经验对美国和欧洲发达国家产生了积极的影响。在欧洲，把拥有少量公共汽车专用线的城市计算在内，目前拥有公共汽车专用线的城市占到89%。法国、西班牙、瑞士的公交专用线总长度约占路网长度的10%。

2.4.3.2 国内公共交通专用车道

在我国的昆明、沈阳、北京、石家庄等城市，已实施独立式快速公共交通系

统。实施快速公共交通系统不仅所需的投资少、建设周期短，可避免城市交通的恶性循环，而且还具备一定的灵活性，有利于城市发展。综合以上优点，目前国内不少大城市已实施了快速公共交通系统。有关数据显示，早在 1999 年，昆明在实施快速公共交通系统之前，居民对该项目的支持率为 79%；而在运行一段时间后的 2001 年，支持率就上升到了 96%。

2.4.3.3　公共交通专用车道的发展成效

从国外许多城市公共交通专用车道的使用情况来看，建设城市公共交通专用车道能够大量吸引乘客，不仅改善了城市公共交通企业的调度和管理工作，而且城市公共交通车辆运营速度明显提高，从而减少了乘客出行时间，降低了城市公共交通企业的运营成本。建设城市公共交通专用车道，可以节省能源、减少交通事故，还可以减少空气污染、降低噪声，有利于保护城市居民生活环境和提高城市居民生活质量，节省城市空间。法国巴黎市公共交通总公司的城市公共交通车辆每天运营高峰时间可保证 30%以上的客流量，但是城市公共交通车辆运营时所占的道路面积还不足 4%。因此，建设城市公共交通专用车道也是为了使城市道路被更加合理地利用，从而使城市公共交通发挥更大的作用。

2.4.4　城市公共交通专用车道规划

公共交通专用车道大多设置在主干道上，联系客流量较大的城市重要节点。实际上，公共交通专用车道真正构成比较完整网络的城市目前还比较少见，因此，应以城市主干道网的规划为基础，以公共交通客流量和道路设施条件为依据设置公共交通专用车道网。

2.4.4.1　城市公共交通专用车道的种类

公共交通专用车道分类示意图见图 2.4。

公共交通专用车道有许多不同的设计形式和运行模式，按运行时间可分为全天运行公共交通专用车道和高峰时段运行公共交通专用车道，按运行的空间位置可分为地面道路公共交通专用车道和快速路公共交通专用车道。地面道路公共交通专用车道按运行方向可分为普通的公共交通专用车道和公共交通逆向专用车道。普通的公共交通专用车道又分为沿街的公共交通专用车道和街道中间的公共交通专用车道。快速路公共交通专用车道可分为全封闭的高架公共交通专用车道和全封闭的公共交通专用地道。

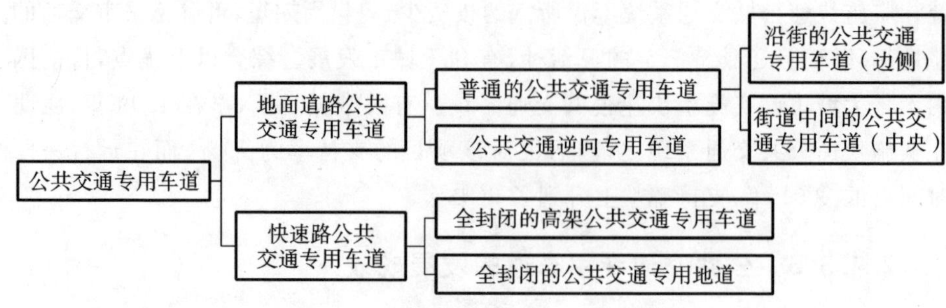

图 2.4　公共交通专用车道分类示意图

1.地面道路公共交通专用车道

(1)普通的公共交通专用车道。

普通的公共交通专用车道的设置不受长度的限制,车道的宽度一般为2.5～3 m,城市道路路面画有明显的隔离线和标记,在靠人行道的一侧为城市公共交通专用车道设置各种信号装置。

为了发挥城市公共交通专用车道的作用,在建设城市公共交通专用车道时,首先要考虑城市公共交通的车流量。一般城市公共交通车流量为 60～70 辆/h,运送乘客以 3500～4000 人次/h 为宜。实践证明,建设普通城市公共交通专用车道,不但提高了城市公共交通车辆的运行速度,大大地方便了城市居民的出行,而且也改善了城市交通的状况。

在城市交通拥挤的道路上为城市公共交通车辆建设普通的公共交通专用车道,可以明显提高城市公共汽车的速度和改善城市公共交通服务质量,另外,城市公共汽车在城市公共交通专用车道上的行驶速度一般可提高到 15～20 km/h,减少城市公共汽车 25%的行驶时间。城市公共交通的服务质量明显改善,可使城市居民使用城市公共交通客运工具的人数增加 10%,并且能减少交通事故 16%。

(2)公共交通逆向专用车道。

在城市交通单方向行驶的城市街道上,城市公共交通车辆行驶与城市总交通行驶方向相逆行的城市公共交通专用车道为公共交通逆向专用车道。

公共交通逆向专用车道宽度约 3 m,用醒目的分离线或用水泥混凝土月台隔开,全天 24 h 使用的城市公共交通逆向专用车道有齐全的信号装置。

从使用效果来看,这种城市公共交通专用车道不受任何机动车的干扰,大大提高了城市公共交通车辆运营速度,一般可提高 1 倍。由于建设城市公共交通

逆向专用车道的费用比较高，若 15 min 通过一辆公交车辆是很不经济的，至少应保证 2 min 通过一辆，达到高峰时间平均每小时通过 35～40 辆公交车辆，低峰时间平均每小时通过 20～25 辆公交车辆。

逆向专用车道的优点如下。

(1)提高城市公共交通车辆运行速度，便于城市公共交通企业调度管理，使公共交通车辆运营更加安全、可靠、准时。

(2)城市公共交通车辆在每段逆向专用车道上的行驶速度都能为乘客节省 10～15 min 的时间。

(3)采用城市公共交通逆向专用车道可以吸引更多的城市居民乘坐城市公共交通客运工具。

逆向专用车道的缺点是：在城市公共交通逆向专用车道上所发生的交通事故稍有增加，如果能进一步改善交通信号设备或增加交通安全设施，一定会较好地避免交通事故的发生。

2. 快速路公共交通专用车道

为了缓解城市道路交通的拥堵状况，满足对城市公共交通快速、方便、准时、安全可靠的要求，许多城市在城市快速路上建设公共交通专用车道，这样不但能提高公共交通车辆的运营速度，满足市民对出行的需求，而且也有助于缓解市区交通拥堵状况。目前，国外建设在城市快速路上的公共交通专用车道中途不设停车站，城市公共交通专线车辆都是直达目的地。

在城市快速路上建设城市公共交通专用车道的做法，美国是最早实行的。现在世界上许多国家都采用了这种在城市快速路上设置城市公共交通专用车道的方式，吸引市民放弃使用私人小汽车，而转向使用城市公共交通客运工具，因为公交车辆在城市快速路上的城市公共交通专用车道上行驶速度快、安全可靠、准时而且经济，深受城市居民的喜爱。

2.4.4.2　公共交通专用车道的设置方法

公共交通专用车道在道路上设置方法有两种：在道路两侧设置和在道路中间设置。

在欧洲，逆行或设立在道路中央的公共交通专用车道的长度大多数不超过 1 km，有的城市将公共交通专用车道设在道路中央或逆行段，而大多数情况下是用在铰接式有轨电车与公交车联运的路段上，法国设在道路中央及逆行的公共交通专用线的数量最多。

为实现公共交通线路高效便捷的换乘，公共交通站台需尽量靠近交叉口设置；对于小汽车交通地位较重要的其他道路，公共交通站台可适当远离交叉口。内侧车道为公共交通专用车道，站台宜靠近交叉口；外侧车道为公共交通专用车道，站台可适当远离交叉口。

2.4.4.3 公共交通专用车道的设置依据

根据城市主要公共交通客运走廊、现有线网布局来确定可设置公共交通专用车道的路线。其中客运要求是主要的。

1. 客运需求条件

(1)高峰小时客流量。在公共交通走廊，一般高峰小时客流量大于 2 万人次或每小时公交车流量大于 200 辆，即可考虑设置公共交通专用车道。

(2)公共交通车辆比重。公共交通车辆在断面上占总流量的比重也是设置公共交通专用车道的重要依据。公共交通车流量必须占到一定比重才能设置公共交通专用车道。否则，不但不能体现公共交通优先的特点，还会造成资源浪费。在公共交通车流量比较小的情况下，也可能需要通过优化公共交通线网来吸引客流。

在道路断面上，单位时间内通过的公共汽车数量占总流量的比重达到一定数值时，才有必要设置公共汽车专用车道。这个比重称为 BR 系数。当 BR 小于规定的下限值时不必设专用车道，当大于上限值时可考虑是否设置公共交通专用路。

对于单向 3 车道：BR＝25％～33％；

对于单向 4 车道：BR＝20％～25％。

2. 道路实施条件

公共交通专用车道的设置势必占用小汽车道，对其他车辆产生排挤效应，因此为了不至于影响路段通行能力，应使道路横向净宽有足够的空间，故最好是设在单向 3 条机动车道以上的道路上。目前国内一些城市正是选取几条公共交通流量大、道路断面有足够宽度的干道作为实施公共交通优先的对象。

在实施公共交通专用车道的道路上，道路断面机动车道数应至少为 4 车道，如实施道路为主干道，则机动车道数应在 6 车道以上。

道路设施的条件不应该成为公共交通专用车道开辟的制约因素。在客运需求很大，道路条件不满足要求，但又没有其他更好的解决方案的情况下，也可根

据条件分段实施，或适当制约其他小汽车的通行条件，首先满足公共交通专用车道的设置。

3. 时间分布条件

客运交通拥挤的高峰时段往往是在早上 6:30—9:30，下午 16:00—19:00，在这两个时段内可发挥公共交通载运量大和道路利用率高的特点，在其他时间内会造成专用道上车辆稀少，而其他车道上则车辆排队和拥挤的现象。因此对公共交通专用车道实行“因时制宜”的措施，以便整个交通系统有所收益。

4. 空间分布条件

凡在 50%以上的站点出现超大客流量，即公共交通乘客密度为每平方千米 1.3 万～3 万人，就应考虑在该公交走廊上设置公共交通专用车道，以适应客流的空间分布条件。

2.4.4.4　公共交通专用车道规划基本原则

(1)对客流密集、公共交通线路相对集中且地面道路机动车车道数单向达到 3 条(或 3 条以上)的道路，可实施公共交通专用车道。

(2)对机动车车道数达到 3 条(或 3 条以上)的单行道且条件具备的道路，同样可以采用公共交通专用车道(顺向或逆向)或允许公共交通车辆双向行驶。

(3)在客流密集、公共交通线路集中的“四快二慢”断面形式的道路上设置公共交通优先道。可将两条机动车道中的一条作公共交通优先车道划定，公共交通优先车道允许社会车辆借道行驶，但必须保持公共交通车辆的路权优先。

(4)结合道路交通和客流需求实际情况，公共交通专用车道、优先道可以是恒定的也可以是时段性的。

公共交通专用车道规划在我国目前还处在一种示范性阶段。公共交通专用车道规划实际上是一个用以确定城市公共交通专用车道主体构架的框架规划，它是立足城市客运交通系统体系和道路交通体系而制定的。

除公共交通专用车道的道路设施以外，尚需考虑公共交通专用车道的管理系统，及时出台公共交通的管理制度，补充完善公共交通专用车道的指示系统。在保证公共交通车辆行驶空间上的优先权的同时，还应保证其时间上的优先，即时间分布条件。

从目前已建成的公共交通专用车道的使用情况来看，还存在诸多的问题，主要如下。

(1)一种是公共交通专用车道内的社会车辆远多于公共交通车辆;另一种是公共交通车道上的公共交通车辆寥寥无几,其他车道上的社会车辆却排着很长的队。

(2)有的城市道路网密集,个别路几乎每隔 50 m 就有一个交叉口,公共交通车辆走走停停,有了公共交通专用车道也没多大作用。

(3)从公共交通专用车道的指示系统来看,在部分交叉口的出口道处有“公共汽车”的指示文字。其他明显的指示标志则比较少。

(4)公共交通专用车道,尤其是在市中心一带,干扰因素众多,使得公共交通专用车道能发挥的作用有限;市民对公共交通专用车道的认识不足,还不能正确地使用,必要的管理也跟不上;指示标志不够明确;未充分考虑公共交通专用车道建成后对其他车辆的影响,并采取相应的解决措施。

我国幅员辽阔,城市众多,每个城市无论是在地域还是人文上都有很多的差异,是否需要规划公共交通专用车道,规划怎样的公共交通专用车道都要根据公共交通专用车道规划的依据和条件、城市本身的特征来做出决策。国内外的成功的经验也是我们重要的参考资料,如巴西库里蒂巴市和我国的昆明市,都取得了不错的成绩。

中国城市公共交通基本现实情况是客流量大、道路交通拥挤而公共交通运营效率低。很多城市把发展轻轨交通作为解决城市公共交通的唯一选择,但忽视了经济原则。如果这样,21 世纪的中国城市将面对轻轨交通的巨大财政压力。应该在城市交通规划中将科技层次相对较低而容易兴建与操作的 BRT 纳入考虑,大力发展公共交通专用车道。

住房和城乡建设部发出的有关通知提出,要建设公共交通专用道路系统,公共交通专用车道要作为近期公共交通建设的重点。公共交通专用车道将是我国实现公共交通优先的主要载体。

通过设置和划定公共交通专用道路、优先单向、逆向专用线路等,保证公共交通车辆对道路的专用或优先使用权。公共交通专用车道要配套设置完善的标志、标线等标识系统,做到清晰、直观,并通过管理和宣传,保证公共交通专用车道不受侵犯,真正专用。要建立公共交通专用车道的监控系统,对占用专用车道、干扰公共交通正常运行的社会车辆要严肃处理。

要通过科学合理设置公共汽车优先通行信号系统,减少公共交通车辆在道路交叉口的停留时间。在城市主要交通干道,要建设港湾式停车站,配套建设站台设施,并合理规划设置出租汽车停靠站。

2.4.4.5　公共交通专用车道场站规划

起终点和中途站点的位置、间距、设计和管理对整个公共交通专用车道系统作用的发挥影响很大。尤其车站间距是影响车辆运营速度和调度计划的重要因素，以下重点阐述起终点站和中途站点规划。

公共交通专用车道系统的场站规划，主要包括起终点站、中途站点、换乘枢纽和车辆保养修理厂四种。

(1)起终点站的选址是公共交通专用车道规划的重要约束条件，可在公共交通车道线路确定以后，根据路线及车辆配置情况确定位置和规模。

起终点规划内容包括位置选择、规模确定、出入口道路设置。起终点规划原则如下。

①与公共交通路网和整个城市道路网建设和发展相协调，选择在紧靠客流集散点和道路客流主要方向的同侧。

②选址在人口比较集中、客流集散量大而且周围留有一定空地的位置，使大部分乘客处在以站点为中心的服务半径内(可取 350 m，最大距离不超过800 m)。

③起终点站规模应按照所服务的公共交通线路所配运营车辆数决定。按照公共汽车站点规模划分标准，配车总数(换算成标准车)大于 50 辆为大型站点，26～50 辆为中型站点，小于 26 辆为小型站点。

④出入口道应设置在道路使用面积较为富余、服务水平良好的道路上，尽量避免接近平面交叉口，必要时可设交通信号控制，以减少对周边道路交通的干扰和提高安全性。

(2)中途站点可以在起终点位置和线路走向确定以后，根据最优站距和车站长度限制等情况确定。

中途站点规划内容主要是中途站点间距的确定。一般而言，较长的车间距离可提高公交车的平均运营速度，减少乘客因停车造成的不适，但加大了乘客从出行起点(终点)到上(下)车站的距离，换乘不便；站间距缩短则反之。最佳站距的规划目标是实现所有乘客的“门到门”出行时间最小。中途站点规划原则如下。

①应设置在沿途所经过的主要客流集散点上。

②选址应同时保证车辆的停与行和乘客上下车的安全与方便，对于沿街的公共交通专用车道，宜远离交叉口，对于街中间的公共交通专用车道，宜靠近交叉口。

③平均站距为500～700 m,市中心宜选取下限,城市边缘地区和郊区则选择上限。

(3)换乘枢纽站点一般设在对外交通和大运量交通系统的集散地。

(4)车辆保养修理厂一般设在所辖线网的中心处。公共交通专用车道上行驶的车辆可能会和普通线路上的车辆不同,在目前公共交通专用车道并不多的情况下,这种车辆也不多,车辆保养修理厂应以普通公共交通车辆为标准,对在公共交通专用车道上行驶的车辆做适当调整。

2.4.5 公共交通专用车道设计

公共交通专用车道设计是一个综合性工程问题,它包括公共交通专用车道的断面形式、交通组织分析、标志与隔离设施等。

2.4.5.1 专用车道横断面的选择

专用车道在道路上的位置一般可以分为3种:沿路最外侧机动车道设置的专用车道、设置在道路中间的专用车道、断面所有车道均为公交车道的公交专用路。根据道路断面的不同,这3种专用车道的布设又各有不同。

1.专用道沿路最外侧机动车道设置

优点:停靠站设在人行道上,方便乘客上下车,如果利用人行道设置港湾式停靠站,公共交通车辆进站时可以为后面的公共交通车辆提供超车车道。

缺点:当专用道延伸到交叉路口时,影响右转车的通行能力;如果专用车道在交叉口前终止,必须提供右转车与公共交通车辆的交织段,从而增加了交通的紊乱度。

2.专用车道设置在中间车道

优点:公共交通车辆不受右转车、出租车上下客及非机动车的干扰,易于实施和管理。

缺点:需要有足够宽的中央分隔带(不小于5 m),必要时需对现有右开门的公共交通车辆进行逆向进站处理;右转的公共交通车辆需变换几个车道方能右转;停靠站(一般位于路口前)设在中央分隔带上,为确保乘客安全,需要增设行人信号灯。

3.公共交通专用路

优点:公共交通运行时干扰小,充分体现公共交通优先;停靠站可以利用为

人行道和绿化带，易于实施和管理。

缺点：在信号控制交叉口要处理好公共交通车辆左转和右转，控制较为复杂；单辟公共交通专用路会破坏城市道路网的连续性，导致社会车辆的绕行增加。

2.4.5.2　专用车道在交叉口进出口道的处理

1. 回授线的概念

如果公共交通专用车道延伸到交叉口停车线（即设置专用进口道），可能会导致这样的问题：在信号控制交叉口，公共交通专用进口车道排队的车辆较少，而其他进口车道排队很长。如果专用车道沿最外侧机动车道设置，并一直延伸到路口，会导致另外一个问题：右转车与专用车道上的公共交通车辆存在交织（除非设置专用右转相位）。在这两种情况下，专用车道终止于停车线前一段距离，把这个距离称为“回授距离”或“回授线”。一般规定在回授线上，公共交通车辆优先，只有在回授线上没有公共交通车辆时，其他车辆才可以进入。

2. 回授线的长度

回授线长度主要受下列因素的影响。

(1)回授线公共交通车辆与社会车辆的交织。回授线的最短长度不能小于公共交通车辆和社会车辆的最短交织长度。

(2)右转车受信号控制时的排队长度。回授线的长度应不小于右转车的最大排队长度加上右转车过渡到右转车道的长度。

(3)停靠站。一般把交叉口附近的停靠站设在专用车道内，且在专用车道的末端。同时为了方便旅客，回授线应越短越好。回授线的长度可取 50 m。

2.4.5.3　专用车道上公共交通停靠站设计

在专用车道的设计中，停靠站位置的选择及停靠站附近的交通组织将直接影响专用车道上公共交通的运行及专用车道的效益。

2.4.5.4　公共交通专用车道的隔离及标志

在我国的大城市主干道上，高峰时公共交通车辆单向流量往往有可能超过一个专用车道的通行能力，这种问题在停靠站附近表现得尤为突出；此外，在放射性公共交通线路多的路段，转弯公共交通车辆较多。在这两种情况下，公共交通车辆需经常驶离专用车道进行车道变换。实施公共交通专用车道时常面临另外一个突出的问题:社会车辆随意占用公共交通专用车道,专用车道的专用权无法保证。

针对以上两个问题,公共交通专用车道隔离需满足以下两点功能:允许公共交通车辆在必要时驶离专用车道;同时,禁止社会车辆在特定的路段或特定的时间驶入专用车道。下面就几种专用车道隔离方法进行适应性分析。

(1)车道画线用黄色"虚线+虚线"表示。在车道中央标明"公共汽车"字样,表明该车道只供公共汽车使用,不允许其他车辆驶入(不包括紧急抢险车和救护车等特种车辆);但公共汽车可以随时驶离专用车道。该标线方法使得专用车道具有较强的视觉效果,而且工程量小,实施性强。

(2)车道画线用黄色"实线+实线"表示。在专用道内行驶的公交车不得驶离专用车道(交叉口处除外),其他社会车辆也不得驶入专用车道。该隔离方法适用于以直行公共交通车辆为主的情况,即公共交通车辆不频繁地进出专用车道的情况。

(3)在路面铺设彩色涂料的隔离方法。最大的优点是专用车道视觉效果好,可给社会车辆司机一个明显的提示,非常有助于解决专用车道"不专用"的问题,但成本较高,不宜大量地采用。

(4)对于硬质物隔离方法,在停靠站附近干扰严重的地方,可配合专用车道标线,利用硬质物对专用车道进行隔离,以进一步保证公交车在专用车道的优先权。

2.5 自行车专用道

2.5.1 自行车交通的优势

2.5.1.1 自行车交通的数量优势

在世界范围内,自行车在数量上远远超过小汽车及其他交通工具,这种格局100多年前就存在,而且将要持续很长一段时间(据1994年统计资料,世界拥有8.5亿辆自行车,4.7亿辆小汽车;自行车年产量9300万辆,小汽车年产量3400万辆)。荷兰、丹麦和德国的一些大城市里,自行车占交通总量的比例已高达

30%，世界上一些本来以汽车交通为主的城市，也大力发展自行车交通，有的城市开辟了自行车专用车道。自行车长期以来一直是中国城市占支配地位的交通方式，在多数大城市客运结构中，自行车交通出行率占 30%以上，小城市所占比例更高，尤其是居民短距离交通出行（7 km 以下），自行车交通占 60%以上。自行车交通在我国中小城市交通中占主导地位还要持续很长一段时间。

2.5.1.2　自行车交通的质量优势——“绿色交通”

从城市可持续发展的角度来看，自行车交通是一种“绿色交通”，具有灵活、方便、经济和污染小的优点。作为“自行车王国”，我国具有发展自行车的良好基础，充分利用现有的这一交通资源，建立合理的自行车交通网络，对解决城市高速发展带来的交通拥挤和城市环境问题，具有重要的现实意义。近年来，许多发达国家面临机动车辆高速增长带来的交通拥挤和城市环境质量的下降，采取修建自行车专用路，提供优惠政策等鼓励性措施支持自行车交通的发展，如德国、荷兰等国家。

2.5.2　自行车交通在我国城市交通中的优越性和不可替代性

在我国，自行车作为代步交通工具是从 20 世纪 50 年代开始普及的，至 20 世纪 80 年代后，自行车在年产量和拥有量方面都跃居世界首位。与此同时，随着人口寿命增加和自行车性能、类型的多样化，自行车这一交通工具的适龄区间已拓展为 10～70 岁，户均拥有自行车 2～3 辆，成为家庭中重要的交通工具。

鉴于许多西方国家已经产生的后小汽车交通现象，在我国应提前有效控制私人汽车的数量。目前，我国城市的客运交通的主要方式为公交、自行车、步行、出租车和私人汽车等。其中步行在 500 m 范围以内有很大优势，当出行距离在 500 m 以上时，居民习惯于用自行车代步。当出行距离小于 6 km，出行时间在 30 min 以内时，自行车交通方式因其体积小、行驶富于弹性、耗时较短而显出较大优势。此外，自行车交通还具有经济、准时、多功能、无污染、有益于健康等特点，成为我国城市居民的首选出行方式。

（1）自行车能随时提供门到门的服务，且可以较准确地把握时间。许多城市实践证明，自行车在 2.5～7 km 范围内具有较强的竞争力。

（2）自行车运行和停放时占空间较小。一条 3.5 m 宽的通道，小汽车每小时的通行能力仅 1000～1200 辆，而自行车的通过量是 3000～3500 辆，为小汽车的

3倍，停放1辆小汽车的用地可以停放8～12辆自行车。特别是那些有历史保护价值的城市，其老城区受到用地的限制，规划的道路较窄，交通设施有限，难以适应机动车的大发展，建立自行车交通系统，短距离的交通出行由自行车交通承担，并配合公共交通换乘，调控机动车发展不失为一个好的出路。

(3)自行车与环境。据有关资料，北京目前70%以上的污染来自汽车尾气的排放，可见大力发展机动车交通，将导致城市环境质量的下降。自行车是一种洁净性交通工具，几乎没有噪声、烟雾或尾气等有害物质。这对于以文化、教育、旅游为主，需要严格保护环境的城市显得尤其重要。

(4)自行车交通事故相对较少，且大多为非致命性事故，经济损失和伤害力较小。

(5)骑自行车对社会和个人来说都比较经济。在荷兰，自行车每行驶一千米所需的市政公共投资非常少，仅为小汽车的1/20，而且自行车交通设施的技术标准要求远远低于机动车，容易实施。在我国，一辆自行车的价格为200～600元，一般工薪阶层可以很容易买到，而一辆小汽车的价格为10万～20万元，只有少部分人愿意购买。

(6)投资建设一个好的自行车交通系统，可以获得许多长期的收益，如节约机动车道路交通设施的投资，有利于交通安全和环境保护。发展自行车交通是满足我国城市可持续发展需求的较好途径之一。

2.5.3 我国自行车交通现状

自行车长期以来是我国的主要交通方式。在经济发展的初期，交通方式选择余地较小，城市居民能够依靠自行车安全便捷地出行。进入20世纪80年代以后，我国城市的开放和经济的发展，导致城市的规模不断扩大，使得居民的出行耗时不断增加，自行车交通逐渐难以满足需要，其主导地位正在逐渐被机动车交通所取代。

但是我国城市(尤其是特大城市)用地短缺、人口密集、道路设施薄弱，过快的机动车辆增长，使道路设施不堪重负，造成许多大城市交通拥挤、停车无地、环境恶化，小汽车造成的交通拥挤和尾气污染所消耗的社会成本大于车辆使用者个人付出的成本。而昂贵的轨道交通建设费用使其在短时间内不可能建设更大的规模，分担城市交通的作用有限，同时受道路条件的限制(特别是我国道路网密度较低)，公交网的覆盖率不可能很高。因此，在机动车化交通的趋势下，自行车交通仍然在我国城市中起着相当重要的作用，尤其是城市的居住区、商业区、

中心区等地区的短距离出行，自行车有着明显的优势。我国城市有丰富的自行车资源，还有完善的自行车注册管理系统，这些得天独厚的有利条件，应该充分加以利用。

中国已有 5 亿辆自行车，是世界上自行车拥有量最多的国家。自改革开放以来，一些大城市逐步开辟了自行车专用道路，并在自行车交通量特别大的交叉口，三层、四层的立体交叉桥中予以考虑。如北京建国门和广州区庄的四层立交桥，均安排自行车单独在一层行驶，与机动车完全脱离。此外，在特殊路段，还兴建了地下自行车专用道路和地下存车库。例如，河南省郑州市在二七广场修建了一条地下自行车专用道路。北京西站前，东西向的莲花池东路修建了 417 m 长的地下隧道，地下一层是自行车专用道路，地下二层是机动车道。王府井南口也修建了一条长 152 m、宽 10 m 的地下自行车道路。另外，北京在新建“复—八”地铁线的同时，在永安里站和天安门东站兴建了地下自行车存车库。这些举措对缓解城市交通拥堵的矛盾，以及在减少行车事故方面都取得了显著成效。与此同时，也进一步拓展了城市地下空间开发利用的领域。

2.5.4　自行车交通体系和对策

我国 20 世纪一直是以自行车为主导的城市交通结构，在许多城市建设了大量的三幅路或四幅路的道路，而且大都是城市的主干道。在城市机动车水平较低阶段，这对机动车、自行车的安全行驶起到了很大的作用。据天津早期统计，道路上实施机、非分道行驶使交通事故减少 60%～70%。但是，随着城市机动车的增加，三幅路的组织方式越来越暴露出它的弊端，主要表现在机动车交通主流与自行车交通主流重合，机动车、非机动车相互干扰，既不安全，又影响了道路的通行能力，尤其是道路交叉口，由于机、非冲突及缺乏机、非分隔设施，交叉口通行能力损失 20%～30%，同时自行车道也是立交桥造价高、工程难度大的主要影响因素，导致许多城市立交桥建设时将自行车交通抛在一边，建成通车后机、非混行的矛盾并没有解决，降低了立交的通行能力。

根据我国的城市建设和交通现状，自行车在很长的时间内仍是城市的主要交通工具。如果大城市保持目前以三幅路为主的模式，随着机动车辆的大量增加，机、非混行的干扰，不仅带来交通事故的增加，而且运行速度大幅度降低，导致城市交通拥挤，甚至瘫痪，城市环境恶化。因此，根据现有的道路条件和交通政策，在城市中建设由不同道路等级、不同道路功能构成的道路系统，这样既保障道路主骨架机动车交通的畅通，又合理组织自行车交通，提高城市道路交通系统运行效率。在大型居住区、文教区及老城区，应强化自行车交通，可建设机动车、非机动车分流系统，将区内短距离交通吸引到自行车道路上，减少机动车对居住区的交通污染。

20 世纪 80 年代末，有关规划人员在深圳福田中心区交通组织中提出机、非分流规划设想，虽然由于种种原因规划未能实施，但为解决自行车交通开拓了思路。洛阳市中心区鉴于拆迁难度大(主要是保护文物)，提出部分道路机、非分流的规划思路，将机动车车流较大、拓宽困难、两侧有分流自行车支路的主干道，建成机动车专用车道，而两侧的支路建成自行车专用车道，以达到机、非分流的目的，其他道路根据道路性质、改造的难度，采用不同的解决方法，起到很好的效果。徐州市中心区交通规划中，对通过性交通较多的地区和主干道，实行强化机动车交通、弱化自行车交通；对机动车较少的地区和支路，采用弱化机动车交通、强化自行车交通的规划手法。另外，杭州市湖滨地区详细规划、江苏省宿迁市宿豫区规划等很多规划中也对自行车进行了考虑，马鞍山市做了自行车路网规划。

我国当前交通政策是优先发展公共交通，大力发展以运输效率最高、人均污染最低的轨道系统为骨架，常规地面公交网络为基础的公共交通系统；合理使用个人机动化交通，限制小汽车在大城市中心地区的使用，家庭轿车主要用于出游或是在城市中心区以外使用；为自行车交通方式提供便利的政策。在交通政策上，不应该对自行车采取歧视性的管理政策；在交通管理上，要重点解决混合交通的弊端；在道路建设上，应该逐步建立自行车专用道路网络。

自行车适宜的出行距离在 6 km 以内，在短途交通中具有其他方式无法比拟的优势。我国大城市自行车交通规划的政策导向是引导自行车交通向公共交通转移。随着城市道路交通设施的完善，特别是快速轨道客运系统和地面公交系统的形成和完善，大城市长距离的自行车出行将逐步转向公共交通，自行车交通将成为地区性短途出行的交通工具。

自行车可以作为扩大公交服务范围的有效手段。随着大城市拓展和经济水平的提高，全程使用自行车的比例将大大下降，自行车交通将处于辅助地位。但是中小城市仍为主要交通工具，自行车作为完成公交出行的一个组成部分，仍将焕发出新的活力。因为相对于步行而言，自行车具有更大的活动空间，尤其是对于公交线网较短的偏远小区来说，自行车将起到很好的短驳作用，一定程度上拓展了公交站点的服务范围。大城市为了实现自行车与公交的紧密衔接，必须处理好自行车的“行”与“停”。首先，提供安全的通行环境，虽然不鼓励长距离的自行车出行，但是仍要保护自行车合理的行驶空间，自行车道在整个路网中的分布

要得到保证;其次,为自行车提供必要的停车条件,配合轨道交通和地面公交换乘枢纽站的形成,发展地区性的公众自行车停车场,并派专人看管,以便自行车较长时间的停放。

2.5.5　自行车道路规划

2.5.5.1　自行车交通网络规划

自行车道路网规划应由单独设置的自行车专用道路、城市干路两侧的自行车道路、城市支路和居住区内的道路共同组成一个能保证自行车连续交通的网络。

大、中城市干线路网规划设计时,应使自行车与机动车分道行驶。

自行车单向流量超过 1 万辆/时的路段,应设平行道路分流,若在交叉路口进入的自行车流量超过 5000 辆/时,应在道路网规划中采取自行车的分流措施。

自行车道路网密度与道路间距宜按表 2.1 选用。

表 2.1　自行车道路网密度与道路间距

自行车道路与机动车的分隔方式	道路网密度/(km/km^2)	道路间距/m
自行车专用路	1.5～2.0	1000～1200
自行车道与机动车道间用设施隔离	3～5	400～600
路面画线	10～15	150～200

大中城市自行车交通规划应根据自行车流量、流向和行程活动范围,汇集成自行车流量分布图;规划自行车支路、自行车专用道路和分离式自行车专用车道等;结合公共活动中心及交通枢纽,设置自行车停车场,组成一个完整的自行车交通系统,创造安全、高效和舒适的自行车行车环境。自行车支路是利用城市现有的小路、支路和小巷作为自行车的专用道路,将居住、工作和公共活动中心连贯起来,形成地区性的通行网络。自行车专用道路通常布置在居住区通往工业区上下班交通流量大的地段。为了有效地减少机、非干扰,大城市应该倡导道路功能上机、非分流,开辟平行于城市主干道的自行车专用路。自行车专用道路是在街道的横断面上分隔出自行车专用车道,城市道路中"三块板"横断面中虽然有非机动车道,但自行车交通组织方式无法避免在交叉口出现的机动车与自行车的冲突。

自行车系统在规划上要求自行车专用路两旁的用地不至于产生和吸引大量

的机动车流和货物运输的需求。设计上要求线路通畅、连通、路面平坦、坡度小，具有较好的景观效果，并且设置与自行车相关的交通标志。我国大城市的自行车专用路一般都是由等级较低的道路改造而成的，往往忽视人行道的铺设，造成人车混行，出现诸多交通安全问题，并恶化了交通环境。事实上，在用地紧凑的城市中心地带要开辟一条完全由自行车专门使用的道路并不容易，因为道路两旁住宅和企事业单位不可避免会有车辆到达和货物进出的需求，因此在自行车专用路上宜采取机动车有限驶入的配套管理措施，即允许少量机动车在限定的时间内限速进出。

2.5.5.2 自行车道路规划原则

1. 远近期相结合，充分利用现有道路

自行车交通网络规划应该按远近期相结合的原则进行。考虑今后城市规模、性质、结构形态和布局等的变化，以及自行车交通量的增加和自行车交通在城市客运结构中的地位变化，在路网形态、道路等级、类型和技术指标等方面为远期城市交通的发展留有余地。

2. 与其他交通方式相协调

自行车交通网络规划应把握全局性思维，协调好与其他交通方式的关系。其中重点是配合公交规划，尽可能建立公交、自行车的换乘体系，同时解决好换乘点的停车问题。

3. 满足自行车交通的需求

自行车路网规划应该能满足自行车交通的需求，特别是职工上下班的出行需求。要做到功能明确，系统清晰，各种等级、类型的自行车道应该合理分工、相互协作，使自行车出行者能方便、迅速、安全地到达目的地。

4. 机、非分离

规划时尽可能使机、非分离，形成独立网络。受条件限制时，无法完全分离处，应协调好两者关系，进行必要的分隔，以减少相互干扰。不同等级的自行车与机动车道，以及自行车道之间的交叉，应根据实际情况，从时间或空间上予以分离。

5. 路网布局与主要流向相一致，缩短行程

规划的自行车路网，布局应与居民日常出行的主要流向相一致，并应与不同区域的交通需求相协调，力求自行车流在整个规划网络内均衡分布，以利自行车

路网功能的正常发挥。

6. 要有适当的路网通达性

规划的自行车路网应该具有一定的连通性、可达性，避免断头、卡口路段存在。

7. 与环境相协调

自行车的近期规划应以利用现有道路为主，在条件允许时，特别是独立的自行车专用车道的设置，应尽可能使路网的结构、形态与地形、地势、城市景观的平面布局和空间构图相协调。

8. 尽可能使交通管理简便

自行车路网的规划应与交通管理相结合，为交通管理创造有利条件，实施时应采用一系列交通管理措施来保证规划意图的正确贯彻。

2.5.6　建立自行车路网的基本原则

(1)道路网结构布局原则。应以城市结构、功能分区性质、区片联系紧密程度、地形特征等要素作为自行车道路网规划的主要依据；优先选择能为多种目的服务的地方，要靠近人口集中、出行率高的地段，如工作地点、商业中心、学校公园等自行车利用率高的地方，同时还应满足“逐步扩大、分期建设”这一可持续发展的要求。

(2)交通设施互利原则。自行车交通设施的规划要与其他交通方式的规划结合进行，综合利用空间、设施，形成有机整体，方便“自—车”切换和“自—步”切换。

(3)网络化原则。规划力求获得一个相对独立的自行车系统，形成城市主要自行车道路、区域自行车道路和小区自行车道路等不同层次路网的有机衔接，保证自行车在城市各个部分的可达性，并力争使线路形成最短行驶距离和最少出行时间。

(4)有机更生原则。充分利用现有道路或街巷，进行修整或拓宽，使之纳入整体自行车道路系统，尤其应注意改善现有的道路交叉口的设计。

2.5.7　自行车道路设计

2.5.7.1　自行车道路的类型

(1)独立的自行车专用车道。不允许机动车辆进入，专供自行车通行。这种自行车道路可消除自行车与其他车辆和行人的冲突，多用于自行车干道和各交通区之间的主要干道。规划时，应将城市各级中心、大型游戏设施及交通枢纽等端点连接起来，应尽可能地与城市主要交通流向一致，以利于减轻高峰时自行车流对机动车干道的干扰。自行车专用车道示意图见图 2.5。

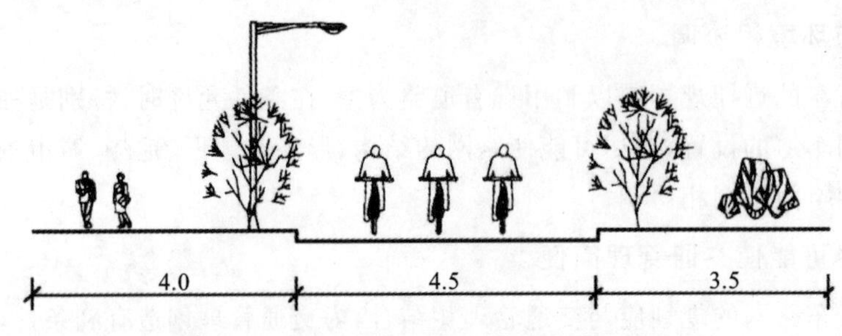

图 2.5　自行车专用车道示意图(单位:m)

(2)实体分隔的自行车道。用绿化带或护栏与机动车道分开，不允许机动车辆进入，专供非机动车通行。这种自行车道在路段上能消除自行车与其他车辆、行人的冲突，但在交叉口，自行车无法与机动车分开，多用于全市性的自行车干道和各交通区之间的主要联系通道或三幅路上。

(3)划线分隔的自行车道。在单幅路上与机动车道划线分隔，布置于机动车道两侧的自行车道路。虽然较为经济，但由于自行车与机动车未完全分开，不太安全。良好的路面标识系统可提高安全度。适用于交通量较小的各交通区之间或各交通区内的自行车道路或支路上。

(4)混行的自行车道。机动车与自行车在同一道路平面内行驶，其间无分隔标记。多用于交通量不大的相邻交通区之间的自行车道路和居住街道系统中。这种形式有利于调节不同高峰小时的快慢车流，充分发挥道路效益。但其安全性较差且与机动车相互干扰，导致车速下降。

2.5.7.2　自行车道路的等级

(1)市级自行车干道。市级自行车干道是全市性或联系居住区和工业区及其与市中心联系的主要通道，承担着大量的自行车交通。要求快速、干扰小、通行能力大，是全市自行车路网的骨架，其方向应与自行车出行的主要方向相一致。它包括全市性的自行车专用车道和实体分隔的自行车道路。

(2)区际自行车道路。区际自行车道路是联系各交通区的道路，应保证居住区和工业区与全市性干道的联系，主要是满足自行车中、短距离的出行。它包括

自行车专用车道、有分隔的自行车道路和画线分隔的自行车道路。

(3)区内自行车道路。各交通区内部的自行车道路，是联系住宅、居住区街道与干线网的通道，是自行车路网系统中最基本的组成部分，在自行车路网系统中起着集散交通的作用。要求路网密度较大，在厂区、生活区深入性较好。它包括画线分隔的自行车道路和混行的自行车道路。

2.5.7.3　应予以改进和改造的机、非合用道

(1)地面条件。骑车人在现存的街道上骑车面临的主要问题是路面不平坦。凹陷的检修孔、质量低劣的管沟施工，使许多道路成为障碍路线。道路对车轮的损伤也成为骑车人面对的严重问题。这个问题必须先行解决。首先，被允许开挖道路的公共事业部门和其他机构必须在工程完成后，使路面恢复原样；其次，政府的维修计划也应该集中在那些自行车流最大的道路，而且，当重铺路面时，必须特别小心以确保道路的整个断面平整；最后，当设置道路标记，特别是停车线时，应使用质地粗糙的热塑材料，因为普通的热塑材料在雨天非常滑。

(2)排水栅栏和检修孔盖。所有平行于车流方向的排水栅栏应该旋转 90°或者加横向连接以防止自行车轮掉进间隙里。检修孔盖不应设在道路边缘，因为这样常常导致路面不平。

(3)道路瓶颈。瓶颈往往出现在一条繁忙的道路突然变窄的地方，它强迫自行车进入其他车道。在一些地方，可以拓宽道路以解决这个问题。

(4)道路闭合处的接缝。道路闭合处的接缝要允许自行车通过，否则，骑车人只好下车推行通过。

(5)道路的宽度。自行车和其他车辆使用的道路的宽度影响骑车人骑车时感觉到的危险程度(可能也带来真正的危险)。当机动车辆以及更具威胁的卡车和公共汽车擦肩而过时，骑车人特别容易感到危险。在骑车人感到舒适的自行车道路的宽度问题上，澳大利亚和美国的一些研究建议在禁止停车、时速限制在 75 km 的道路上，4.65 m 是足够的宽度；在允许停车的地方，6.7 m 被认为是足够的宽度。若小汽车不超过道路中心线就可以超车，减小道路宽度是合理的，这样可以防止机动车超车，将自行车挤到道路边缘。在四车道的道路上，改善自行车行车条件最简单的办法是让靠近人行道的车道比内档车道宽。这样比设置自行车道路便宜多了，因为不需要设两条新的道路。

(6)路缘石。在骑车人离开道路进入自行车专用道时就会碰到路缘石，它们往往和道路不平齐。在不需要排水的地方，它们应该被重新设置为连在一起的

整块的单元使骑车人能平稳地从一个平面到另一个平面。

(7)桥和地道的斜坡。有些骑车人更愿意骑车通过地道或桥以避免繁忙的道路节点。踏步对于自行车来说特别难通过,但如果旁边建有一个窄的坡道,自行车会很容易通过。

(8)经常性维护。碎片往往堆积在路边的排水沟。玻璃等尖锐物体特别会引起骑车人转向以躲避轮胎被刺。所以,需要经常清扫排水沟。此外,妨碍视线的灌木和低矮的树枝等植物应经常被修剪。

2.6 城市交通发展战略规划

2.6.1 城市交通系统的发展目标

交通的根本目的是实现人和物的移动,理想的城市交通规划应当满足居民交通出行数量和质量的要求,为居民营造安全、高效、方便、舒适、公平、可靠的交通环境。可持续的交通系统应当是"以人为核心"的城市交通系统。城市交通系统应使单位交通设施断面通过更多的人和物,而不是小汽车。基于上述考虑,城市交通系统应当实现如下发展目标。

1. 交通安全

城市交通系统应当努力消灭车祸和重大交通事故,维护居民最基本的生存权。随着小汽车不断进入我国城市居民家庭,新驾驶员技术不熟练、驾驶员违章行车、行人和骑自行车者不遵守交通规则等都导致交通事故数量骤升。因此,构筑安全的城市交通系统还需贯彻交通法规,加大执法力度,让法制深入人心。

2. 步行友好

自20世纪70年代初,西方发达国家开始注重步行系统建设,使步行和自行车不被淹没在小汽车的海洋之中。我国城市交通系统也应考虑步行区和步行系统规划,以改善居民出行环境,营造良好生存空间,使城市道路不失为人服务的基本功能。

3. 低公害

近年来,我国城市在治理交通污染方面做了大量的工作。但从总体角度讲,随着私家车的快速发展和城市交通堵塞状况的日趋严重,我国的交通系统与交

通环境正处于恶性循环之中。为保障我国人民的生命财产安全，应从车辆性能改善、道路平整度提高、道路绿化建设等方面入手，加强交通环境建设，创造空气新鲜、环境宁静、以人为本的生产生活环境。

4. 满足出行选择

高效、可持续的城市交通系统应当满足居民的多方式选择需求，如近距离出行主要通过步行、骑自行车解决，远距离出行主要通过公共交通、轨道交通、出租车等多种方式解决。

目前，我国城市居民出行方式结构正在发生质的变化，小汽车、摩托车出行所占比例越来越高。城市交通政策制定必须对居民出行方式进行合理引导，构筑有效利用能源和时空资源的、能满足人和物各种移动要求的、使出行成为享受的交通系统。

2.6.2　城市交通发展战略目标

我国城市交通具有一些普遍性特点，各城市的交通发展战略具有一些共性目标，主要包括以下内容。

(1)建成发达的对外交通系统。

例如，苏州市对外交通系统的发展目标是：以建设长三角重要的次级中心城市为目标，积极构筑由公路、铁路、水运、航空等多种运输方式组成的立体高效的一体化综合交通运输系统，全面融入长三角交通体系。

(2)建成便捷的城市对外交通与城市交通衔接系统。

①公路、铁路、水运、航空、管道等各种运输方式之间实现无缝对接。

②城市对外交通与城市交通对接良好，尤其是高速公路与快速路衔接良好，城市对外交通场站与公共交通、轨道交通衔接良好。

(3)建成便捷舒适的公共交通系统。

我国城市不仅应发展常规公交网络，更应发展小运量便捷公交网络。对于特大城市，还应发展轨道交通网络。

(4)建成完善的城市道路网络系统。

(5)建成现代化的交通管理与指挥控制系统。

2.6.3　城市交通发展政策

城市交通发展战略既要具备指导性，又要具备可实施性。因此，应当制定切实可行的近期行动计划，以便政府职能部门具体操作。表 2.2 为国内外部分城市交通发展战略的目标和政策。

表 2.2　国内外部分城市交通发展战略的目标和政策

城市	战略目标	主要政策
伦敦	让每个人更好（better for everyone）	降低私人交通使用和出行距离，实施交通需求管理措施；整合票制，提高公共交通的便利性，提供多元化服务；提高货运效率和安全水平；强化环境保护，保持可持续的财政支持
东京	高效、整合、安全	平衡发展交通环境，提供便利多元的交通信息系统；创造清洁、安全的交通环境；维持城市机能的可持续发展
新加坡	世界级（world class）	整合各项交通系统规划；完善交通信息调查；实施交通需求管理，改善道路安全与空气品质
香港	高效	融合交通与城市规划；充分使用铁路，使铁路成为客运系统骨干；完善的公共运输服务和设施；广泛运用新科技管理交通，强化环保的运输措施
上海	一体化	路车平衡政策；区域差别政策；公交优先政策
苏州	和谐、创新	优先建设快速和集约交通设施；交通体系区域层次差别化；交通工具协调发展；交通管理创新

尽管国内外大城市根据自身情况选择了不同的交通模式和发展道路，但这些城市的交通政策都不约而同地表现出共性的内容，反映了国际大都市交通发展的客观规律。

1. 交通一体化

一体化是世界城市交通共同的、重要的特征（图 2.6），其主要表现如下所述。

(1)交通体系的一体化。

各种交通方式通过换乘枢纽、交通运营组织进行有效衔接和充分整合，充分发挥各自优势，形成有机整体。

(2)交通设施的一体化。

道路设施与公路设施、轨道设施与道路设施、对外交通设施与城市交通设施在网络上实现一体化发展。

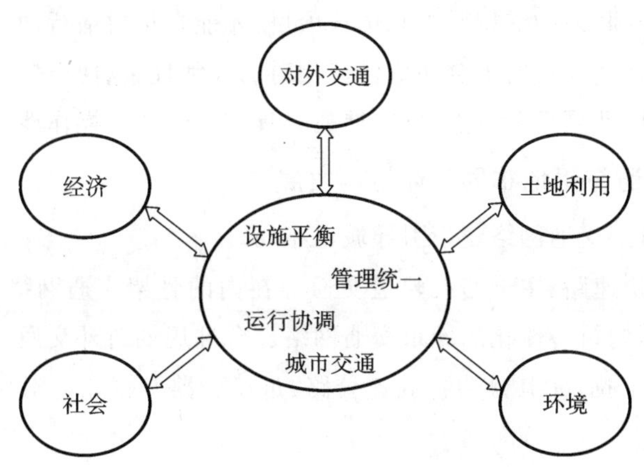

图 2.6　交通一体化示意图

2. 交通区域差别化

国际大都市的交通区域差别化主要表现在中心城区与郊区、核心区与外围区表现出不同的交通特征。

①中心城区：以集约化交通为主，重点发展以轨道交通为骨干的多元化、多模式的公共交通体系，中心城家庭小汽车拥有水平最低。

②城市郊区：鼓励小汽车的充分使用，城市郊区家庭小汽车拥有水平最高。

3. 交通集约化

国际大都市交通的集约化特征主要表现在两个方面。

(1)通勤交通的公交化。

通勤交通包括上下班、上学、放学。通勤交通的集中性、大流量等特征也决定了其必须依赖于大容量的公共交通。

(2)向心交通的轨道化。

向心交通是指从大都市郊区进入中心城区、外围区进入中心区、中心区进入中央商务区(CBD)的交通。无论是轨道交通主导的东京，还是郊区小汽车拥有水平较高的伦敦，甚至是小汽车拥有量规模最高的纽约大都市，其向心交通均表现出共同的特征，即进入市中心的交通依赖于放射状的轨道交通。长距离、支线型的区域轨道交通成为大都市中心城区与新城区、新市镇之间紧密联系的纽带。

2.6.4　城市交通发展战略支持对策

城市交通发展战略的实施是一个庞大的社会系统工程，只有将战略目标与原则细化为相互联系的支持对策和优选项目，才能真正付诸行动。与此同时，这些支持对策和优选项目的组合还应保持相对的灵活性，以便根据实际情况，通过设置不同的阶段性项目和重点，使发展战略具有更强的可操作性。

1. 城市交通与用地布局整体协调发展

(1)通过骨架交通网络建设引导城市布局。

建设包括快速路、主干路或轨道交通等在内的骨架交通网络来引导城市用地的科学布局，构筑一体化的城市交通网络。合理规划对外交通系统，避免过境交通对城市的干扰，尤其是避免高速公路、过境公路和铁路等对居民生产、生活的干扰。

(2)规划引导和法制建设保障社会公共利益。

该策略的具体要求如下。

①严格执行土地开发交通设施的配套标准及建设规定，确保开发地块上的地方性道路、停车设施及公交场站的用地和建设。

②大型建设项目和用地开发项目必须进行交通影响分析，并采取相应对策，确保用地开发与交通设施容量的平衡。

③尽量保证规划片区内的“工宿平衡”，确保商业网点、文体设施、中小学校等的配套建设，减少冗余出行。

④干路两侧尽量不设置大型公共建筑的集散性出入口，干路交叉口周围要保留拓宽渠化的用地等。

2. 客运交通体系发展

(1)建立多元化协调发展的综合客运交通体系。

例如温州市的客运交通体系发展目标:逐步建立以公共交通为主体、融合个体交通(步行、自行车、小汽车等)于一体的、多元化协调发展的综合客运交通体系，并具有多平面、多方式间良好的换乘系统。

(2)优先发展公共交通。

①政府应始终坚持公交优先的政策导向。

②积极推广运用多样化的公共交通优先通行措施。

③要建立稳定可靠的公交建设投资、融资渠道。

④建立与市场经济体制相适应的、充满生机活力的公交运行机制。

(3)客观、公正地对待自行车交通发展。

自行车交通是名副其实的“绿色交通”，也是我国城乡普遍的交通工具。根

据我国的社会经济发展情况，自行车在我国还将长期存在并发挥重要作用。因此，应当保持自行车的合理规模，充分发挥自行车在我国城市交通系统中的作用。

(4)营造良好的步行交通环境。

步行交通质量是体现城市现代化文明程度的重要标志。居民闲暇时间增多、人口老龄化加剧、对城市弱势群体出行的关怀增多等现状都对满足步行出行需求的数量和质量提出了更高的要求。

(5)合理引导小汽车使用。

合理引导小汽车使用应从以下几个方面入手。

①不限制小汽车购买，满足人民生活水平提高导致的对小汽车消费的客观需求。

②保持适度的道路设施建设力度，以满足小汽车的出行需求。

③长期坚持推行交通需求管理，根据道路设施容量对小汽车使用进行合理调控。

(6)从严控制摩托车发展。

摩托车的噪声、尾气污染较大，且易引发交通事故，对城市生产生活环境及城市弱势人群不利。因此，我国大、中城市应从严控制摩托车的发展。

3. 道路网络体系发展

(1)应按照城市规模要求规划和整合城市道路网系统，并考虑近远期结合。

(2)厘清道路功能分级，发挥路网整体效应，保障交通安全。

(3)道路系统建设不仅注重对现有路网的改扩建，而且还应保持适度超前，以带动土地开发。

(4)高度重视支路网建设，大幅度提高道路网密度。支路网建设绝不是一个局部性的问题，必须提升到道路网全局与战略高度上来认识和实施。

(5)加强道路交叉口渠化，提高道路网总体容量。在城市道路建设中，既有干路交叉口应结合道路改造或用地开发，努力实现道路渠化；新规划的干路交叉口应全部按照渠化要求控制用地；对于近期难以实施的交叉口，远期应严格控制其用地，以保证路网的可持续发展。

4. 停车发展

(1)建立一体化的管理体制。

规划是龙头，建设是主体，管理是灵魂。三者融为一体，才能从根本上解决停车问题。

(2)制定完善的停车政策、法规、标准。

我国城市政府应出台鼓励公共停车设施建设的政策,并根据形势需要,对上述政策、规章和规划进行定期(每五年1次)检讨修订。此外,还应编制公共停车设施规划,指导停车设施的建设管理。

(3)推行停车设施市场化。

采用民营化、产业化的手段,把停车设施建设与经营管理权全部或部分转移到民营企业中,以推动停车设施建设市场。政府的角色应从一个直接的投资者、经营者,转变为对经营人的监控管理和政策控制角色。

(4)严格执行"拥车者自备车位",鼓励配建"公共化"。

如果每辆机动车都有自己的车位,那么车辆发生点的泊车问题就完全得到解决。吸引点的泊车问题,相当一部分也应由配建来解决,应鼓励配建车位向社会开放。

(5)开发形式灵活多样的立体停车库。

应鼓励停车设施向占地少、安全性能好、存取方便的立体停车库形式发展。配建停车设施应灵活多样,实施总量控制、分散布局,可以依附于某个建筑物,也可以在其周围200 m范围内,也可以几家联合配建。

5. 交通管理

交通管理的最终目标应是对交通需求的管理。通过采用一系列政策性和投资性的措施,有效地调控交通结构,以保持给定环境下城市交通资源的合理配置和高效运作。只有将交通需求管理作为解决城市交通问题的一项长期战略,才能确保城市交通的长期可持续发展,也才能维持城市交通的供求平衡关系,保证城市交通系统必要的运输效率和服务水平。

第 3 章　城市道路设计

城市道路工程设计应充分考虑道路的地理位置、作用和功能，注重沿线地区的交通发展、地区地块开发，注重道路建设的周边环境、地物的协调，体现以人为本的理念，注重道路景观环境设计，将道路设计与景观设计有机结合，建立符合时代潮流的现代化城市道路。

总体设计的原则如下。

(1)服从总体规划，以总体规划及道路交通规划为依据，并与沿线地块规划相协调，使工程既满足大交通需要，又能为地区开发及发展创造有利环境。

(2)满足远期交通流量发展的需要，做到功能上适用、技术上可行、经济上合理，以取得最佳投资效果。在充分分析道路交通功能的前提下，结合近远期要求和景观效果，合理布置道路的横断面，做到功能合理、经济美观，并降低近期工程费用。

(3)妥善安排机动车、非机动车、行人三者交通组织，根据实际建设条件，因地制宜保证线形流畅。道路线形设计必须在符合城市总体规划的前提下，若不显著增加工程投资，尽可能采用技术标准较高的线形指标，以提供良好的道路行车条件，同时兼顾沿线建筑环境，保护耕地、减少拆迁、不破坏重要文物古迹。

(4)充分考虑工程实施的可操作性，为施工提供方便。充分利用当地丰富的建筑材料，选择路基回填材料、路面结构材料等，做到就地取材，节约运输成本。

(5)道路布局、绿化和沿线建筑达到和谐效果，充分考虑工程周围的环境。

(6)充分考虑各种规划公用事业管线布设的要求，为地下管线预留空间。

(7)在满足路基工作状态的前提下，尽可能降低路堤填土高度，以减少土方量，并合理确定最大填土高度，缩短桥梁结构物，以节约工程投资。

城市道路的总体设计主要包括横断面设计、平面设计和纵断面设计。

3.1　城市道路横断面规划设计

道路是具有一定宽度的带状构筑物。在垂直道路中心线的方向上所做的竖向剖面称为道路横断面。

城市道路横断面由车行道、人行道和绿地等部分组成。近期横断面宽度，通常称为路幅宽度；远期规划道路用地总宽度则称为红线宽度。红线是指城市中的道路用地和其他用地的分界线。

横断面规划与设计的主要任务是在满足交通、环境、公用设施管线敷设以及排水要求的前提下，经济合理地确定各组成部分的宽度及相互之间的位置与高差。道路横断面设计应在城市规划的红线宽度范围内进行。横断面形式、布置、各组成部分尺寸及比例，应按道路类别、级别、设计速度、设计年限的机动车道与非机动车道的交通量和人流量、交通特征、交通组织、交通设施、地上杆线、地下管线、绿化和地形等因素统一安排，以保障车辆和人行交通的安全通畅。

3.1.1　规划原则

道路横断面的设计，关系到交通、环境、景观和沿线公用设施的协调安排，所以在横断面设计时除了根据道路等级、交通量确定断面形式，还要贯彻下列规划原则。

(1)路幅与沿街建筑高度相协调。道路路幅应使道路两侧的建筑物有足够的日照和良好的通风。

(2)断面布置与道路功能相协调。如交通性干道应保证足够的机动车车道数和必要的分隔设施，达到双向分流、人车分流以保障交通安全；商业性大街应保证足够宽的人行道。车行道应考虑公交车辆临时停靠的方便性。

(3)断面布置要与当地地形地物相协调。

(4)断面布置的近期与远期相结合。

3.1.2　城市道路横断面综合布置的原则

确定城市道路横断面形式时，需要根据道路规划功能上的性质和作用，综合考虑各方面的要求，合理安排各组成部分。

(1)横断面综合布置应在城市道路规划的红线范围内进行。从规划部门取得城市道路网的规划、红线宽度、道路等级、道路性质、断面形式、两侧建筑物性质与层高资料，向有关部门调查收集交通量(目前和远期的车流量、人流量及流向等)、车辆组成种类、行车速度、地下管线资料等，并进行综合分析研究，以便确定横断面形式和各组成部分尺寸。

(2)应当保证交通的安全和通畅，既要满足机动车交通量日益增长的要求，又必须顾及我国目前仍存在着大量非机动车的实际情况。因此，在城市道路横断面设计中，既要考虑非机动车（主要指自行车）车道的设置，又要考虑将来有过渡为机动车道和自行车专用车道的可能，此外，如果人行道宽度考虑不足，势必会影响车行道的通行能力和交通安全。

(3)充分发挥绿化的作用。城市道路中的绿化，既能起到保护环境、保障交通安全和美化城市、美化道路的作用，又能比较灵活使用各组成部分。布置绿化带时可以结合分隔带，也可以结合人行道；可做横断面各组成部分的衔接部分，也可做横断面其他组成部分的备用地。

(4)保证雨水的排出。设计中要考虑路拱的形式和坡度及雨水口的位置，同时还要注意道路两侧街坊、单位内部排水的出口，以便密切配合。

(5)避免沿路的地上、地下管线，各种构筑物以及人防工程等相互干扰。在布置时，要综合考虑各种管线及构筑物间的配合和合理安排，还要考虑它们发展的余地和维修的方便程度。

(6)要与沿路各类型建筑和公用设施的布置要求相协调。如商业区的道路两侧大部分是商店一类的建筑，一般不宜采用有各种分隔带的横断面形式。

(7)对现有道路的改建应采取工程措施与交通组织管理措施相结合的办法，以提高道路通行能力和保证交通安全。如道路改建，除采用增辟车道、展宽道路等措施外，还可通过邻近各条道路互相调节，采用机动车与非机动车分行、单向行驶等措施。

(8)注意节省建设投资，节约城市用地。横断面各组成部分的配置既要紧凑，又要考虑留有余地。例如新建城市，在发展初期，交通量还不大时，就可先开辟最低必需宽度的车行道，预留车道的用地先进行绿化，待将来交通量增大时，再辟为车行道。

3.1.3　横断面形式和选择

规划道路红线时，应考虑各组成部分的位置，即考虑横断面的选型。各种横断面形式的适用条件如下。

1. 单幅路

车行道上不设分车带，以路面画线标志组织交通，或虽不做画线标志，但机动车在中间行驶，非机动车在两侧靠右行驶的称为单幅路。单幅路适用于机动车交通量不大，非机动车交通量小的城市次干路、大城市支路以及用地不足、拆迁困难的旧城市道路。当前,单幅路已经不具备机、非错峰的混行优点,因为出于交通安全的考虑,即使混行也应用路面画线来区分机动车道和非机动车道。单幅路横断面形式见图 3.1。

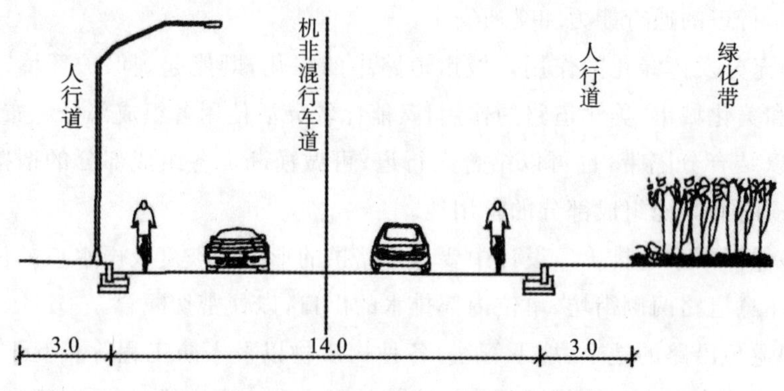

图 3.1　单幅路横断面形式(单位:m)

2. 双幅路

用中央分隔带分隔对向机动车车流,将车行道一分为二的,称为双幅路。双幅路适用于单向两条机动车车道以上、非机动车较少的道路。有平行道路可供非机动车通行的快速路和郊区风景区道路以及横向高差大或地形特殊的路段,亦可采用双幅路。

双幅路不仅广泛使用在高速公路、一级公路、快速路等汽车专用道路上,而且已经广泛使用在新建城市的主、次干路上,其优点体现在以下几个方面。

(1)可通过双幅路的中间绿化带预留机动车道,利于远期流量变化时拓宽车道。

(2)可以在中央分隔带上设置行人保护区,保障过街行人的安全。

(3)可通过在人行道上设置非机动车道,使机动车和非机动车通过高差进行分隔,避免在交叉口处混行,影响机动车通行效率。

(4)有中央分隔带使绿化比较集中地生长,同时也利于设置各种道路景观设施。

机、非混行双幅路横断面形式见图 3.2。

3. 三幅路

用两条分车带分隔机动车和非机动车流,将车行道分为三部分的,称为三幅路。三幅路适用于机动车交通量不大,非机动车多,红线宽度大于或等于 40 m 的主干道。

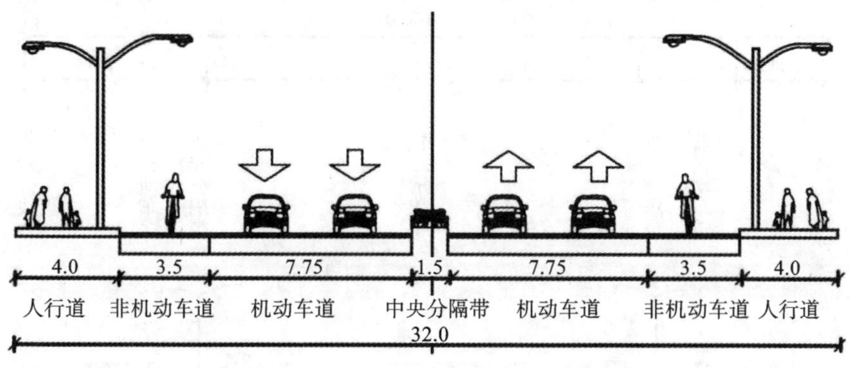

图 3.2　机、非混行双幅路横断面形式(单位:m)

三幅路虽然在路段上分隔了机动车和非机动车,但把大量的非机动车设在主干路上,会使平面交叉口或立体交叉口的交通组织变得很复杂,改造工程费用高,占地面积大。新规划的城市道路网应尽量在道路系统上实行快、慢交通分流,既可提高车速,保证交通安全,还能节约非机动车道的用地面积。机动车和非机动车交通量都很大的道路相交时,双方没有互通的要求,只需建造分离式立体交叉口,使非机动车道在机动车道下穿过。对于主干路应以交通功能为主,也需采用机动车与非机动车分行的三幅路横断面。

4. 四幅路

用三条分车带使机动车双向分流,机、非分隔的道路称为四幅路。四幅路适用于机动车量大、速度高的快速路,其两侧为辅路;也可用于单向两条机动车车道以上,非机动车多的主干路。四幅路也可用于中、小城市的景观大道,以宽阔的中央分隔带和机、非绿化带衬托。四幅路横断面形式见图 3.3。

带有非机动车道的四幅路不宜用在快速路上,快速路的两侧辅路宜用于机、非混行的地方性交通,并且仅供右进右出,而不宜跨越交叉口,以确保快速路的功能。

随着城市的发展及机动化程度的提高,在一些开放新兴城市中非机动车出行越来越少,增加非机动车道数会造成道路资源的极大浪费。在总结实践经验的基础上,有些城市改为双幅路道路更加符合城市发展的需要,应当成为城市新建和改建道路时的设计模式。

一条道路宜采用相同形式的横断面。当道路横断面形式或横断面各组成部分的宽度变化时,应设过渡段,宜以交叉口或结构物为起止点。

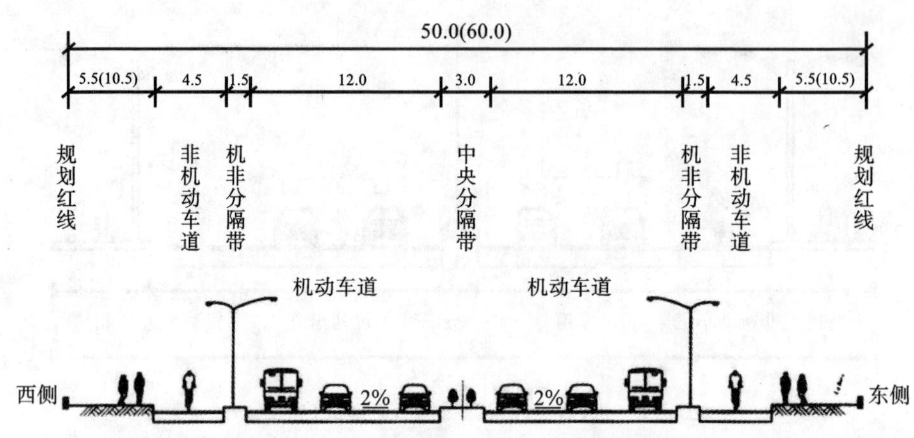

图 3.3　四幅路横断面形式(单位:m)

为保证快速路汽车行驶安全、通畅、快速,要求道路横断面选用双幅路形式,中间带留有一定宽度,以设置防眩、防撞设施。当有非机动车通行时,则应采用四幅路横断面,以保证行车安全。

城市道路为达到机、非分流,通常采用三幅式断面,随着车速的提高,为保证机动车辆行驶安全,满足快速行车的需要,多采用四幅式断面,但三幅式、四幅式断面均不能解决快速干道沿线单位车辆的进出及一般路口处理。为使城市快速干道真正达到机、非分流,快速专用,全封闭,全立交,快速畅通,同时又为两侧地方车辆出入主线尽可能提供方便,并能够实现与路网较好的连接,必须建立机、非各自的专用道系统。

3.1.4　不同性质道路对横断面布置的影响

道路的主要功能是为交通服务,但对于不同的道路,其性质与特点不一。不同性质的道路,对横断面的综合布置的影响也有所不同。考虑交通性、生活性、商业性、景观性等四类道路的特点,其横断面形式均不同。

1. 交通性道路

交通性道路主要是满足交通要求。交通性道路上车流量较高,机动车道路面宽度较大,交通地位比较重要,一般适用于城市区域之间的较长距离的交通转移;自行车的地位相对较低,行驶受一些限制,流量也不会太大;另外,对人行道要求相对较低。此类道路一般采用双幅路的布置形式,若设置非机动车道,则与人行道同高设置。

2. 生活性道路

生活性道路主要是满足居民日常的生活出行。此类道路上行人较多，一般以上下班交通为主，也包含一定规模的购物、娱乐等生活出行。它相对而言更多考虑人的需要，故必须考虑公交优先，有条件的道路应规划公交专用车道，而且自行车流量相对较大。生活性道路的总体特征是人车同样优先，需要较宽敞的人行道及相对较好的步行环境，考虑交通安全需要人车分离，干道级的道路可同时考虑机、非分离，支路则可以机、非混行并视交通状况路边停车，行人可采用平面过街（人行横道）。此类道路可采用单幅路或双幅路的布置形式。

3. 商业性道路

道路两侧商业发达，或间隔拥有多处大型的购物、娱乐场所，由于利益的需要，其对道路的通达能力有一定的要求。商业性道路应给行人提供充足的步行空间；考虑人群的安全与购物环境及交通目的，机动车道不应太多，一般为双向四车道，需设置公交及港湾式车站，并与车站结合开辟行人过街横道，同时人车间应有较宽隔离，自行车也应与人群隔离，减少干扰。此类道路可采用单幅路或双幅路的布置形式。

4. 景观性道路

景观性道路又称园林景观路，它是在城市重点路段，强调沿线绿化景观，体现城市风貌、绿化特色的道路。因其对沿线景观环境要求较高，通常绿化率不小于 40%，所以总宽度应较宽，部分主干道或次干道才具有此特性。景观性道路以行人的休闲、休憩和布置绿化为主，人行道要求较宽，可设计成开放式绿地与人行区域结合布置，两侧应结合自然条件对称或非对称布置；车行道应与行人之间有较宽隔离，可设置公交及港湾式车站，保留自行车道的同时对其行驶区域给予一定限制。此类道路一般采用双幅路布置形式。

3.2　城市道路平面规划设计

城市道路中线在水平面上的投影形状称为道路平面。

城市道路的平面定线要受到道路网的布局、道路规划红线宽度和沿街已有建筑物位置等因素的约束。平面线形只能在一定范围内变动，定线的自由度要比公路小得多。

3.2.1 平面设计原则

(1)道路平面位置应按城市总体规划道路网布设。

(2)道路平面线形应与地形、地质和水文等结合,并符合各级道路的技术指标。

(3)道路平面设计应处理好直线与平曲线的衔接,合理地设置缓和曲线、超高、加宽等(一般城市道路平面道路上不设置缓和曲线和超高)。

(4)道路平面设计应根据道路等级合理地设置交叉口、沿线建筑物出入口、停车场出入口、分隔带断口、公共交通停靠站位置等。

(5)平面线形需分期实施时,应满足近期使用要求,兼顾远期发展,减少废弃工程。

3.2.2 平面定线

定线是在道路规划路线起终点之间选定一条技术上可行、经济上合理,又能符合使用要求的道路中心线的工作。它面对的是一个十分复杂的自然环境和社会经济条件,需要综合考虑多方面因素。为达此目的,选线必须由粗到细,由轮廓到具体,逐步深入,分阶段、分步骤地加以分析比较,才能定出最合理的路线。城市道路路线的选定主要取决于城市干道网及红线规划。

道路平面线形常受地形地物障碍的影响,线形转折时,就需要设置曲线,所以平面线形由直线、曲线组合而成。曲线又可分为曲率半径为常数的圆曲线和曲率半径为变数的缓和曲线两种。通常直线与圆曲线直接衔接(相切);当车速较高、圆曲线半径较小时,直线与圆曲线之间以及圆曲线之间要插设回旋型的缓和曲线。

城市道路平面线形的设计与公路平面线形的设计是有区别的。公路平面线形,过去多采用长直线-短曲线的形式。随着车速的提高及交通量的增长,对于高等级公路已趋于以曲线为主的设计,即结合地形拟定曲线,再连以缓和曲线或直线,使路线在满足行车要求及线形视觉舒顺的条件下,增加了结合地形设置曲线的自由,使道路的经济效益较为显著。高速公路线形多以圆曲线和回旋线为主,其间可插入适当长度的直线,但应以更好地满足线形舒顺与地形的合理结合为原则。而对于城市道路或平原地区,由于城市交叉口多、地下管线多,则应首先考虑敷设以直线为主的线形。除高架道路和立体交叉以外基本不用缓和曲线。

3.2.3　平面选线原则

(1)符合规划要求。

(2)路线尽量简捷。

(3)合理安排交叉口。

(4)考虑与远期规划相结合。

根据城市当地的地形图以及城市规划的要求,以现有路线为主要控制进行选线,使设计路线与相交道路尽量正交,路线尽量简捷。

3.2.4　道路的圆曲线和平曲线

道路为了绕避障碍、利用地形,以及通过必要的控制点,在平面上常出现转折。在路线转折处,一般均用圆曲线连接,以使车辆平顺地由前一条直线路段转向驶入后一条直线路段,所以要分析研究汽车在弯道上行驶的规律和特点,以便采取有效的措施来确保汽车行驶的通畅、安全、迅速、经济和舒适。

为了确保汽车行驶的通畅、安全、迅速、经济和舒适,必须合理地设置圆曲线的半径。城市道路两侧建筑物已经形成,故尽可能不设超高,以免因与建筑物标高不协调而影响街景美观。城市道路一般尽可能采用不设缓和曲线的圆曲线半径,以便不设置缓和曲线。

根据设计行车速度及各控制点间的距离、转角设计平曲线,并编制里程桩。

1. 圆曲线

圆曲线半径应采用大于或等于表 3.1 规定的不设超高最小半径值。当受地形条件限制时,可采用设超高推荐半径值。地形条件特别困难时,可采用设超高最小半径值。

表 3.1　圆曲线半径

计算行车速度/(km/h)	不设超高最小半径/m	设超高推荐半径/m	设超高最小半径/m
80	1000	400	250
60	600	300	150
50	400	200	100
40	300	150	70
30	150	85	40
20	70	40	20

2. 平曲线

平曲线由圆曲线及两端缓和曲线组成。平曲线与圆曲线长度应大于或等于表 3.2 的规定值。

表 3.2　平曲线与圆曲线长度

计算行车速度/(km/h)	平曲线最小长度/m	圆曲线最小长度/m
80	140	70
60	100	50
50	85	40
40	70	35
30	50	25
20	40	20

3.2.5　直线、平曲线的布设与连接

1. 最小直线长度

设计车速大于或等于 60 km/h 时，直线长度宜满足下列要求。

(1)同向曲线间的最小直线长度(m)宜大于或等于计算行车速度(km/h)数值的 6 倍。

(2)反向曲线间的最小直线长度(m)宜大于或等于计算行车速度(km/h)数值的 2 倍。

当设计速度小于 60 km/h，地形条件困难时，直线段长度可不受上述限制，但应满足设置缓和曲线最小长度的要求。

2. 复曲线

复曲线是指两同向曲线直接相连、组合而成的曲线。

设计车速大于或等于 40 km/h 时，半径不同的同向圆曲线连接处应设置缓和曲线。受地形限制并符合下述条件之一时，可采用复曲线。

(1)小圆半径大于或等于不设缓和曲线的最小圆曲线半径。

(2)小圆半径小于不设缓和曲线的最小圆曲线半径，但大圆与小圆的内移值之差小于或等于 0.1 m。

(3)大圆半径与小圆半径之比值小于或等于 1.5。

(4)设计车速小于 40 km/h，且两圆半径都大于不设超高最小半径，可不设

缓和曲线而构成复曲线。

3. 长直线下坡尽头的平曲线半径

设计车速大于或等于 40 km/h 时，长直线下坡尽头的平曲线半径应大于或等于不设超高的最小半径。在难以实施地段，应采取防护措施。

3.2.6　平面图的绘制

绘制平面设计图，要把有关的设计内容清楚地绘在平面图上。城市道路平面图采用比例尺为 1∶500 或 1∶1000，两侧范围应在规划红线以外 20～50 m，除上述内容外，应标明规划红线、规划中心线、现状中心线、现状路边线以及设计车行道线（机动车道、非机动车道）、人行道线、停靠站、分隔带、交通岛、人行横道线、沿线建筑物出入口（接坡）、支路、电杆、雨水进水口和窨井，路线转点及相交道路交叉口里程桩和坐标，交叉口缘石半径等。

路线如有弯道应详细标明平曲线的各项要素、交叉路的交角。图上应绘出指北针，并附图例和比例尺，一般取图的正上方为北方向。在适当位置做一些简要的工程说明，如工程范围、起讫点、采用的坐标体系、设计标高和水准点的依据以及某些重要建筑物出入口的处理等情况。某道路平面图绘制实例见图 3.4。

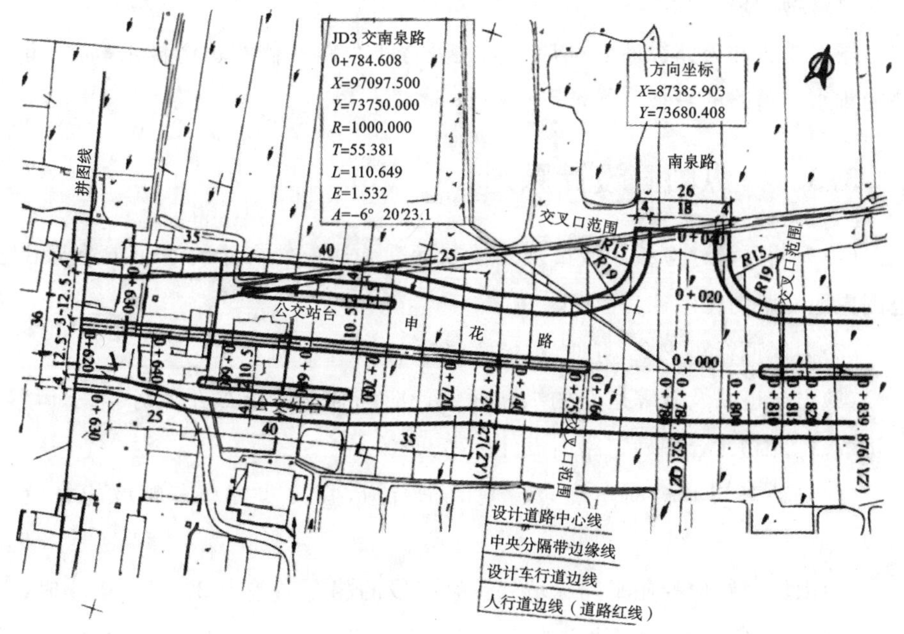

图 3.4　某道路平面图绘制实例

3.3 城市道路纵断面规划设计

通过道路中线的竖向剖面称为纵断面。

在设计城市道路时,一般均以车行道中心线的立面线形作为基本纵断面。当道路上设有几个不在同一个平面上的车行道时,则应分别定出各个车行道中线的纵断面。

城市道路所处地形一般都较平坦,纵坡问题比起山区公路也容易解决得多。在平原地区的城市道路上,如设计的纵坡很小,不能满足排水要求,则在纵断面图上还应做街沟设计并绘出街沟纵断面图。

纵断面设计是根据道路等级、交通量大小、当地气候、海拔高度、沿线地形,地质、土壤、水文及排水情况,具体确定路线纵坡的大小、纵坡转折点位置的高程和竖曲线半径等。

影响纵断面设计线高度的点就是控制点,控制点如桥梁标高,跨越铁路的跨线桥标高,相交道路交叉口标高,铁路道口标高,滨河路的最高水位以及沿街永久性建筑物的地坪标高等。

城市道路和公路纵断面设计不同之处在于公路两侧有边沟排水,而城市道路的排水靠道路的纵坡和横坡。

3.3.1 纵断面设计原则

(1)纵断面设计应参照城市规划控制标高并适应邻街建筑立面布置及沿路范围内地面水的排除。

(2)为保证行车安全、舒适,纵坡宜缓顺,起伏不宜频繁。

(3)山城道路及新辟道路的纵断面设计应综合考虑土石方平衡、汽车运营、经济效益等因素,合理确定路面设计标高。

(4)机动车与非机动车混合行驶的车行道,宜按非机动车爬坡能力设计纵坡。

(5)山城道路应控制平均纵坡。越岭路段的相对高差为 200～500 m 时,平均纵坡宜采用 4.5%;相对高差大于 500 m 时,宜采用 4%。任意连续3000 m长度范围内的平均纵坡不宜大于 4.5%。

(6)纵断面设计应结合沿线地形、地下管线、地质、水文、气候和排水要求进行如下综合考虑。

①路线经过水文地质条件不良地段时，应提高路基标高以保证路基稳定。当受规划控制标高限制不能提高时，应采取稳定路基措施。

②在旧路面上加铺结构层时，不得影响沿路范围的排水。

③沿河道路应根据路线位置确定路基标高。位于河堤顶的路基边缘应高于河道防洪水位 0.5 m。当岸边设置挡水设施时，不受此限。位于河岸外侧道路的标高应按一般道路考虑，符合规划控制标高要求，并应根据情况解决地面水及河堤渗水对路基稳定的影响。

④道路纵断面设计要妥善处理地下管线覆土的要求。

⑤道路最小纵坡应大于或等于 0.5%，困难时可大于或等于 0.3%，遇特殊困难纵坡小于 0.3%时，应设置锯齿形偏沟或采取其他排水措施。

3.3.2　纵断面设计具体要求

(1)保证行车平顺、安全，纵坡起伏不宜频繁。设计车速按道路等级采用。在转坡角处应设较大的凸形或凹形竖曲线来衔接，并应满足行车视距的要求。

(2)与相交道路、街坊、广场和沿街建筑的出入口有平顺的衔接。

(3)在地形起伏、变化较大的地区，在保证路基稳固的条件下，力求设计线与地面线相接近，这样既可减少土方工程量，又可保持土基原有的天然稳定状态。设计的最大纵坡不得超过规范的规定值，考虑到自行车的爬行能力，最大纵坡应不大于 3%；最小纵坡应满足排水要求，一般不小于 0.3%，否则，应另作锯齿形街沟设计。

(4)道路的纵断面设计最大纵坡及坡长的取值应考虑非机动车的上下坡之便，不宜过大，充分体现“以人为本”的设计原则。在非机动车较多的干道上设置跨河或跨线桥，应充分考虑非机动车的爬坡能力，桥上纵坡与桥头引道纵坡不宜大于 3%，纵坡较大时，纵坡坡长也宜短些。在桥头两端宜有直线段，最好布置有一定长度的缓坡段。不允许把陡坡的终点设在靠近小半径的平曲线处，否则，极易造成行车事故。

(5)道路纵断面的设计标高应保证管线的最小覆土深度，管顶最小覆土深度一般不小于 0.7 m。

(6)在水文条件不良或地下水位很高的路段，应根据当地气候、土质、水文和路面结构等状况，考虑适当的路基高度；滨河路及受水浸淹的路基，一般应高出按一定洪水频率计算的水位 0.5 m 以上。

(7)确定道路中心线设计标高,必须考虑沿线两侧街坊的地坪标高。为保证道路及两侧街坊地面水的顺利排除,一般应使侧石顶面标高低于两侧街坊或建筑物的地坪标高。

(8)确定道路纵坡设计线,必须满足城市各种地下管线最小覆土深度的要求,对于旧路改建,如必须降低原标高,则设计标高不可定得太低,以防损坏道路下的各种管线。

(9)如路线上原地面较为平整,地面起伏不大,则在确定城市道路设计纵坡时,尽量利用原有地面,避免工程开挖过大,还应注意所定的设计标高应满足街坊两边的排水要求。

3.3.3 坡度和坡长

机动车车行道最大纵坡推荐值与限制值见表 3.3。

表 3.3 机动车车行道最大纵坡推荐值与限制值

设计车速/(km/h)	最大纵坡推荐值/(%)	最大纵坡限制值/(%)
80	4	5
60	5	7
50	5.5	
40	6	8
30	7	9
20	8	

注:①海拔 3000～4000 m 的高原城市道路的最大纵坡推荐值按表列数值减小 1%。

②积雪寒冷地区最大纵坡推荐值不得超过 6%。

坡长限制规定如下。

(1)设计纵坡大于表 3.3 所列推荐值时,可按表 3.4 的规定限制坡长。设计纵坡超过 5%,坡长超过表 3.4 规定值时,应设纵坡缓和段。

表 3.4 纵坡限制坡长

设计车速/(km/h)	纵坡/(%)	纵坡限制坡长/m
80	5	600
	5.5	500
	6	400

续表

设计车速/(km/h)	纵坡/(%)	纵坡限制坡长/m
60	6	400
	6.5	350
	7	300
50	6	350
	6.5	300
	7	250
40	6.5	300
	7	250
	8	200

(2)各级道路纵坡坡段最小长度应参考表 3.5 的数值,并大于相邻两个竖曲线切线长度之和。

表 3.5　纵坡坡段最小长度

设计车速/(km/h)	坡段最小长度/m
80	290
60	170
50	140
40	110
30	85
20	60

3.3.4　纵断面设计步骤和方法

1. 绘出原有地面线

首先根据道路中线水准测量资料,按一定比例尺,通常设计采用水平方向 1∶1000或 1∶2000,垂直方向 1∶50 或 1∶100 或 1∶200,按 20 m 一个桩号,由测量队测设设计线原地面高程。把各点高程连接起来即为原地面线。

2. 标出沿线各控制点标高

在进行纵坡设计时,应先将全线各控制点的标高在图上标出,控制点为路线的起点、相交道路路口标高、大桥标高、路线下穿立交桥标高,还要考虑高架下地面道路的净空要求。

3. 拉坡

道路纵断面拉坡有如下两种方法可以考虑。

(1)通过调整道路中线纵坡,满足道路排水要求,避免设置锯齿形街沟。

(2)参照沿街建筑物出入口的地坪标高,尽量不改动各控制点标高,可能会出现缓坡,需要设置锯齿形街沟。

第一种方法具有施工简便、雨水管设置方便等优点,但是试拉坡结果显示,在满足最小坡长的前提下,道路设计标高与周围建筑物地坪标高及控制点标高偏离较大。

第二种方法有利于车辆行驶,减少土方工程量,能较好地满足设计控制点,并与周围建筑物地坪标高相协调,但锯齿形街沟施工麻烦,路面改扩建困难,并且在街沟范围内对行车有一定影响。

在城市道路设计中,道路纵断面拉坡更主要的是受沿街建筑物的地坪标高控制,综合考虑采用方法(2)。

在标定全线的控制点标高后,根据定线意图,综合考虑行车要求和有关技术标准规定,初定设计线。

从起点开始,途中所经交叉口一一列在纵断面图上,写出交叉口中心控制点标高。竖曲线的设置除满足规范要求相应等级的最小半径外,还需满足最小竖曲线长、最小坡长等条件。如原地面路况良好,则尽量利用原地面进行竖曲线设计。如地面道路纵坡较小,不满足最小 0.3% 的要求,则需要进行排水街沟设计。

在定设计线时,一般采用多包少割,做到缓坡宜长,陡坡宜短,在城市道路中的土方填挖平衡。在选择竖曲线半径时,考虑到行车要求和地形状况,在不过分增加土石方工程的情况下,宜采用较大半径的竖曲线,尤其是凹形竖曲线,为了使车辆不会因为离心力过大而引起弹簧超载,尽量不采用小半径。

4. 纵断面设计图的绘制

道路纵断面设计图一般包括以下内容:道路中线的地面线,纵坡设计线,施工高度,沿线桥涵位置、结构类型和孔径,沿线交叉口位置和标高,沿线水准点位置,桩号和标高等。

在市区主干道的纵断面设计图上,尚须注出相交道路的路名、交叉口的交点

标高、街坊与重要建筑物出入口标高等。

城市道路纵断面设计图的比例尺，在技术设计文件中，一般采用水平方向 1∶500～1∶1000，垂直方向 1∶100～1∶200。

3.3.5　街沟设计

1. 设计原则

当城市道路纵坡大于 0.3%时，靠街沟自然排水，一般街沟的纵坡与道路中线的纵坡相同，在纵断面图上，路中心纵坡设计线、侧石顶面线和街沟设计线是三条互相平行的直线；当道路纵坡小于 0.3%时，需设置锯齿形街沟，雨水口间距为 40～50 m。

2. 锯齿形街沟设计

设计纵坡小于 0.3%的路段，尽管设置了路拱横坡，但由于纵坡很小，使纵向排水不畅，路面会产生局部积水，不仅妨碍交通，而且影响路基的稳定性。因此，对于设计纵坡小于 0.3%的路段，要设法保证路面排水通畅，必须设置锯齿形街沟。

所谓锯齿形街沟即保持侧石顶面线与路中心线的纵坡设计线平行的条件下，交替地改变侧石顶面线与平石（或路面）之间的高度，即交替地改变侧石高度，在最低处设置雨水进水口，并使进水口处的路面横坡放大，在两进水口之间的分水点处标高较高，该处的横坡便相应减小，使车行道两旁平石的纵坡跟着进水口和分水点标高的变动而变动。这样，街沟纵坡（或平石纵坡）就由升坡到降坡再到升坡，如此连续交替进行，其街沟的纵坡线就变成锯齿形状。

3.4　城市道路平面交叉口交通设计

近年来，伴随着社会经济的发展和人们生活水平的普遍提高，整个社会对交通运输的需求日益增加，交通出现了日趋紧张的局面，拥堵时常发生，伴随而来的是一系列的交通问题：道路拥堵、车辆秩序混乱、事故频发、污染严重，等等。整个城市的经济发展受到了制约，缓解交通拥堵问题迫在眉睫。对于城市道路而言，交叉口是城市交通的关键，相对于道路路段而言，交叉口内由于不同流向车流的转向而引起的各种车流之间的交织、分流以及合流等行为，形成若干冲突点，也正是其复杂的交通特性，使得交叉口成为交通持续混乱和事故的多发点，降低了道路网通行能力，成为整个城市道路的瓶颈地带。而城市道路平面交叉口作为路网交通的主要节点形式，其交通问题更为突出。局部交叉口的拥堵往往会导致整条道路，甚至一个区域的交通阻塞。

随着城市人口规模的扩大、机动车数量的迅猛增长，城市交通将面临更加严峻的考验，而扩建道路及建设立体交通体系是缓解此类问题的有效方式，但由于工程规模大、费用高、用地紧张、工期长等问题，其受到了较大的限制。因此，利用现有的路网条件，以交通流量、流向为依据，通过理顺交叉口交通秩序、合理地分配路权并进行科学的渠化设计，以此达到路口流量、流向的重新分配，缓解高负荷交叉口和路段上的流量，优化路网上的交通流量、流向分布、挖掘进出口的通行能力已经成为许多城市日益重视，并作为减少交通问题、规范行车秩序的经济方法和有效手段。

另一方面，由于交叉口的交通组织渠化需要考虑的因素众多，从不同的角度出发就可能得出不同的渠化设计结果，因此这是一项具有“创造性”的工作。长期以来，我国在交叉口设计理论方面的研究大多比较凌乱，对交叉口渠化设计的方法、理论研究虽层出不穷，但大多是“就事论事”，缺乏系统的方法，而相关的技术和规范也侧重于应用方面。虽然国内发布了一系列有关交叉口设计规范，如《城市道路工程设计规范》《城市道路交叉口规划规范》《城市道路平面交叉口规划与设计规程》等，以及一些地方配套发布的相关交叉口设计实施条例，但在相关理论研究及渠化设计系统性方面并不多见。因此，交叉口交通流组织及渠化设计急需从系统的角度进行研究，逐步形成较详实、完善的理论框架。

基于上述问题，在借鉴国内外相关交叉口交通流组织及渠化设计研究成果的基础上，结合我国城市道路交通的实际情况，对平面交叉口交通组织、渠化设计的相关理论进行总结、完善和深入研究，提出交叉口交通组织理论框架及渠化设计关键指标，为实现良好的交通管控效果打下基础，达到更好地指导实践的目的。

3.4.1 城市道路交叉口形式的发展现状

城市道路网络是一个复杂系统，而节点又是这一复杂系统的瓶颈部位，就是这样的一个关键环节，目前所采取的处理形式有五种，即无信号灯控制平交节点、信号灯控制平交节点、展宽式信号灯控制平交节点、平面环形节点和立体交叉节点。具有划时代意义的只有信号灯控制平交节点、平面环形节点和立体交叉节点这三种形式。

3.4.1.1　信号灯控制平面交叉口

在出现路标和制定出交通规则以前，一些繁华路口上就出现了交通警察指挥马车、汽车和行人通行，他们完全能够胜任自己的工作，但也有许多不便之处，特别是在天气条件不好的情况下，无论雨雪寒暑，人都得站在路口处，所以人们就开始研究路口的控制装置。

1868 年 12 月 10 日，英国伦敦议会大厦旁的广场上安装了由奈特设计的世界第一台交通信号装置。这是一种没有灯光照明的涂着油漆的信号装置，信号的变换借助于传动带系统来进行。为了在夜间和天气不好时使信号能让人看清楚，人们对信号灯做了改进，安装了带煤气管的灯笼。灯前一会儿换成红玻璃，一会换成绿玻璃。但是，这第一盏交通信号灯并没有存在多久，煤气管道由于设计不完善而爆炸了。这次悲剧过后，交通信号灯被人们忘记了整整半个世纪，这时交通警察大多使用手提式照明灯来指挥交通。

1914 年，在美国的克利夫兰，出现了第一批电气交通信号灯，最初它是有红、绿两种颜色的信号，警察靠长时间吹警笛来代替黄色的警告信号。从 1918 年起，交通信号灯变为三种颜色，欧洲开始用它来指挥交通。

苏联的第一个交通信号灯于 1924 年装设在莫斯科铁匠桥与彼得洛夫卡街的节点上，这是德国一家公司制造的箭头式信号灯。在普希金广场上装设了两个带有移动式“翅膀”的信号灯，样式很像铁路信号灯，由交通民警用手把翅膀旋转 90°。三年后，又安装了两个按照欧洲式样设计的新信号灯，样子像个表盘，上面分红、黄、绿三个部分，指针在绿区时允许驾驶员通过路口，在红区时则要求驾驶员停车等待，当指针再移到绿区才能行车。

随着岁月的流逝，交通信号灯不断改进。1926 年，世界上第一台自动控制道路交叉路口的交通信号机在英国研制成功并开始使用，它采用固定周期控制方式，随后又出现多时段固定周期控制方式。1928 年，美国研制成功车辆感应式交通信号灯，使用橡皮管气压式检测器，几年后被英国和日本采用。

1954 年进行了一项重要的实验，即在夜间把交通信号灯改为黄灯闪烁，从而大大减少了交通事故的发生。

1963 年，加拿大多伦多市投入了一套使用 IBM650 型计算机集中协调感应控制信号系统，这标志着城市道路交通控制系统进入了一个新的阶段。其后，美国、英国、德国、日本、澳大利亚等国家相继建成了数字电子计算机区域交通控制系统，这种系统一般还和交通监视系统组成交通管制中心。到 20 世纪 80 年代初,全世界建有交通管制中心的城市有300多个。

环行交叉口是一种特殊的平面交叉口形式,在几条交叉口中央设置圆岛或圆弧状岛,使进入交叉口的车辆均以同一方向绕岛环行,可避免车辆直接交叉冲突和大角度碰撞,其优点是车辆可以安全连续行驶,无须管理设施,车辆平均延误时间短,可降低油耗、减少噪声和污染,利于环境保护。缺点是占地面积和绕行距离大,不利于混合交通,当交通量趋近饱和时易出现混乱状态。当交通量接近于环行交叉口通行能力时,车辆行驶的自由度就逐渐降低,一般只能以同一速度列队循序行进,如稍有意外,就会发生降速、拥挤甚至阻塞。

世界上最早的公路环行交叉口是1877年由法国工程师厄基尼·赫纳德设计的,其后不久,美国纽约市也建设了一些早期的小型环形交叉口,其目的是减少日益增长的公路交通事故和交通拥堵。

英国采用环行交叉口较多,对环行交叉口的研究也较多。英国运输与道路研究室研究认为缩小环岛尺寸可以提高通行能力,因此,1963年英国开始将环行交叉口的环岛直径缩小至环交外缘的内切圆直径的1/3左右,同时设置偏向出口的导向岛,以增宽进口车道。同时将路权规则作为交叉口管理规则执行,在环行交叉口的所有入口处设有让牌,这意味着环行交叉口入口处的车辆必须让在环道上的车辆先行。

路权规则的应用使得环道上的交通始终能保持畅通,克服了传统环行交叉口在环路占满时即阻塞交通的弊端,在交通高峰期也能保持正常秩序,克服了传统环行交叉口在高峰期严重失效的缺点,大大改善了环行交叉口的运行秩序,提高了通行能力,减少了延误。

由于环行交叉口性能的改善及其较低的运营费用,美国等国家正在将一些信号灯控制交叉口拆除而改建成环行交叉口,而我国却在拆除环岛,把环行交叉口改建成信号灯控制交叉口,这是值得关注和思索的。

3.4.1.2　道路平面交叉口交通组织研究现状

围绕平面交叉口,国内外学者和研究人员做了深入的研究,取得了很多研究成果。下面对国内外研究现状从交叉口通行能力、交通冲突、渠化设计、信号控制和交叉口组织优化五个方面分别予以介绍。

1.国外道路平面交叉口交通组织研究现状

早在19世纪,人们就开始研究交通信号,用信号灯来指挥道路上的车辆交通,控制车辆进入交叉口的次序。1868年,在英国伦敦威斯敏斯特街口出现了

最早的交通信号灯，诞生了世界上第一个信号控制交叉口。从此，围绕着交叉口的研究不断地深入开展。英国、美国等国家率先对此进行了研究，他们以连续的交通流为前提，提出了左、右转专用车道及渠化交通设施等方法，在交通管理方面采用信号控制与交通规则相结合的方法，如采用多相位控制、禁左或禁右等，来提高交通安全与通行能力。

(1)在通行能力研究方面，目前，如美国、加拿大、瑞典、澳大利亚、德国等许多国家均已根据本国的实际交通状况，出版了具有实践指导意义的道路通行能力手册或指南。而交叉口通行能力计算是其中较为重要的研究内容。这些研究为分析交叉口通行能力提供了科学的依据，也为进一步深入研究该问题奠定了基础。

(2)在交叉口交通冲突研究方面，1999 年，Mikko Rasanen 等人认为交通规则的优先权不同设置对机动车与自行车的行为起决定作用。平面交叉口多个方向的交通流汇入，致使交通量大幅度增加，而且各方向行驶的车辆存在许多可能导致事故发生的潜在冲突点。交叉口由于交通量大、冲突点多及视线盲区大，发生的交通事故也多。因此，国外多将交通冲突作为一种非事故统计的安全评价方法，已被世界各国广泛应用到交叉口的交通安全研究中，并已取得了许多成果。但由于各国交通政策、交通现状存在差别，并且由于研究项目的范围和遵循的原则不同，交通冲突技术研究和应用程序相差很大。美国的 Morris J. Rothenberg 将在一般可接受的道路服务水平下，道路上的车辆数目超过道路所能承载的车辆容量的情况定义为交通拥挤。在这样的定义下，美国交通管理部门将道路服务水平(level of service，LOS)划分为 A 到 F 六档，其划分依据是实际车辆流量(volume)与道路通行能力(capacity)的比值 V/C。在弗吉尼亚，LOS 在 E 档时交通开始恶化，道路发生交通拥挤。美国得克萨斯交通学会通过定义行驶时间指标(travel time index，TTI)对交通拥挤进行描述。行驶时间指标是指在相同长度的相同道路上的行驶的车辆实际行驶时间与自由流(free-flow)行驶时间的比值：TTI＝TR/TF，其中，TF 表示在自由流条件下的行驶时间，TR 表示实际行驶时间。以自由流行驶时间定义为基准，当 TTI 的数值超过某一个数值的时候认为发生了交通拥挤。由于城市规模的不同，以及不同城市对于交通拥挤的可接受程度不同，TTI 也有不同的阈值。Meyer、Michael 等建立了一些主要城市区域的拥挤指标，但不能对发生在不同地点或时间的拥挤状态进行比较；Lindley 等根据道路路段以及不同城市区域的不同特点，基于充分的调查数据，对拥挤指数中的参数进行了设计；Francois 和 Willis 等建议对拥堵进行量

化，并提出了许多量化的性能指标；之后，拥挤状态被划分为公路通行能力手册(HCM)指标、排队论指标和基于出行时间的指标；Cesar 指出了出行时间为拥堵管理性能指标的优点，进一步探讨了出行时间和速度的数据收集方法。Robert、Abadie 等对基于时间和基于距离的指标进行了比较，并讨论了各种指标对拥堵量化的影响程度，最后从出行者的角度得出基于时间指标的拥挤分类。Daniela Bremmer 等提出了时间可靠性的概念，即出行的变化性，并采用采集的数据对其进行分析，同时提出了拥挤评价的新的原则，即采用实时评价方法而不是采用电脑模型。Antony Stathopoulos 和 Mattew Gkarlaftis 论述了研究城市交通拥挤中拥挤持续时间的重要性，分析并建立了计算拥堵持续时间超过 24 min，则可能是由外部交通事件引起的拥堵。

(3)在交叉口渠化设计研究方面，国外的渠化设计研究较为成熟，对左转弯车道的设置、右转弯车道设计、进口车道宽度、进口车道车道数等做了大量研究，另外关于交叉口渠化、交叉口交角、交叉口缘石半径也有相关的研究。目前，渠化设计在国外一般都形成了规范或手册。如美国的 MUTCD 手册图，介绍了各种渠化措施以及设施的尺寸、颜色以及使用时需要注意的问题。日本的《平面交叉路口的规划与设计》中对交叉口的渠化作了很多论述，认为渠化对解决交通拥堵是非常有效的。其中，渠化的定义是："为了减轻、改善平面交叉路口处交通流的交错数量及性质，在正常交通流不利用的位置设置适当的'岛'，规定车辆的行驶位置，诱导车辆按正常方向行驶，为行人提供避车场所，以整顿交通流为目的，这就叫平面交叉路口的渠化。"

(4)在信号控制研究方面，20 世纪 80 年代以前，单点交叉口信号控制配时设计大多采用 F. V. Webster-B. M. Cobbe(F-B)的理论与方法。这一理论的基本点是：车辆通过交叉口时，以其受阻延误时间为唯一的衡量指标，然后对信号配时方案进行优化。之后，更多学者进行了相关研究。1994 年，美国橡树岭国家实验室交通研究中心 ITS 研究室 Rekha S. Pillai 和 Ajay K. Rathi 提出了如何在有限支路和有限范围的交通系统中得到最大线控的带宽，并介绍了获得最大带宽的一种启发式的方法 MILP(mixed integer linear programming，混合整数线性规划)的形成和发展过程，以及基于 MILP 的 MAXBAND 线控软件的优、缺点，并提出了改进方法。1999 年，日本学者 Inoue 和 Takeshi 通过仿真模型再现交通状况，用事件扫描法对设计方案进行评价，并在十字路口进行试验的方法，研究了在交通高峰时段的拥挤状态下，信号协调控制系统相位差的设计方法。2001 年，美国普渡大学土木工程系 Abbas 和 Momasir 提出了一种交通信

号相位差的转换运算法则，这种方法的独特之处在于优化过程同时考虑了交通量和占有率的影响，并且这种方法与传统的信号协调控制系统有较好的兼容性。

(5)在交叉口组织优化研究方面，1974 年，AI-Salman，Salte R. J 对信号交叉口右转机动车组织方法进行了研究，提出了红灯期间右转方式下，右转车流的通行能力及其延误计算模型以及不同的右转车道结构形式对交叉口安全效率的影响。1995 年，Shebeeb、Ousama 研究了道路左转专用车道的设置依据及其安全和效率的评价，指明设置左转专用车道可以有效地对进入交叉口的左转车流进行控制。1997 年，Suvrajeet Sen 和 K. Larry Head 提出一种用于交叉口实时信号控制的通用算法，这种方法基于动态规划，能够对交叉口的各种性能指标进行优化，如延迟、停止和排队长度。

2. 国内道路平面交叉口研究现状

我国在平面交叉口方面的研究起步较晚，最早有北京工业大学、同济大学、北京市政设计研究院等单位对信号交叉口进行了研究。1985 年，北京工业大学针对灯控平交路口混合交通的通行能力进行了研究。之后，我国交通工作者借鉴国外先进的交通研究理论与经验，结合我国的交通特征，对信号交叉口进行了大量研究。

(1)通行能力方面，交叉口通行能力的大小直接影响到整个路网效率，提高交叉口的通行能力是目前道路网建设的重要目标之一。对于交叉口通行能力方面的研究，国内的主要研究方法如下。

停车线法，该方法是北京市市政工程设计研究总院提出的。它以进口车道的停车线为控制面，车辆只要通过该断面就被认为通过交叉口。采用停车线法计算信号交叉口通行能力时，需先假定信号周期及其配时。一般情况下，根据交通量的大小，周期长度可以在 45～120 s 进行选择，当周期长度未达到上限时，若计算的通行能力不能满足交通量，可延长周期后再进行计算。为避免信号交叉口延误过大，周期长度不可大于 180 s。

中国《城市道路工程设计规范(2016 年版)》(CJJ 37—2012)推荐方法，主要针对我国道路的实际情况，给出了计算信号交叉口设计通行能力的方法。该方法也以进口车道的停车线为控制面，先计算某方向进口道的一条直行车道通行能力，然后根据车道类型和转弯车辆比例得出该进口道的通行能力，进而通过累加各个进口车道的通行能力得出整个信号交叉口的通行能力。

冲突点法、停车线法和中国《城市道路工程设计规范(2016 年版)》(CJJ 37—2012)推荐方法在分析信号交叉口通行能力时，都是将停车线作为控制面，然而根据对信号交叉口实际交通运行状态的分析，对信号交叉口通行能力真正起作用的地点为交叉口中的冲突点，而非停车线上，特别是在两相位的信号控制交叉口中。所以我国学者通过对车辆通过信号交叉口实际运行状态的分析，提出了利用冲突点计算信号交叉口通行能力的方法——冲突点法。该方法以冲突点为控制点，只有通过冲突点的车辆才认为通过了交叉口。

另外，张建嵩、孙立军借用美国《道路通行能力手册》中的相关方法和数据，并依据上海市城市交通的实际情况，提出了一种简单易行的通行能力测定方法。同济大学杨晓光、赵靖、曾浅、郁晓菲结合交通流理论和概率论的相关成果，从定性分析和定量计算两方面研究了短车道排队阻塞对信号交叉口通行能力的影响，并针对 3 种不同的信号相位方案，建立了考虑短车道潜在排队阻塞情况下的车道组通行能力计算模型，并通过仿真对模型进行了检验。在此基础上，进行了短车道条件下相关因素对信号交叉口通行能力影响的敏感性分析。赵靖、许建、杨晓光、郁晓菲根据车流在交叉口到达驶离特性，从定性分析和定量计算两方面研究了上游交织段对信号交叉口通行能力的影响。基于对交织段影响下的交叉口理想到达率的分析，建立了考虑交织段情况下的车道组通行能力计算模型，并通过仿真对模型进行了检验。东南大学高海龙、王炜、常玉林等人引入交叉口极限通行能力和有序度的概念，为交叉口通行能力的计算给出一种简便而又通用的算法。徐立群、吴聪、杨兆升以一个典型十字形信号交叉口为例，分别用三种计算通行能力方法（冲突点法、停车线法、美国法）计算交叉口的通行能力，并将结果与实测通行能力进行比较。比较结果显示：冲突点法算得的结果与实测结果最接近，而停车线法和美国法算得的结果都偏大。认为冲突点法是一种较适用于我国交通条件及混合交通流特性的通行能力计算方法。北京交通大学袁晶矜、袁振洲对比了目前国内外常用的 4 种计算信号交叉口通行能力的方法（饱和流率模型、城市道路设计规范、停车线法、冲突点法），以一个典型十字形信号交叉口为例，计算该交叉口的通行能力，并将结果与实测通行能力进行比较，探讨了最适合我国交通条件和混合交通流特性的通行能力计算方法。黄荣、郭敏、陈绍宽等针对中心城区拥堵区域次干道以上等级的信号交叉口，提出了拥堵状态下的通行能力模型。河海大学盛宇、吴中以可接受间隙理论为基础，讨论无信号控制 T 型交叉口理论通行能力，通过 VisSim 仿真软件对其进行仿真，并以通过交叉口的车辆平均延误作为评价指标，对理论通行能力进行分析与修正，得到理论通行能力与实际通行能力之间的修正参数。哈尔滨工业大学裴玉龙、伍拾煤等研究了设置在无信号交叉口附近的公交停靠站对无信号交叉口通行能力的影

响，并按照公交停靠站的设置位置分别进行了定量分析，并进行计算。

(2)在交叉口交通冲突研究方面，我国对城市道路交通拥挤管理技术的研究起步较晚，到目前为止，对于拥挤管理的研究基本处于探讨阶段，从宏观意义上阐述交通拥挤的成因以及缓解拥挤对于城市发展的重要性，对城市交通的发展具有重要的意义，但没有形成理论体系，对城市交通拥挤的特性分析和评价指标研究不多。国内对道路交通拥挤理论研究的主要内容包括道路交通拥挤的一般特性、拥堵机理和拥挤程度等。

2004 年，王海星等人针对我国交通冲突技术发展尚处于起步阶段，交通冲突数据统计尚不充分的现状，研究了交通量和交通事故、交通冲突的密切关系，尝试建立以交通量为基础的交通冲突数学模型，力求更加准确地对平面交叉口进行安全评价，克服传统的基于事故统计的安全评价方法的不足。吉林大学交通学院景春光、王殿海研究了混合交通环境下机动车、自行车和行人的冲突情况对交叉口通行能力的影响，提出设置左转自行车相位和自行车、行人相位提前截止等解决方案，并建立了左转自行车相位设置流量临界值的概念和自行车、行人提前截止时间的计算模型，这些理论成果可用于缓解混合交通环境下机动车、自行车和行人的冲突问题。2006 年，北京交通大学钱大琳等人运用概率统计、混沌时间序列中小样本数据方法，分析了干扰对混合交通流速度的影响，结果表明干扰不影响混合交通速度的随机性，但是会降低混合交通的速度，而自行车群的干扰对机动车运行速度的影响大于单辆自行车，并且机动车车头时距在自行车周期性干扰下，其运行特性将由随机性变为混沌特性，接着从微观角度提出了干扰的计算方法。北京交通大学张志远，对非机动车交通流的特征、交叉口非机动车交通与机动车交通相互干扰的状况进行了调查分析，提出了非机动车在较大交叉口应尽量采用设置左转专用相位的设计方法。2007 年，单晋，罗威针对我国城市道路交叉口存在的非机动车交通问题，分析了交叉口区域左转、直行、右转非机动车流的各类交通冲突，以及常见的交叉口非机动车违章行为所引起的交通冲突，并从设施设计、信号相位组织、交通管理等角度提出了相应的对策，对于指导我国城市道路交叉口交通规划设计有重要意义。

这些研究填补了我国在这一领域的空白，为城市交通拥挤的管理提供了基础条件，但还有待进一步研究和探讨，如拥挤指标的选择、拥堵评价指标体系的建立等，这方面还缺乏理论体系的建立和使用技术的开发。

(3)在渠化设计研究方面，2005 年，咚炳勋指出对于“饱和、超饱和”状态下运行的城市道路网，为充分利用平交路口交通空间、灯时设置，在疏导交通缓解平交路口交通阻塞时，传统的路口渠化设计方法，已部分不能适应当前城市道路交通量骤增的形势，对路口渠化长度和拓宽车道渐变段长度的确定，提出了新的补充意见。2006年，北京交通大学赵伟等人在参考国内外设计经验的基础上，从左转车道设置的原则、设置左转车道的常用方式、左转车道的长度和宽度等角度对左转车道的设计问题进行了探讨，提出对左转车道进行合理偏移可有助于提高驾驶员的视距。2007年，窦瑞军从理论上分析了交叉口处产生交通阻塞的原因，并结合具体工程提出在交叉口范围内采取渠化交通管理措施，讨论了渠化交通的适用原则、技术要求和应用方法，实现了引导车流按一定路径行驶，消除或减少冲突点、分流点和合流点，提高交叉口的通行能力，真正实现人车分流。

(4)在信号控制研究方面，基本上依据英国韦伯斯特(Webster)公式来计算信号周期，由于该公式的应用具有一定的使用范围，对较低饱和度的交叉口才可达到优化的目的。1998年，顾怀中与王炜针对我国城市道路交叉口的交通流特性，提出了交叉口交通信号配时的模拟退火全局优化算法。该算法选用延误时间、停车次数及通行能力为优化目标函数，各性能指标的加权系数随交通需求的不同而变化，以适应不同交通状况下对配时优化的不同要求。2003年，葛亮等人针对我国城市交通的固有特色，研究了在不同配时方案条件下，直行与转向车流的延误计算方法。在现有定性化信号相位设计基本原则的基础上，深入研究了混合通行情况下的相位设计方案，提出了多相位控制适用的定量条件，结合传统的经验公式，经过深化与标定，提出了信号配时的优化方法。中国科学院自动化研究所高海军、陈德望、陈龙对F.韦伯斯特-B.柯布信号配时公式进行了改进，提出适合中国国情的交通路口信号配时计算公式。2005年，吉林大学杨兆升与王爽阐述了平面交叉口单点信号控制配时设计的具体方法和过程，以及各种交通信号配时参数的确定方法、标准及依据，并将其应用于长春市一个极具代表性的五路交叉口，在现有的配时方案基础上，设计了多个不同时段的新方案，并利用仿真软件VisSim对其进行模拟，从模拟结果中选取适当参数加以综合比较，评选出最优方案。2007年，北京交通大学邵春福、陈晓明阐述了行人定时信号控制研究的方法、技术和主要成果，给出行人信号配时设计步骤，在此基础上，展望行人信号控制研究发展动向。

(5)在交叉口组织优化研究方面，2001年，北京工业大学马建明等人以独立信号交叉口为研究对象，采用信号配时、交通工程和交通管理等措施，利用微观仿真模型，提出了信号交叉口交通组织优化的设计方法，讨论了交通组织优化的评价方法、交通仿真机制和模型框架等关键问题。2002年，四川交通职业技术

学院刘德武通过对平面交叉口的交通特性进行研究，提出了道路平面交叉口的交通组织与管制的具体方法和措施。2007 年，长安大学南春丽从逼近性较好和易于计算机实现两个角度，对城市交通组织优化仿真模型中参数估计方法进行了研究，给出了极大似然估计法、范数理论的数据拟合以及三次 B 样条拟合方法，并对 3 种方法的特点和适用条件进行了比较。

国内对于交叉口设计优化较为系统的研究主要集中在以下文献著作中。上海市 2001 年出版了工程建设规范《城市道路平面交叉口规划与设计规程》，对平面交叉口的规划和设计作出了规定和设计流程，以此来指导上海市平面交叉口的规划与设计；同济大学杨晓光 2003 年编著了《城市道路交通设计指南》一书，书中在国内尚属首次从交通设计层面对于平面交叉口的渠化设计、信号配时等总结了改善设计的方法和技术；北京工业大学马建明博士的博士论文中提出了一种集几何设计、渠化设计以及交通组织设计于一体的信号交叉口优化专家系统，该专家系统首先对交叉口进行系统调查，对交叉口现状进行分析，根据交叉口的道路条件，通过对现有交叉流的合理汇集与再分配以及交通仿真分析方法，制定出能对车流运动状态产生控制作用的、由多种多样的交通管理措施组成的交叉口交通组织方案。

3.4.2　城市道路交叉口的概念及研究范围的界定

城市道路是城市中供行人和车辆行驶的交通设施，它以网络的形式分布于城市区域内。由于各向道路同处于一个地面体系，纵横交错的道路间不可避免地发生交叉和必要的连接，不同的交叉和连接方式以及其内部的交通组织与渠化形式不同，对交通流将产生不同的影响，如何进行城市道路间的交叉和连接就是相关课题研究的中心内容，从这个意义上讲，我们似乎可以把城市道路交叉口定义为城市道路间的交叉点和连接点。然而问题远没有这么简单，这个定义有很多疏漏。

首先是定义中的城市道路的范围问题。我国《城市综合交通体系规划标准》(GB/T 51328—2018)和《城市道路交叉口规划规范》(GB 50647—2011)中将城市道路划分为快速路、主干路、次干路和支路四类，而城市中除了这四种道路，还有其他类型的道路存在，如伸入或穿过市区的高速公路和一般公路、单位大院和居民小区等的进出道路、路段上的过街人行道等，这些道路都与规范所定义的城市道路间有所交叉或连接，其交叉和连接部位都会对所谓的城市道路产生影响，都是需要研究解决的重要部位，那么这些交叉点和连接点是否应当涵盖于城市道路交叉口的概念之中呢?

如果从交通特性的角度来定义的话,似乎也很难得到一个统一定义,因为道路间不同的交叉和连接方式所表现出来的交通特性是不尽相同的,有的相去甚远,如平交和立交的特性就有较大的差异,而像简单立交这种交叉方式,其交通性质已与路段相似。

我们所要做的工作,其实是要给我们的研究对象做一个概念上的描述,以界定我们的研究范围,同时找到一个合适的词汇来概括表达我们的概念,也就是由属性归纳出概念,然后再把给出的概念进行完整定义。

实际上,城市道路平面交叉口的概念可以分为以下四个层次。

(1)仅指城市道路间在同一平面的交叉点和连接点,这里的城市道路即《城市综合交通体系规划标准》(GB/T 51328—2018)中划分的快速路、主干路、次干路和支路。

(2)指城市道路间以及其他道路与城市道路间在同一平面的交叉点和连接点,其他道路包括高速路和一般公路在城市中的部分以及辅路、匝道、进出口道路等。

(3)泛指城市中各种道路间同一平面交叉点和连接点。

(4)包括道路间的交叉点和连接点,如停车场、广场、车站、码头、航空港、交通枢纽等道路服务端点。城市道路的服务端点是城市道路交通的产生源和吸引地,是城市道路网络的终端,亦即所谓网络树中的叶,交通个体的每次出行都是从道路的一个尽端走到另一个尽端。

此处的研究主要是针对城市道路系统中的道路平面交叉和连接,也就是城市路网中的平面交叉口部分,不包括网络的终端部位,而且由于城市中各种道路以网络的形式结成一体,其间的平面交叉和连接相互关联,规划和设计要点具有一致性,因此采用前述的交叉口的第三层含义,将所指的城市道路平面交叉口定义为城市中道路间的平面交叉点和连接点。

城市道路平面交叉口问题之所以难处理,原因有以下几点:①交叉不可避免;②连接不可或缺;③数量大;④渠化形式多样;⑤环境约束大。此处将从铺垫性研究开始,循序渐进地对城市道路平面交叉口进行深入的研究,以期在城市道路平面交叉口交通组织理论和渠化设计方法上有所改进。

另外,平面交叉口是各种交通实体聚集的点,机动车、非机动车以及行人都需要在此实现转向、交接等出行目的。而且在不同类型的平面交叉口,交通流所体现出来的行为又有很大差异。各种交通实体的交通运行特性各不相同,在实

际运行中，它们又互相影响。因此本书这里通过分析它们三者各自的交通特性以及相互影响，为后续的城市道路平面交叉口交通组织和渠化设计研究提供理论基础。

3.4.2.1　城市道路平面交叉口处非机动车运行特性

作为三大交通实体的非机动车，有着其独特的行驶特点，而且在平面交叉口处的运行会对其他类型的交通实体造成一定的影响。

1. 非机动车流运行特性

与行人、机动车不同，尤其是近几年我国电动自行车的迅猛发展，非机动车具有体积小、操纵灵活、行车轨迹不确定等物理特征，因此它在平面交叉口行驶的过程中具有如下特性。

(1)摇摆性。

非机动车在交叉口内由于与机动车处于同一运行平面，无任何隔离防护，骑行速度慢，非机动车骑行人的畏惧心理使得车辆横向摇摆，加上非机动车之间的启动、速度差异，容易偏离原骑行轨迹。

(2)成群性。

交叉口信号灯停车线处由于红灯信号聚集了大量的自行车，在绿灯信号开启时刻，自行车成群地涌进交叉口内，这使得交叉口短时间内进入大量的非机动车。

(3)多变性。

由于非机动车机动灵活，易于转向、加速或减速，而且骑行人技术、心理因素等差异较大，因而个体车辆的速度和方向常常变化，在交叉口内呈散点分布。

(4)遵章性差。

自行车骑行人的心理状态是图省力、抄近路和从众行为，在通过灯控路口又无警察和协勤人员管理时，易于出现闯红灯和在交叉口内抢行的违章现象。

(5)机动车与非机动车的不对等性。

非机动车与机动车具有明显的不对等性。非机动车的体量、速度、强度等都与机动车有着明显的区别，因此机、非交通个体并不会混合成为单一的交通流。在交叉口内部不同方向的车流相遇时，除密集的非机动车队以外，在我国常规的交通现象是非机动车个体寻找机动车流的可插入间隙通过，当机、非交通流相交时，一般是非机动车流被隔断。

2. 非机动车的间隙穿越特性

在平面交叉口，非机动车与机动车的行驶轨迹总是存在一定的交叉，因此就产生了交通流穿插行为。而被穿插的交通流(即优先交通流)前后两车之间的车头距离就称为穿越间隙。非机动车的穿插行为分为两种：一是非机动车与非机动车之间的穿插行为；二是非机动车与机动车之间的穿插行为。由于非机动车之间穿插的危险性不大，此类的穿插行为没有太大的研究价值。而对于机动车与非机动车之间的穿插行为，其危险性要大得多，对人造成的伤害也大为严重，因此这里说的是此类穿插。

与机动车的间隙穿插一样，非机动车的骑行人也存在一个临界穿越间隙。临界穿越间隙是交通个体(包括机动车、非机动车和行人)在某个具体情况下可接受的最小间隙持续时间。当实际间隙大于此值时，交通个体会选择穿越，否则会选择等待或者避让。临界穿越间隙的大小带有个人主观性，因此其具体数值因人而异。

3. 非机动车的聚集特性

非机动车的聚集主要发生在信号控制的平面交叉口。经过大量的观测，在平峰时段非机动车以及机动车数量都不多的时候，非机动车通常会停留在非机动车道内，或者停留在人行横道的进口道处，此时非机动车一般不会占用机动车道停车(在没有机、非分隔带的道路)，表现出来的是一种互不干扰、相对有序的状态；然而在高峰时段，随着机动车和非机动车数量的增多，它们之间的互相干扰程度也会逐渐加深，此时在交叉口处，非机动车因为数量庞大而占用大量面积停车，甚至会把非机动车的进口道完全占用，后续的车辆占用人行道停留，而对于没有机、非分隔带的道路，非机动车由于其体积较小、行驶灵活而穿插进机动车排队时所留下的空隙里停车，而机动车也会由于其面积的有限而占用非机动车道停车，这样一来，两者之间会造成严重的干扰。

与机动车不同，非机动车在平面交叉口的聚集通常表现出来的特征是无序、随意的简单集中而不是排队。因此非机动车的聚集特性可以通过对其占有的停车面积来衡量。非机动车的单位停车面积与聚集的非机动车的数量有关，并且呈一定的不稳定性。当自行车数量较小的时候，自行车的单位停车面积比较大，当自行车数量增多的时候，其单位停车面积便逐渐下降，但当其数量增加到一定程度之后，其单位停车面积就会趋于稳定。

4. 非机动车的疏散特性

由于非机动车比较灵活，因此在绿灯信号初期，它的启动一般比机动车的启

动要快。对于直行非机动车，处于前列的骑行者会迅速移动，力图以最短的时间通过交叉口，而处于相对较后位置的非机动车则因为左转机动车的影响而不得不停车等待，因此直行非机动车在通过交叉口时呈现出一定的批次性。

对于左转的非机动车，在绿灯信号初期，它会由于启动相对提前以及机动车启动滞后而通常会较迅速地通过冲突点实现其通过交叉口的目的，而对于后期的左转非机动车，则会由于同向及对向直行机动车的影响而不得不采取二次过街的方式，与直行的非机动车一起通过交叉口，此时的左转机动车所表现出来的是一种不一致性。值得注意的是，在现时的交通控制与管理中，通常在把非机动车和本向直行机动车安排在同一个信号相位，因此左转的非机动车通常只能通过二次过街的方式通过交叉口。

3.4.2.2　城市道路平面交叉口处行人特性

在我国的大多数交通设计中，设计者一般注重对机动车交通的考虑，而对行人交通所投入的考虑相对不多，因此，行人交通在各种交通设计中一直是处于相对弱势的地位。事实上，在我国的交通主体中，行人交通是一个较为庞大的群体，而且从交通公平的原则以及以人为本的理念出发，都应该对行人交通给予足够的重视。为了在设计中可以对行人交通作更深入的考虑，有必要对行人交通流运行特性进行分析。

1. 行人步行特性

与机动车交通相比，行人交通的速度是比较慢的。有关研究表明，由于心理成熟程度的不同，13～19 岁人的步行速度可能要更快一些，达到 2.7 m/s；20～49 岁为 1.8 m/s；50 岁以上为 1.5 m/s。行人的步行速度还跟行人所处的状态有关，单人平均步行速度为 1.29 m/s；当人们结伴而行时，速度只有 1.17 m/s。另外，行人步行的速度和行人所处的位置有关。在影剧院、体育馆、学校附近，行人速度为 1.2～1.5 m/s；在商业、交通、游览场所的行人速度只有 0.8～1.2 m/s。

在步行过程中，每个行人都有一定的动态空间需求。行人动态空间需求是指满足人在行走时所需要满足的二维立体空间的量度。行人动态空间需求可以分为步幅区域、感应区域以及反应区域等。根据成年人身高以及步距，正常行走时平均步幅区域为 64 cm。感应区域主要受行人知觉、心理和安全等因素影响。在通常情况下感应区域为 2.1 m，在此距离下，视觉舒服，适合正常速度的行走。当步行者以正常速度行走时，会在自己前面预留一个可见的空间区域，从而保证有足够的反应时间以做出避让行为，这个区域称为反应区域，其具体大小为0.48～0.60 m。

2. 行人交通流特性

行人通常会在平面交叉口处横过马路。对于无信号交叉口，行人通常要站在道路旁观察车辆交通情况，当他判断车辆间有足够的安全间隙时才会横穿马路。行人对车辆间隙的判断大多数情况下都是正确的，当然，有些时候也会出现因为错误的判断而被汽车撞上的情况。因此，对安全间隙的判断与行人的心理状态有关。在车辆速度相同的情况下，轻率的行人判断的安全间隙通常要比稳重的行人判断的安全间隙小。另外，车辆的速度也是影响行人判断安全间隙的重要因素。车辆的行驶速度越高，行人所需要安全间隙就越大，因此其判断的值就越高。对于信号交叉口，这里要分两种情况：有行人专用相位以及没有行人专用相位的情况。在没有设置行人专用相位的情况下，行人横过马路时会与本向的左转车辆以及相交道路的右转车辆产生冲突。因此，行人在过马路的时候也需要对此进行判断。另外，经过长期的观察，行人在信号末尾横穿马路的时候，因为缺乏足够的绿灯时间，行人在横穿马路的过程中，下一相位的绿灯信号已经启动，同时行人信号也切换成红灯。行人只能停留在原地等待或者在通行车辆的空当中寻找继续横穿马路的机会，更有甚者挡住机动车强行穿越人行横道。这样既严重影响了交叉口的交通秩序，又容易发生交通事故。造成这一切的原因是未能在时间、空间上将不同种类和流向的交通流进行有效的分离。在一些设置有行人专用相位的平面交叉口，情况会得到很大的改善。专用相位的存在使得行人交通流和机动车、非机动车交通流在时间上有效地进行了分离，大大减少了它们之间的冲突以及相互干扰。

3.4.2.3　城市道路平面交叉口处机动车运行特性

机动车在平面交叉口运行过程中，驾驶行为除了受到交通流实际情况的制约，还受到交叉口的几何形状、采取的管理措施、控制方式等因素的制约。因此，车辆在交叉口的运行情况比起路段上要复杂得多。

3.4.2.4　城市道路平面交叉口处车辆到达特征

本书所指的交叉口处车辆到达特征包含了一些车辆在到达交叉口时所表现出的某种交通特性，它与路段上的车辆行驶交通特性既有相同的地方，也有许多不同之处，有些特性在路段上只是偶然事件，而在交叉口处则是普遍存在的。这些特征包括交通流到达分布的多重性特征、到达交通量的周期性变化特征、到达车辆的转向需求特征、速度变化特征和停车排队特征。

车辆由交叉口处交汇道路上的进口车道行驶到达交叉口，因此交叉口的车

辆到达分布形态由上游道路的车流形态所决定，而上游道路的车辆是通过上游交叉口进入道路的，因此某一交叉口的车流到达形态与上游邻近的交叉口形式和控制方式密切相关。同时，交通量的变化亦对交叉口处车辆到达的分布形态具有较大的影响。

城市道路上的交通流是由各自独立的交通个体集结而成的，尽管交叉口处的车辆到达呈现出纷繁复杂的形态，但通过分析归纳仍能发现其间的规律性。城市道路系统属交叉口密布型网络结构，交叉口属性直接影响着交通流的到达分布规律，在当今以平交控制交叉口为主，且由信号灯控制交叉口所主控的城市道路交通体系中，到达交叉口处的车辆呈现出规则到达和随机到达并存，离散到达和列队到达相交错的分布形态。

规则到达是车辆的到达在时间上和数量上呈现出规则的分布现象，虽然不是完全意义上的规则，但却呈现出明显的规则变化，它是交通控制或限制的结果。这是一种最简单的分布形式，在该分布下，车辆之间保持稳定的车头时距，车辆到达分布虽然不是完全均匀的但却是有规律可循的，是一种较理想的分布，该分布下可以较准确地预知车辆的到达时间及数量。随着交通量的增大，到达的规则性也愈加显著。

随机到达指车辆到达在时间上和数量上的任意性。它是由道路交通的性质决定的，与轨道交通所不同的是，道路交通只是提供了公用的可行驶的道路设施，除公交系统外，交通工具由出行者自行解决，所以道路的使用具有很明显的随机性。各种道路交叉口的车流大都具有一定的随机性，因此车辆的上路行为都可以表现出随机选择的结果，而且这种随机性随着交通量的减少而增大。

3.4.2.5　城市道路平面交叉口处的交通冲突特征

如果多条道路在同一平面上交汇于一点，该点的时空资源将被共享，各路交通流在通过交汇点时就会发生冲突现象。以一个典型的平面交叉口为例（图 3.5），汇集于此的交通流由机动车、非机动车和行人组成，每路城市道路上的机动车到达交叉口后，都有 4 个方向的路径选择，如果不考虑车辆掉头情况，各路上的车辆也有 3 个可能的流向，这样在交叉口内的机动车就有 12 个可能流向。与此同时，各路道路两旁设有非机动车道和人行道，如果将非机动车和行人都按照直行通过交叉口统一考虑的话，也会有四路双向非机动车和行人穿越交叉口。

如图 3.5 所示，平面交叉口处的交通流共有 16 种形态：1、4、7、10 为机动车左转，2、5、8、11 为机动车直行，3、6、9、12 为机动车右转，13、14、15、16 为非机动车和行人直行通过交叉口。这 16 种交通流形态共有 120 个关系对，各关系对又

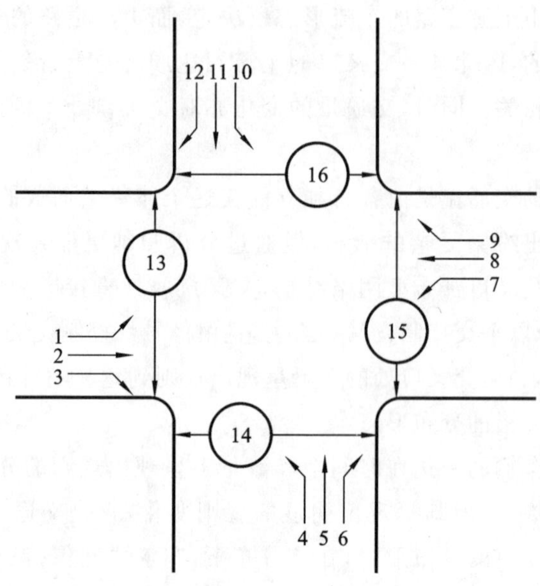

图 3.5 四路平面交叉口交通流向分布

可分为四种类型:无冲突、交叉冲突、合流冲突和分流冲突,其中无冲突关系对 56 个,交叉冲突关系对 40 个,合流冲突关系对和分流冲突关系对各 12 个。

通过分析研究我们可得到以下结论。

(1)每路左转车辆各产生 6 个交叉冲突和 2 个合流冲突。在交叉冲突中,左转车辆相互间的交叉冲突有 4 个,左转与各向直行车辆间的交叉冲突有 8 个,左转车辆与非机动车和行人间的冲突有 8 个。如果取消左转通行权,则将减少 20 个交叉冲突和 8 个合流冲突。

(2)各路直行车辆分别遇有 6 个交叉冲突和 2 个合流冲突,总计有 20 个交叉冲突和 8 个合流冲突,其中直行车辆间的交叉冲突有 4 个,直行车辆与左转车辆的交叉冲突有 8 个,直行车辆与非机动车和行人之间的交叉冲突有 8 个。

各路右转车辆分别与对向左转和左侧直行车流间有合流冲突,总数量为 8 个;与本路和右侧路上的非机动车及行人之间有交叉冲突,总数量也是 8 个。

3.4.2.6 城市道路平面交叉口处的时间延误特征

延误是交叉口运行效率和服务水平的一个重要度量指标,因此,延误分析对交叉口规划设计有着重要的意义。本书无意于深入研究延误问题,而只是将其作为交叉口的一个交通特性进行必要的分析论述,为后续研究做一个基础性铺垫。

延误研究是道路交通工程中的一个重要内容，有关研究文献较多，所给出的延误定义也不尽相同。

延误为由于交通摩阻和交通控制设施造成的时间损失，分为固定延误、运行延误、停车延误、行程时间延误和引道延误五种类型，同时给出了延误率和车辆延误率两个概念。

(1)固定延误：不受交通量的大小和交通干扰影响的延误。

(2)运行延误：由交通流中其他因素的干扰引起的延误。例如，在冲突的交通流中等待空档的时间损失或交通拥挤、停驻车辆、行人和转向导致的时间损失。

(3)停车延误：车辆停止不动的时间。

(4)行程时间延误：车辆通过某路段的实际时间与车辆以交通不拥挤时的平均车速通过该段道路所需的时间之差，它包括加减速延误和停车延误。

(5)引道延误：车辆在交叉口引道上的延误。

(6)延误率：观测的运行率与该道路的标准运行率之差。

(7)车辆延误率：某条道路或路段，由于未能满足标准运行的低限值而造成的交通流总损失时间，它等于高峰小时单向交通量乘以延误率。

延误是车辆在行驶中，由于受到司机无法控制的或意外的其他车辆的干扰或交通控制设施等的阻碍所损失的时间。由于形成的原因和着眼点不同，可有以下几种延误。

(1)基本延误(固定延误)：由交通控制装置所引起的延误，即与道路交通量多少及其他车辆干扰无关的延误。

(2)运行延误：由于各种交通组成间相互干扰而产生的延误，一般包含纵向、横向与外部和内部的干扰，如停车等待横穿、交通拥挤、连续停车以及由于行人和转弯车辆影响而损失的时间。

(3)停车时间延误：指车辆在实际交通流条件下由于该车本身的加速、减速或停车而引起的时间延误，即与外部干扰无关的延误。

(4)停车延误：由于某些原因使车辆实际停止不动而引起的时间延误。

在总结研究的基础上给出了更为全面的延误定义，即延误是由于交通干扰以及交通管理与控制设施等因素引起的运行时间损失，以秒或分钟计。根据延误发生的原因可分为固定延误、行程延误、停车延误、排队延误、引道延误和控制延误等。

(1)固定延误：由交通控制、交通标志、管理等引起的延误，它与交通流状态和交通干扰无关，主要发生在交叉路口。

(2)行程延误：车辆通过某一路段的实际时间与计算时间之差叫作行程延误，计算时间为车辆在交通不拥挤的条件下以畅行车速通过该路段的时间。

(3)停车延误：车辆由于某种原因而处于静止状态所产生的延误，等于停车时间，包括车辆由停止到启动时驾驶员的反应时间。

(4)排队延误：车辆排队时间与不拥挤条件下车辆以平均车速通过排队路段的时间之差。排队时间是指车辆从第一次停车到越过停车线的时间。

(5)引道延误：车辆在引道上的实际消耗时间与车辆畅行驶过引道延误段的时间之差。在入口引道上，从车辆因前方信号或已有排队车辆而开始减速行驶之断面至停车线的距离叫作引道延误段。

(6)控制延误：控制延误是控制设施引起的延误，对信号交叉口而言是车辆通过交叉口的实际行程时间和车辆以畅行速度通过交叉口的时间之差。控制延误包括车辆在交叉口范围内的停车延误和加减速损失时间。

尽管已有的研究对延误的定义有所不同，但其根本点是一致的，即都认为延误是由外部交通因素所引起的时间损失，是非正常运行时间与正常运行时间之差，据此我们从交叉口的特性出发，将交叉口延误定义如下：交叉口延误是指由于交叉口的存在而导致的时间损失，主要是由交叉口处的交通干扰、交通控制和交叉口构造引起的，在数值上等于通过交叉口的运行时间与该处的非交叉口设计情况下的行程时间之差。

交叉口延误由速度延误、停车延误和绕行延误三部分组成，这种按运行状态进行分类的好处是彼此间的界线可以清晰地划分，做到在时间上互不重叠，具体的延误评价可按单车延误、平均延误、总延误等分别进行。

(1)速度延误：指由干扰、控制或线形引起的平均行驶速度低于路段行驶速度所产生的时间损失，一般发生在减速、加速和低匀速行驶过程中。

(2)停车延误：由于干扰或控制引起的停车而耽误的时间，它等于车辆静止不动时间的总和，包括驾驶员的反应时间。

(3)绕行延误：因控制或构造上的原因致使车辆不能直接进入去往的道路而必须绕行到达所产生的时间损失，一般发生于左转向的右转解决方式中，其值等于绕行距离除以平均绕行速度。

第 4 章　交通运输规划设计理论与方法

4.1　交通运输规划的概念及分类

4.1.1　交通运输规划的概念与意义

1. 运输研究的层次与分类

运输研究分为以下三个层次：一是运输战略（strategic）方面（宏观层）的研究，主要包括运输政策、法规等方面，是大跨度、宽视野的研究；二是运输战术（tactical）方面（中观层）的研究，包括运输规划研究；三是运营管理方面（微观层）的研究，包括运营调度组织、运输指挥控制等方面的研究，该研究对某一时间段、每一环节的考虑都非常细致。三个层次的运输研究特征的区别在于它们观察问题的角度是由粗到细、考察间隔的细节是由大到小变化的。三者研究通常是相辅相成的，宏观研究需要以微观数据为基础与依据，微观问题则往往需要以宏观为指导。

2. 规划的概念

规划通常有两种含义，既可作为名词，又可作为动词。“规划”作为名词，是指某一对象为达到未来发展目标的一种有条理有系统的打算或设计。“规划”又可作狭义与广义两种解释。狭义的规划是指在一个确定的目标下选择实现该目标的手段，因而规划问题属于技术上的问题。广义的规划还应包括政策的制定、目标的选择以及为达到该目标所选择的手段等多方面。“规划”作为动词，是指某一对象为达到未来发展目标而制定打算或进行设计的行动。

Hall（1980 年）指出：规划作为一项普通活动，是指编制一个有条理的行动顺序，使预定目标得以实现；其主要技术成果是书面文件，附有适当的统计预测、数学描述、定量评价以及说明规划方案各部分关系的图解或准确描述规划对象的具体蓝图。

Geddes 在 20 世纪初提出了把规划建立在客观现实基础上的规划思想，即

提出调查—分析—规划方案的经典顺序。

20 世纪 60 年代，人们提出了着眼于控制论的系统规划思想，即“目标—信息调查—方案预测与模拟—评价—选择—连续监督”的循环顺序。当对目标和基础数据进行复核而证实有新变化时，即应对规划作出相应修改。因此，规划是一个连续过程而不是一次的规划方案。

3. 交通运输规划的概念

交通运输规划是指为完成确定的目标，在一定地域范围内对交通运输系统进行总体战略部署，即根据社会经济发展的要求，从当地具体自然条件和经济条件出发，通过综合平衡和多方案比较，确定交通运输发展方向和地域空间分布。

简言之，交通运输规划是确定交通运输发展目标，并设计达到该目标的过程。其主要内容包括确定运输线网结构、港站地点位置、能力规模以及建设序列。

4. 交通运输规划的意义

交通运输规划的意义主要表现在以下几个方面。

(1)交通规划是建立完善的综合交通运输系统的基本前提。因为交通规划能够协调各种运输方式之间的联系，明确各种交通方式的任务和要求，使各种交通方式之间密切配合、相互补充，形成综合交通系统。如果没有科学细致的规划，交通运输建设就很可能盲目进行，容易产生重复建设工程、废弃工程，造成巨大的经济浪费。

(2)交通规划是解决交通运输问题的根本措施。交通运输问题其实是一个系统的、整体的、综合性的问题。首先，交通运输系统本身是由多个要素(包括车、路、人、环境和客货等)组成的，交通运输方式又多种多样，相互之间既有竞争又有补充；另外，交通运输系统还与其他系统存在着密切的联系和相互作用，如交通运输与用地、交通运输与社会经济都是如此。所以单纯增加交通运输建设投资或提高交通运输管理水平都不能很好地解决交通运输问题，只有从系统的、综合的观点出发，制定一个全面的、有科学依据的交通运输规划才是解决交通运输问题的根本措施。

(3)交通规划是获得交通运输最佳效益的有效手段。因为交通运输建设投资金额、运输方式路线、车辆运营成本以及交通运输管理质量都与交通运输规划密切相关，只有制定科学合理的交通运输规划，才能获得安全、畅通的交通运输网络，从而以最短的距离、最少的时间和费用，完成预定的运输任务并获得最优

的交通运输效果。

(4)交通规划能为交通建设的决策者提供决策的科学依据,减少决策的盲目性、短视性和狭隘性,最大限度地降低交通运输投资的浪费。

(5)交通管理规划是实现城市交通科学化、现代化管理,充分利用现有道路交通设施的重要环节。交通供需矛盾的长期性和交通设施增长的有限性决定了我国不但要规划建设好交通基础设施,而且还要使现有交通设施发挥最大效益。因此,从供求两个方面采取措施,通过加强交通管理来提高交通承载力,也可在一定程度上缓解交通紧张状况。

4.1.2　交通运输规划的分类

交通运输规划的分类方法很多,根据问题和对象的不同,有不同的工作内容。

(1)按运输对象可分为:客运交通规划(主要研究旅客的流动及以此为基础的交通网络发展战略与规划)、货运交通规划(主要研究物的流动及以此为基础的交通网络发展战略与规划)。

(2)按规划方式可分为:综合运输规划(是多种运输方式(铁、公、水、航、管)协调发展的规划)、单一运输规划(是专门研究某一种运输方式的规划)。

(3)按规划范围可分为:城市交通规划(是某一城市内的交通运输发展规划)、区域运输规划与国家运输规划(是一地区乃至全国的交通运输规划);或交通运输网络规划(基础部分)、交通运输系统规划(流量实体、控制系统等)。

(4)按规划期限长短可分成:远(长)期规划(一般规划期在 15 年以上)、中期规划(一般规划期在 5～10 年)、近期规划(一般规划期为 5 年)。

(5)按规划的阶段可分成:总体规划(是关于交通运输发展的纲领性规划,是交通运输业各项建设的战略部署)、详细规划(是前者的深化与具体化)。

(6)按规划变量的性质可分为:动态规划(变量在规划期间随时间变化)、静态规划(变量在规划期间被假设为不变的量)。

(7)按规划层次可分为:宏观规划、中观规划、微观规划。

(8)按规划专题内容可分为:交通运输布局规划、各项运输工程规划等。

(9)按交通方式可分为:城市道路交通规划、公路交通规划、铁路交通规划、港湾交通规划、空港交通规划、管道运输规划。

在全国性或大范围的交通规划中,城市(包括港湾)被作为节点处理,然而,在城市或区域交通规划中,城市道路和港湾道路也必须详细列入,并且随着部门

间协调能力的加强、城市化和交通一体化的发展，城市道路和公路的明确界限将逐渐淡化。

(10)按交通服务对象空间规模可分为：国际交通规划、全国交通规划、区域交通规划、城市交通规划、地区交通规划。

这种特定空间性规划需要政府性规划主体的存在。但是，该种交通规划一般需要综合考虑各种经营、供给主体，以及交通方式、交通服务、交通设施，并且满足居民的需求，所以，通常为综合交通规划。

(11)从目标年的时间远近和着眼点的规模来看，交通规划可分为三个层面：交通战略(宏观)规划、交通网络(中观)规划和交通工程(微观)规划。

①交通战略规划：是长远的方向性规划，年限定在20年以上。根据未来土地使用规划、人口分布和经济发展规划，确定未来客货运交通需求、重大客货运枢纽布局、交通骨架的形态及交通设施的供应量；提出对象区域长远的交通运输发展战略和理念。交通战略规划一定是与对象区域的总体发展规划结合起来进行研究的。

②交通网络规划：指着眼于整个交通运输网络，研究整个网络上各种线路、枢纽的定位与规模，以及这些建设项目的投资建设顺序，期限一般在5～20年。这种规划由于要求具有一定精度，较之战略规划应更多采用定量分析的方法，是交通规划理论研究重点。

③交通工程规划：是指近期(3～5年)要动工建设的项目的具体方案规划。这种规划一般要具体落实到某一条线路上或某一个站点上，其工作内容主要是微观的，与交通控制等相关工作问题联系密切，这些内容应放在相应的各种工程问题中进行研究。但一般也包含一些较中观、宏观的问题，如确定一个路段的车道数时就要考虑未来使用该路段的车流量，而这是需要在整个交通网络上做交通分配才能得到的，这完全可以借用网络规划的有关技术和方法。

交通战略规划、交通网络规划、交通工程规划又分别称为“宏观规划”“中观规划”“微观规划”。交通规划理论主要是研究中观规划，即交通网络规划。

4.1.3 交通运输规划的指导思想

要做好交通运输规划，必须要有正确的指导思想。现代交通规划的指导思想包括以下几个方面。

1.要有战略和全局的眼光

交通运输规划必须从战略的角度出发，即使是中观层面的交通规划也必须

考虑对象区域宏观层面的战略规划。同时，规划者必须考虑对象区域的性质和功能定位，考虑对象区域本身的地理环境、布局特点和历史发展历程。另外，规划者还要将眼光放到一个比对象区域更大的地域范围，使它的交通能与其外部交通很好地衔接。总之，交通规划应该放眼未来、重视历史、着眼全局，才能提出科学的、可持续发展的交通规划方案。

2. 要坚持系统的观点

交通是一个复杂的系统，在交通规划时，规划者应该将交通视为一个有机整体进行综合分析，局部应服从全局，个别服从整体，子系统服从大系统。只有重视了整体的和大系统的要求，使系统整体上合理、经济、最优，才能达到标本兼治的目的，提高交通规划的综合效益和整体质量。

3. 应与社会经济、人民生活水平相协调

交通直接为社会、经济、人民的生活服务。一方面交通质量影响社会、经济的发展，另一方面，交通作为人们的衣食住行中一个主要的生活内容和消费对象，还要考虑人民的生活水平和消费能力。同时交通的发展又依赖于社会经济的发展水平，需要经济和物质资源做后盾。因此，交通规划应充分考虑社会、经济、人民生活水平的关系，应能使之协调发展、彼此促进。

4. 要注意节约用地

我国土地资源缺乏，交通建设在区域用地中占据重要地位，因此在进行交通规划时要注意节约用地，用最少的交通用地发挥最大的交通效益。另外，除交通本身的用地外，交通对区域的用地布局也将起到较大的促进作用，一个好的交通系统将有利于形成一个省地高效的用地模式。

4.2　交通运输规划的发展历程

4.2.1　发展历史

交通规划作为一门学问，可以说是随着汽车的发展而发展起来的。1886 年卡尔・本茨(Karl Benz)发明了汽车，1908 年亨利・福特将自己设计的 T 形车在流水线上实现批量生产之后，轿车很快进入了美国人的家庭，实现了福特“使得每个工薪家庭能买得起汽车”的构想。城市内部道路拥挤问题也随之出现，合

理规划和建设道路的必要性被逐渐提到议事日程上来。1926 年,美国在哈佛大学首先创建了道路交通专业;1938 年又在耶鲁大学创建了该专业。然而,科学性地实施交通规划则是在第二次世界大战之后,加利福尼亚大学运输工程研究所、得克萨斯大学交通研究所等专门的研究机构相继成立。从此,在美国城市内部,交通形态从以公共交通工具为中心变为以私人轿车为中心。

从世界范围来看,在 20 世纪 60 年代以前,城市规划中的交通规划,通常是分别进行道路规划和轨道交通规划。也就是说,通常是以城市的机动车 OD(origin,destination,即交通起终点)调查为基础,预测未来的机动车交通需求,进行道路规划;以月票利用者的站点间 OD 调查等为基础预测将来的利用者人数,进行轨道交通规划。但是,到了 20 世纪 60 年代,在考虑未来的城市交通时,道路规划和轨道交通规划之间的协调与分工,成为人们关注的焦点。

人们逐渐认识到,解决大城市的交通拥挤问题,仅仅通过对断面交通量采用某些局部数据进行交通分析和道路规划是远远不够的,必须以路线及道路网为对象进行全面的分析。人们认识到要想解决大城市的交通拥挤就必须实现城市交通的一体化,实现道路规划与轨道交通规划间的协调,进而在城市快速发展、城市空间急剧扩大的情况下,使之与城市规划相协调。基于上述认识,人们开始探索综合交通规划的理论与方法。

以定量数据为基础进行城市综合交通规划起源于美国,并且在世界范围内得到了迅速发展。1953 年,美国大都市圈底特律首先开始进行交通调查,1962 年发表了高速公路规划报告书。名为“Traffic Study”的底特律都市圈交通规划,其核心是高速道路规划。而在此之后,称为“Chicago Area Transportation Study”的芝加哥都市圈交通规划则对包括道路规划在内的大运量交通方式进行了综合考虑,开发了包括交通方式划分在内的四阶段交通需求预测法,开创了城市综合交通规划之先河。1962 年美国制定的补充联邦道路法,规定 5 万人以上的城市,为了得到与道路建设有关的联邦政府的补贴,必须制定以城市综合交通调查为基础的都市圈交通规划。因此,关于城市综合交通规划的理论研究和规划实施在全美广泛地开展起来。至此“Traffic Plannning”也由于范围不断扩大而改称为“Transportation Planning”。由于城市综合交通规划始于芝加哥,而且现在的城市交通规划方法是以芝加哥都市圈交通规划(CATS)为基础发展起来的,所以芝加哥都市圈交通规划在交通规划发展史上占有极其重要的地位。

在英国,1963 年发表了著名的布凯南报告书。在此前后,已经开始实施城市综合交通规划所必需的城市交通调查,1964 年雷塞士特市进行的城市综合交

通规划是英国定量进行城市综合交通规划的先驱。

在日本，运用科学分析规划手段制定城市交通规划始于20世纪60年代后期，以居民出行调查为基础开始进行城市综合交通规划。日本于1952年在东京进行了第一次关于城市机动车出行的OD调查。到1958年，在全国主要城市都开展了机动车OD调查，并决定此后定期进行此项调查，为定量的交通需求预测打下了基础，20世纪60年代前期，道路交通规划方面已开始运用交通发生、交通分布、交通分配三阶段交通需求分析法。

广岛都市圈于1967年首先进行了大规模的居民出行调查，并将“不同交通方式分担”这一新的预测步骤加到三阶段需求预测法中去，从而实现了四阶段交通需求预测法的系统应用。广岛调查进行后，以东京、京阪神、名古屋等大都市圈为首，在日本全国主要都市圈内都开展了居民出行调查，由交通发生、交通分布、交通方式分担、交通分配所构成的四阶段交通需求预测法也固定下来。另外，为了掌握城市交通的另一重要构成要素——“物质流动”，还在居民出行调查外补充了物资流动调查(1971年广岛首先开展，以大都市圈为中心)，二者共同推进了城市综合交通规划的发展。

1. 交通调查

(1)PT(person trip)调查。

美国在世界上首先遇到了道路交通拥挤问题，因此首先以定量的调查数据为基础进行了综合交通规划。美国于1953年首先在汽车城底特律城市圈进行了个人出行调查。英国于20世纪60年代初期就进行了城市综合交通规划所必需的交通调查。日本1966年由九州地区建设部门进行的福冈市的PT调查是最早的试验性调查；1967年，第一次广岛城市圈的调查是最早的正式PT调查，以后每隔10年举行一次，并且使其制度化。但是，各地区的调查时间没有得到统一，到2004年只进行了4次调查。

在我国，PT调查开始较晚，1986年在北京进行的交通调查为我国首次进行的PT调查。2000年，又进行了第2次PT调查。PT调查牵涉的范围很大，需要大量资金，因此，在有些欧美国家没有持续进行，日本为该调查坚持最好的国家。

(2)物流调查。

物流调查是调查货物流动以及物流相关设施的情况。日本从1970年开始进行，至2004年调查了5次。

(3)机动车OD调查。

机动车OD调查是调查机动车辆的起讫点情况，以把握交通发生的源头数据，分为一般机动车 OD 调查和断面机动车 OD 调查两种。日本于 1958 年开始，在全国范围内进行该项调查，以后结合断面交通量调查，每 5 年举行一次。

我国机动车 OD 调查大多是根据需要间断性进行的不定期的地方性调查，尚未进行全国性的机动车 OD 调查，这对我国的交通规划很不利。

(4)断面交通量调查。

它是调查某一道路断面上道路结构和交通流的具体情况。该调查分间歇式(又称“非连续式”)和非间歇式(又称“连续式”或“常时式”)两种。日本从 1962 年开始进行道路断面交通量调查，并且每 5 年进行一次，中间年的第 3 个年头还进行一次检查性调查。

近年，我国在高速公路、主要国道和省道上也布设了交通量观测地点，并且进行了道路普查，其数据也将逐渐得到有效利用。

2. 交通需求预测方法

作为交通规划中永恒的课题，人们从科学的角度研究交通规划是从第二次世界大战后开始的。在小汽车尚未进入家庭或保有量很低的机动化初期，交通需求预测主要采用三阶段预测法(交通的生成、交通分布、交通分配)。随着西方发达国家的居民出行从公共交通方式向家庭小汽车出行方式变化，道路交通与公共交通的竞争关系加强，尤其是城市交通中的道路交通比例增高，完成单位运输需要的交通空间增大，交通规划的主题向道路交通规划倾斜。因此，交通需求预测以汽车交通为中心，汽车出行次数预测法得到了广泛应用。无论以公共交通方式为主的预测还是以汽车出行方式为主的交通需求预测，对于全国性、行业性交通规划都有其合理之处。

然而，对于城市交通规划而言，人们主张从综合交通的角度进行一体化交通规划，以避免轨道交通和道路的重复投资，协调各种交通方式，提高交通系统效率。于是，在城市范围内，着眼于居民的出行行为，研究其出行时利用的交通方式构成，据此合理规划必要的交通设施的方法论——居民出行法获得了应用。该方法在美国从 1948 年开始，逐渐扩大到全美各城市。日本从 20 世纪 60 年代开始采用该方法，并在此基础上发展了目前经典的四阶段预测法。四阶段预测法作为经典的交通需求预测法，逻辑关系明确，步骤分明、形象，至今仍被广泛地采用。然而，该方法仍具有其局限性，人们期待着研究更加符合现代社会和居民出行行为、符合交通可持续发展的交通需求预测理论。

根据交通预测方法的原理和预测分析重点的不同，可以将需求预测理论与模型分为时间序列模型、非集计模型、心理学度量模型、交通活动分析模型、动态

交通分析模型以及交通行为分析模型等。

(1)时间序列模型。

时间序列模型是以现有的一系列历史数据为基础,采用回归分析或趋势外推等数学方法预测未来交通需求的方法。该方法由于没有考虑交通需求的发生机理,故仅适用于影响交通需求产生的主要因素不发生变化或变化不大的情况。

(2)非集计模型。

1960 年以后,研究者们纷纷指出了集计模型的各种缺点,提出了开发新模型的需求,期待新的模型能够更有效地利用统计数据,更经济地构造模型,能够进行各种交通政策实施效果的分析等。同时,人们对节约能源、防止公害、交通公平性的关心更加高涨,从交通需求的角度进行管理的战略开始成为城市交通规划制定的主要课题,这也进一步促进了新交通模型的开发。正是在这样的背景下,开发了非集计模型(离散选择模型),并在应用上取得了一系列成果。

(3)心理学度量模型。

影响交通方式选择的主要因素是旅行时间和旅行费用。除此之外,交通的舒适性、便捷性、可靠性以及安全性等也是交通参与者进行交通方式选择的重要影响因素。但是,在此之前的模型没有反映交通参与者对于特定交通系统的舒适性、便捷性的心理评价。

20 世纪 70 年代前期,交通规划领域的研究者获悉心理学领域已经开发出了获取人的特性和意向的方法,并应用于市场调查。因此,交通领域开始采用度量人的特性、感觉和意向等的心理学度量方法建立模型并用于交通分析。

(4)交通活动分析模型。

人的出行是为了某种活动而产生的一种行为。一般来说,交通需求可以定义为“个人为参加在空间上有一定距离的场所举行的活动而派生出的一种需求”。在该模型中,交通本身不是交通需求分析的中心,而人与人之间的相互作用,空间、时间上的制约,家庭结构,个人的角色等,则成为人的交通活动分析的主要内容。这一时期所开发的交通活动分析模型,可以详细地体现交通政策与人们的活动行为之间的关系。但是如果将此类研究直接应用于交通规划,在模型的可操作性、可靠性等方面还存在一定的困难和问题。

(5)动态交通分析模型。

随着人们对交通与人的活动分析的进展,研究者进一步发现了新的问题。人们开始思考仅仅根据某一断面的观测数据来分析交通行为是否合适。在实际生活中,人们的交通活动,可以认为是某一个人在某一段时间内所做出的意志决定，所以，根据某一时刻的观测信息来分析描述人的全部交通行为的方法有很大的局限性。为了考虑活动的周期性，以及超过1天的活动实施的决策过程，研究者们先后提出了以周为单位，以及以月、季度、年为单位进行分析的方法。与基于某一时刻的观测数据的静态分析方法相比，动态分析方法是基于多个时刻的观测数据进行的分析，其代表性的方法有时间系列分析方法和动态跟踪分析方法。时间系列分析方法是利用不同时刻的统计量来进行的分析。但是，在各个时刻与静态分析基于相同的假定。此方法虽然能把握交通行为随时间的变化，但是无法揭示交通行为的主要影响因素与交通现象之间的关系在怎样的时间间隔上如何变化。与此相反，动态跟踪分析方法，是跟踪同一个人在不同时刻的行为，它能够全面掌握不同时刻交通行为发生变化的主要影响因素，以及受其影响程度的交通数据，分析两者之间的关系，是对交通行为的动态分析的方法。但是，这种调查分析需要较长的时间，必然要增加所需经费，同时也难以得到被调查对象的配合，因此实际调查中能够应用该方法的范围很有限。

(6)交通行为分析模型。

自1990年开始，随着计算机功能的进步，复杂的统计分析方法也开始得到使用，因此对于多样的个人属性、潜在的意识结构，以及时间变化等因素对个人交通行为的影响等复杂的分析已经成为可能。该阶段研究者们开发了在时间和空间的框架内考虑所给出的信息和设施条件，分析每一个人的交通行为的模型。在预测未来方面，也尝试了在计算机上再现每一个人的行为，并利用这些个体交通行为来预测整体交通现象。

为了预测对于当前不存在的交通设施和交通服务的需求，还开发了基于假设状况的意向调查(stated preference，SP)方法。在该方法中，将假设状况用书面或计算机画面等方法说明，以优先选择顺序、分数、愿意支付金额等，记录调查者的意向，据此预测交通需求。

3. 交通规划方案评价

交通规划作为一项公共事业，需要进行其合理性、成本和效益的分析。1990年以前，交通规划方案分析评价的主要内容是评价其密度和交通功能(服务水平)。前者评价规划交通网络的覆盖程度，即社会公平性；后者评价规划交通网络作为公共事业投资所能提供的服务水准，例如断面交通量、平均行程车速、平均出行距离、交通负荷度等。其后，随着人们对环境问题认识的提高，增加了交通环境评价和由交通规划的实施产生的效果和损失分析。

4.2.2　交通规划发展阶段

世界各国的交通规划大致经历了以下发展阶段。

1. 第一阶段(1930—1950 年)

该阶段交通规划的目的是缓和或消除交通拥挤。采用的技术方法是道路交通量调查,以机动车保有量为基础的交通量成长预测,基于经验方法的交通量分配。

2. 第二阶段(1950—1960 年)

该阶段交通规划的目的主要是解决市内汽车交通急剧增加带来的交通阻塞问题,为汽车交通的道路进行交通规划。其特点是以提高道路通行能力为目标进行长期性道路规划。采用的技术方法是家庭访问调查、道路交通量调查、以道路交通为对象的二阶段预测法。使用的社会经济技术参数为个人收入、社会人口结构、汽车保有量。

3. 第三阶段(1960—1970 年)

该阶段的道路交通状况是美国汽车保有量激增,在市中心高峰时必须进行汽车通行限制,刘易斯·芒福德对当时的道路交通状态进行了精辟总结,即"美国人都为汽车的信徒,美国是靠高速公路发展起来的"。本阶段交通规划的目的是通过综合交通规划,合理分配交通投资(私人交通对公共交通),征收停车费,进行长期性交通规划。采用的技术方法为四阶段预测法。

4. 第四阶段(1970—1980 年)

该阶段交通规划面临的问题开始多样化,例如,大气污染、噪声、拥挤、停车难、交通事故、交通弱者问题、公共交通问题等。因此,当时交通规划的特点是强调局部性,注重短期性规划。采用的技术方法趋于多样化,主要表现在:集计模型的精炼化和简化;非集计模型的出台和应用;渐增规划、反应规划等。

5. 第五阶段(1980—1990 年)

该阶段的交通规划面临的问题是城市环境问题恶化,交通事故、堵车、交通弱者问题受到重视。交通规划的目的变为强调微观性和局部性。采用的技术方法特征如下:①应用仿真技术;②ITS 等高科技(行驶线路导向、GPS、GIS、ETC 等)的研制;③非集计模型的重视;④四阶段法的静态问题向动态方向发展。

6. 第六阶段(1990 年至今)

该阶段的交通规划条件是环境问题、交通事故、交通阻塞等。因此,本阶段交通规划的目的是环境保护、复苏城市公共交通。采用的技术方法特征是:①ITS的重视及产品化;②动态预测技术与方法;③重视老年人与残障人士;④重视交通环境;⑤路面电车、轻轨的复苏;⑥重视研究旅游交通。

在我国,城市交通规划作为专门的应用学科已有 30 多年的时间,发展过程大致可以分为以下 4 个阶段。

(1)交通规划定量化起步时期(20 世纪 70 年代末—80 年代初)。

随着城市经济复苏,自行车的用量迅速增长,特大城市交通出现全面紧张的局面。这种情况使国内规划界的许多专家开始认识到,采用 20 世纪 50 年代从功能分区到道路干道的纯定性的规划方法已不能适应当今的城市发展,需要引进交通规划的新理论和高新技术。在这一时期,交通规划在方法上引进了发达国家的交通规划理论、计算机技术,开始探讨我国综合交通规划的理论与方法。与此同时,国内几十个大城市开展了大规模的交通调查,利用计算机技术进行调查数据的统计和交通特征分析,交通规划迈出了定量化的第一步。

(2)交通规划定量与定性相结合时期(20 世纪 80 年代中—90 年代初)。

城市改革开放的步伐加快,现行的交通矛盾尚未解决,又迎来了规划建设的高潮。结合这一时期的规划特点,交通规划在交通调查的基础上,对交通特征进行研究分析,将交通规划的四阶段理论与方法、交通预测技术应用到实际的道路运输规划中,交通规划开始了定量与定性相结合的一步。

(3)综合交通规划时期(20 世纪 90 年代初—2000 年)。

在这一时期,由于计算机技术的普及,交通规划人才素质的提高,市场需求加大,城市交通规划的基本原理、定量化预测技术等在各种类型的规划实践中得到了较为广泛的应用。研究的重点在于运用定量的科学技术进行规划方案的分析、指导设计,城市交通的现代技术开始同规划紧密结合。与此同时,国内交通规划在调查方法、数据分析、模型精度、预测技术、战略研究、规划的层次划分、交通设计方面进行了较为广泛的探索研究,在与城市规划、市政工程设计、运输规划、交通管理的结合方面有了良好的开端。

(4)交通规划的科学化、现代化时期(2000 年至今)。

公安部、住房和建设部在全国实施畅通工程,由两部制定的城市交通管理评价指标体系正式将交通规划的制定纳入评价对象,大大促进了交通规划的普及,

拓展了交通规划、交通设计理论研究的深度与广度，加速了我国交通规划与管理的科学化、现代化进程。

经过多年的研究与实践，人们已经认识到，交通规划必须将定量分析与定性分析相结合，必须处理好满足交通需求与规划引导的关系。必须制定土地利用与交通系统、不同交通方式、网络与枢纽整合的综合交通规划，必须考虑满足需求与资源投入和环境影响的协调。只有这样才能既满足当前需求，又兼顾长远发展，从宏观和微观两个方面做好需求分析和规划，从而实现建立可持续发展交通运输系统的目的。

4.2.3　交通规划研究展望

1. 交通调查的新方法

社会的不断发展和人民生活水平的不断提高，将会对人们的交通生活提出更高的要求，交通调查必须适应这种新要求。

(1)应对短期交通问题的调查方法。

短期交通问题，主要有自行车、小汽车停车问题，地区交通问题，公共交通的票价和运行间隔问题等，需要采用不同于既有交通调查的方法。

(2)节省时间和费用的调查方法。

既往的调查费时、费工，需要巨额资金，现在需要快速、能耗低、费用低廉的调查方法。

(3)基于居民出行意识的调查。

既有的居民出行调查和机动车 OD 调查，虽然采用了抽样调查的方法，并且样本量很小，但是对都市圈和区域而言，调查量是巨大的。因此，基于居民出行意识的交通调查，如新路或轻轨建成以后利用与否，票价提高之后利用与否等意识调查将越来越受到重视。

(4)交通调查的自动、动态、时间序列化现代交通科学技术将给人们提供自动、动态、时间序列化的新交通调查方法，改变原有调查方法，同时做到省时、省工、实时。

2. 交通规划理论发展的新动态

本书中讲述的交通规划的主要内容可以归结为静态交通规划，即交通需求预测是以 1 天为单位进行的宏观预测。在进行交通量分配时，没有考虑车辆的行驶时间与位移的关系。这种方法被广泛应用于交通规划实践中。

然而,如前所述,社会的发展和人们生活质量的提高,对交通规划提出了更高的要求,即在宏观预测的基础上,趋向对微观问题的处理。众多学者致力于动态交通分析研究的原因可以归纳为以下几点。

(1)未来的交通需求预测不仅仅为制定交通规划服务,而且要为制定交通管理规划以及交通管理与控制服务。城市道路交通拥挤、阻塞问题是严重的"城市病"之一,解决城市交通问题必须从供需两方面着眼,提高路网交通容量和加强交通管理并举。

(2)近年来,计算机、信息通信技术的发展和车辆检测器技术的进步,使得实时处理交通问题成为可能,应用最新电子技术的现代交通管理系统被开发出来。

(3)用 1 天的平均指标说明时刻变化的交通行动有局限性,也是导致偏差的原因。所以过去用静态分析处理的问题,现用动态分析加以处理,可以改善预测精准度。

3. 交通运输规划方法的新改进

智能交通系统的出现,为交通运输规划提出了新的课题,同时也指明了研究的方向。主要体现在以下几方面。

(1)基于个人出行的动态交通分析方法的建立。

交通规划中对人们出行行为的描述,必须逼近人们的现实交通活动和尽量接近实际的交通网络,而且这种网络是基于实际的土地利用之上的。因此,未来的交通规划应该以家庭和家庭的具体成员为对象进行微观的详细分析。

(2)基于计算机模拟技术的交通运输规划方法的建立。

利用计算机模拟技术预测将来的交通需求,从而进行交通运输规划以及规划方案的可视化、动态评价,这是交通运输规划领域的发展方向之一。

(3)基于地理信息系统的交通运输规划方法的建立。

20 世纪 60 年代以来,地理信息系统出现,使得交通运输规划逐渐由数学计算向可视化方向发展,交通运输规划与地理信息系统的结合将成为交通运输规划的主流。

(4)基于系统科学理论的交通分析预测。

交通运输规划系统是一个复杂巨系统,用系统科学理论解决交通运输规划问题,将是未来交通运输规划的研究方向之一。

总之,未来的交通运输规划应该是基于先进科学技术的、动态、实时、精确、大型化、可视化的先进方法。

4.3　交通运输规划的方法、步骤与过程

4.3.1　交通运输规划的方法

进行交通运输规划时可以应用多学科研究的理论成果、方法和技术，其中主要的是系统工程方法和计算机技术。这是因为交通规划所面临的问题对象就是一些系统，如道路网系统、社会活动系统、客运系统、货运系统等。另外，交通规划过程中需要处理大量的数据，系统模型往往也是庞大而复杂的，完全靠人工几乎是不可能完成的，先进的数据处理和计算方法以及计算机技术是不可或缺的。

在交通规划的理论研究和实际应用中，经常用到以下方法和工具：

(1)概率论与数理统计，包括回归分析、时间序列分析、马尔可夫过程等；

(2)数学规划方法，包括线性规划、非线性规划、网络优化技术、多目标规划等；

(3)模糊数学和灰色系统理论，包括模糊预测技术、模糊评价模型、灰色预测技术等；

(4)层次分析与评价方法和多目标决策理论；

(5)对策论和决策论方法；

(6)经济理论中的成本效益分析方法和项目评价理论等。

4.3.2　交通运输规划的基本步骤

交通运输规划包括如下 8 个工作阶段：①目标确定，②组织工作，③数据调查与处理，④相关基本模型分析，⑤分析预测，⑥方案设计，⑦方案评价，⑧方案实施过程中的信息反馈和修改。

1. 目标确定

规划目标是本次规划的方向，在规划前必须明确。交通规划的目标是指本次规划工作的对象区域、规划年限、所规定的交通系统欲达到的性能指标(如平均速度、平均乘车换乘次数、路网宽度等)。确定交通规划目标的依据是对象区域总体规划以及宏观交通发展战略，在确定目标时还应听取各界人士的要求和建议。

2. 组织工作

组织工作就是要建立项目课题组，确定各人的工作职责；组织交通规划课题组的工作人员学习国家和地方政府对规划区的政策、要求和规划法规，深入细致地研究技术路线；还要积极与项目甲方（一般是政府有关机构）以及相关的科研技术机构（如统计部门、规划局等）建立好信息沟通渠道，争取在项目进行过程中不断得到他们的支持。

3. 数据调查与处理

交通规划需要调查的数据类型很多，主要为交通供给和需求两方面的数据。具体地说，是调查现有交通设施使用情况和交通工具现状情况，如城市道路交通调查分别以个人和车辆为单位的交通需求量（又称为 OD 调查，origin destination，即交通起点—终点），还要调查分别以个人、家庭、分区为单位的特性数据资料。其中以 OD 数据调查和特性调查最为重要。调查结束后，还要对这些数据进行初步的处理、统计和分析。

4. 相关基本模型分析

相关基本模型是指对象区域的人口预测模型、家庭结构模型、土地利用模型等，这些模型是计算规划年交通需求量的基础。有些相关部门和机构已有现成的基本模型，至少有相关的数据可供建模使用，项目工作人员不必重新花大力气去调查获得，应该采用某种方式（如项目合作、有偿购买）取得这些模型或数据；有些基本数据可在统计年鉴中免费查得；还有些是需要规划者从本项目的调查数据中加以分析整理后获得。

5. 分析预测

分析预测包含如下两项工作内容。

(1)对现状的分析，即分析对象区域现状年的人口、产业、用地布局的状况，分析这些社会经济要素对交通需求量的决定关系，建立数学模型，并应用到现状交通网络上以发现其存在的问题。

(2)对未来的预测，即运用上述数学模型来预测对象区域未来的交通需求量。具体地说，交通预测包括 3 个基本工作：

①交通发生预测——预测规划年各交通分区产生的出行量以及各分区吸引的出行量，也叫交通需求量预测；

②交通分布预测——预测一个分区的交通发生量分别到达或来自哪个分区；

③交通方式划分——就一批出行量，预测选择各种交通工具的比例。

传统城市交通规划工作内容还包括“交通分配预测”，它是将每个分区之间的出行量(标准小汽车为单位)分配到现状路网的各条路段上，从而帮助发现现状路网中通行能力紧张的路段，为下一步方案设计提供依据。然而，现代交通规划的方案设计只需要方式划分后交通分布的结果，而无须再进行交通分配。这样的交通预测就只包含 3 个基本步骤：交通发生、交通分布、方式划分。但这并不意味着交通分配可以从交通规划中删除，恰恰相反，交通分配将是定量的方案设计的理论基础和基本组成部分，其作用异常重要。

交通系统的分析和预测往往是结合在一起进行的，预测是重点。分析预测是传统交通规划理论的重要内容，它涉及许多预测技术，其中有些是通用的，有些是交通规划专用的。在交通运输规划理论中，有将上述 3 个问题分开考虑的方法，也有综合起来处理的方法。

6. 方案设计

调查、分析和预测都只是发现问题，最终还需要解决问题。方案设计就是根据交通预测的结果和对现状存在问题的分析，提出可行的交通规划方案，得出交通规划问题的解决办法。交通规划的方案设计与微观层面的设计不同，其着眼点不是单独的一个点或一条线，而是将整个交通网络全盘考虑，是属于主观层面的设计。交通规划方案设计包括交通网络设计和交通枢纽设计两个问题。

(1)交通网络设计的主要问题是：对已存在的交通网络，哪些路段应该增加通行能力？应该提高到什么程度？还应该添加哪些新的路段？新添加的路段应具备多大的通行能力？对尚未存在的交通网络，应该是什么规模、何种形态？一般对一个规划问题可以提出多个规划方案。传统交通规划方案设计，大多是根据个人的经验和感性认识，主要采用定性的方法设计方案，很难保证科学性，使得交通规划的方案设计更像是一门艺术工作，而不是科学技术工作。所幸的是，自 20 世纪 70 年代开始，美国、加拿大等国的一些学者着手从交通网络的平衡分配理论出发，探讨交通网络设计的数学模型及相应的算法，后来得到了欧洲和我国学者的响应，40 年来取得了可喜的成果，基本上形成了一个新的研究方向——交通网络设计。

(2)交通枢纽设计的问题是：如何确定交通枢纽的选址及规模？这里不考虑具体的工程设计，那是属于建筑学和相关工程专业的问题。交通枢纽设计也应该是以数学模型的定量分析为主。

在交通方案设计中，尤其是在交通网络设计中，交通分配是其理论基础和基本组成部分。

7. 方案评价

在交通规划方案设计中可以设计出若干套规划方案,而评价就是用一种适当的数学模型去评价这些方案的优劣,从中选择最优的方案。如果规划方案设计采用的是定性方法,不同的设计者由于其经验和偏好不同,设计出来的方案可能会迥然不同,这时究竟哪个方案最优,必须要用一个建立在定量分析基础上的评价方法加以评价。这时的方案评价尤为必要。如果规划方案设计是采用定量分析方法(如上述的交通网络设计(NDP)),其科学性要强得多,就其模型中所考虑的因素来说,理论上甚至可以保证所得出的方案本身就是最优方案。但是由于在进行数学建模时,不可能将所有的与交通有关的因素都考虑进去,只能考虑其中少数几个主要的因素(如走行费用、时间);另外,有时即使是用上述的定量分析方法得出的解也只是“局部最优解”。因此这样所计算得出的“最优”方案未必就是真正的最优方案,所以还有必要用评价模型加以评价选优。

8. 方案实施过程中的信息反馈和修改

交通运输规划方案的实施阶段往往是一个漫长的过程,需几年甚至几十年的时间,在实施过程中可能会发现问题,也可能会因新情况的出现产生原来预料不到的问题,这些都会导致对原规划方案的修改、调整、更换甚至终止。也就是说,交通运输规划还有一个反馈和修改的过程。因此完整的交通运输规划是一个不断反馈、不断调整的过程。

根据实际情况的需要,交通运输规划方案调整和修改的内容可能包括前面7项工作阶段的任何一个阶段的工作。例如可能是因为目标不太切合实际而需要重新确定目标;也可能是人员配置上出现问题而需要重新组织技术力量。但经常遇到的是需要做补充调查、重新做某些预测工作、修改交通运输规划方案。

整个交通运输规划的工作结构如图 4.1 所示。在这 8 项工作中,交通调查、交通预测、方案设计、方案评价这四项工作是交通运输规划的主要内容,而其中交通预测(交通发生预测、交通分布预测和方式划分)和交通分配与方案设计又是传统交通规划理论的重中之重,所以通常被称为“四阶段预测法”(图 4.2)。四阶段预测法是目前经典的方法,在实际工程项目中获得了极其广泛的应用,为世界公认。有人甚至说传统交通规划就是四阶段预测法,因为四阶段预测法在传统交通规划理论中确实占了大部分篇幅。然而这也正是传统交通规划理论的狭隘性所在。其实,提出科学实用的规划方案才是交通规划最根本的任务,交通预测只是为完成这个根本任务所做的准备工作。而传统的交通规划理论正是缺少对方案设计这个根本问题的研究,因此,传统交通规划理论体系是不完整的。

由于四阶段预测法的局限性，例如明显的阶段划分、小区划分和统计处理等，已经逐渐不能适应信息化、个性化的要求，一些新的方法正在受到人们的重视，例如将上述四阶段或其中某几个阶段组合在一起的组合模型方法，利用断面实测交通量反推 OD 交通量的方法，非集计模型方法以及基于控制理论的方法和基于计算机模拟的方法等。

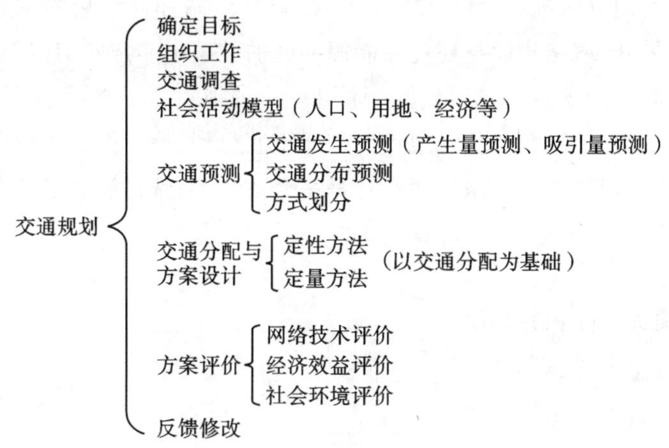

图 4.1　交通运输规划的工作结构

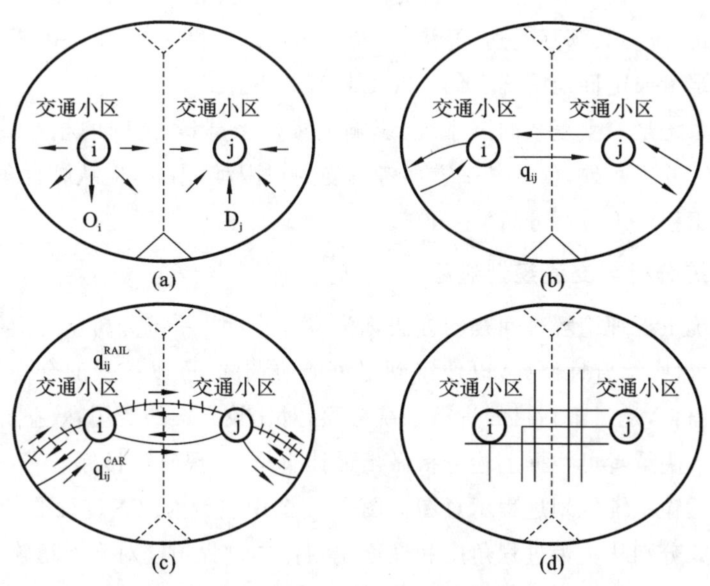

图 4.2　四阶段预测法示意图

(a)交通发生与吸引(第一阶段)；(b)交通分布(第二阶段)；

(c)交通方式划分(第三阶段)；(d)交通流分配(第四阶段)

4.3.3 交通运输规划的过程

1.交通运输系统分析的必要性

一种交通设施(如道路)建设一经完成,轨道、公共汽车、水运、航空等各种交通方式的交通划分状况将会随之发生变化,对终点站和停车场的建设规划也会产生影响。另外,道路建设与环境和能源问题的关系也非常密切。因此,道路交通问题具有以某种观点看已经解决,而用另一种观点看又产生新问题的性质。单从道路交通现象表面看,某一地点的交通阻塞得到缓解,而其他地点又发生新阻塞,这样的实例很多。道路交通本身是一个系统,而且是社会系统中的一个子系统,它必须具备以下 4 个条件:

(1)由多因素组成;

(2)各因素之间相互作用;

(3)具有总目标;

(4)各因素的状态能动态表示。

道路交通系统分别满足条件(1)和(2)。条件(3)是系统存在的目的。但是交通本身并非目的,而是伴随人们出行目的产生的派生需求,因此,对道路交通的整体而言,应使其满足速达、经济、安全等条件。条件(4)表示各因素之间的排列顺序和定量或定性地明确它们之间的相互关系。

交通系统是一个复杂的巨系统,影响因素众多,因素之间的相互关系复杂,各自的利害并不一致,仅从某一方面考虑规划很困难,因此,应从综合角度考虑,应用系统工程理论进行分析。

2.系统分析与交通规划过程

用系统工程理论解决问题的方法称为系统分析。系统分析就是对特定的问题进行系统性、综合性研究,以便得到尽可能协调的、可以接受的合理答案。对交通规划而言,是对规划目的进行系统考察,对比较方案的费用、效益、风险进行定量比较。决策者可根据上述分析做出最佳决策,实现研究目标。

交通运输系统规划过程示意图见图 4.3,图中左侧为决策过程的各阶段。

图 4.3 分别从决策过程角度和交通规划操作过程角度对交通运输系统规划的全过程进行了概括。决策过程的相关主体包括中央政府、地方政府、民间团体、专家学者、一般市民等,其组织形式可能为项目论证会、征询意见会、专业委员会,等等。各步骤的参与者也不尽相同。进行交通规划操作的技术集团也不

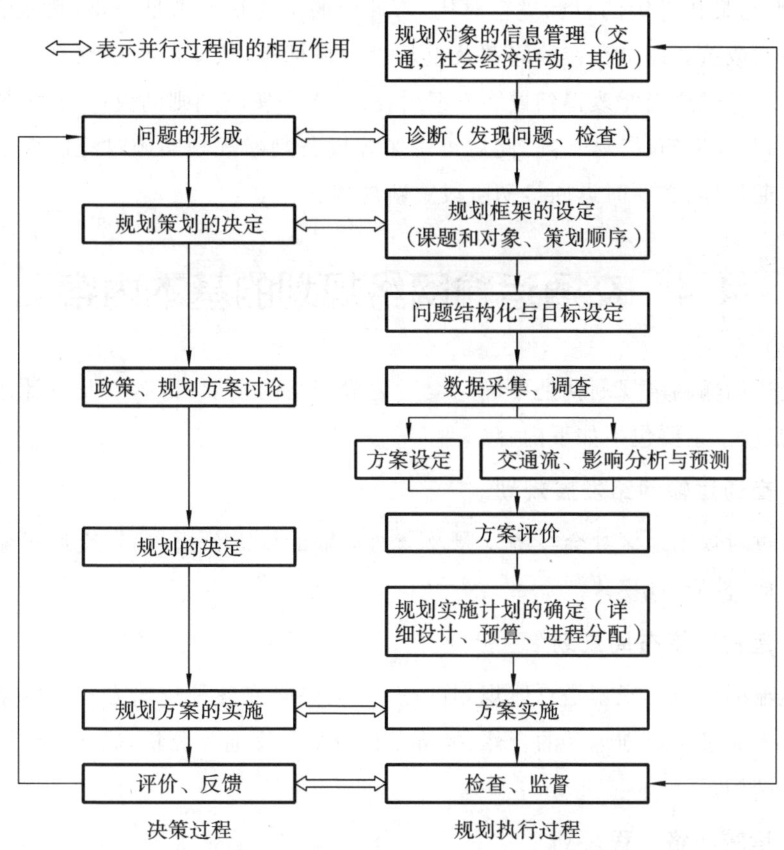

图 4.3　交通运输系统规划过程示意图

仅仅包括负责单位的交通运输规划工程师，一般来说，在不同阶段还要请有关专家、学会、协会等协助共同完成。

首先使规划问题结构化，明确其中的要素及其相互关系，设定规划目标，决定应达到的水平。这一阶段对问题的认识会对规划方案的研讨产生重大影响，因而交通规划工程师应当与决策者共同协商确定。

然后，收集调查分析所需要的追加信息和数据，制定一系列在制度、资源条件制约下可实施的规划草案。这时，一般是参考决策者的意向，并加以技术方面的论证，边协调边制订规划草案。同时，以现状数据为基础，构造社会经济活动模型、交通需求预测模型、方案效果预测模型来预测设定方案的效果及影响，为方案评价准备基础信息。

在交通运输规划方案的评价阶段，应将以现方案为主的各种规划草案的效果、影响与最初设定的目标进行对比，若评价的结论是不满足需要，则需要重新选择方案或重新评价存在的问题及重新设定目标等，从新的角度修订交通运输规划。当经过适当修改得到最终方案后，就可着手实施细则的设计，确定预算与进度计划，并实施具体内容。此后可用监控设备判断规划实施过程的成果是否符合预期目标，必要时返回最初阶段重新规划。

4.4　交通运输网络规划的基本内容

交通运输网络规划就是要确定交通运输网络的发展目标，以及设计达到该目标的过程，主要包括如下内容。

1. 交通运输网络发展规划

通过对规划地区社会经济发展及交通运输的供需分析，确定交通运输网络发展方向、性质、规模。

2. 运输网络布局规划

运输网络布局规划是总体规划的核心，主要研究各种运输方式的网络的空间分布。通过对规划地区的自然、经济条件分析与交通流分析，确定运输网络的布局和结构。

3. 运输网络工程规划

运输网络工程规划是总体规划的重要组成部分，主要研究交通运输网络各项专项工程的规划，是运输网络建设投资的重要依据。

4. 运输网络环境规划

运输网络环境规划是完成规划方案所需的外部条件，包括配套的政策、规定、调控措施以及筹资方案等。上述四部分内容细化的具体工作内容如下。

(1)调查分析社会经济和交通运输网络的现状、发展趋势及其综合评价。

(2)分析预测各种运输方式的技术经济特征和适用范围，预测其客运量、货运量及其流向；确定各种运输方式发展方向与规模；确定规划运输网络的总体布局；确定基础设施的建设规模与建设重点。

(3)设计可行的网络规划方案，通过优化与评价提出推荐方案，并进行必要的综合技术经济论证。

(4)拟定实施规划的总体安排和分阶段建设项目，估算实施规划的建设投资

并提出资金筹措渠道和方式，分析实施规划的条件和保障措施，确定近期交通运输网络发展目标、内容、建设项目。

(5)对规划实施后的效益进行评价。

(6)制定有关的政策法规。

(7)提出配套的运输政策与调控措施。

(8)提出有待于进一步研究论证的重大问题(包括技术、经济、政策等方面)。

交通运输网络规划的基本原则如下。

①交通运输与社会经济发展相适应。

②综合运输网络协调发展。

③交通运输基础设施与运输工具协调发展。

④网络的点、线能力协调发展。

⑤择优发展、经济合理。

⑥近期和远期兼顾。

⑦节约资源。

第 5 章　城市道路交通规划的新发展、新理念

5.1　城市道路设计新理念

随着城市化的进程不断推进，城市发展规模越来越大，为了能够保证城市的可持续发展，在促进城市发展的时候，需要始终坚持创新、协调、绿色的发展理念。为了能够更好地发挥城市交通对于城市发展的作用，城市交通发展理念需要与城市的发展理念相互契合。

5.1.1　城市道路的特点

城市道路主要是由道路、交通以及排水等基础设施所构成的有机整体，与公路相比，城市道路的自身特点比较明显，系统性非常强，具有多种功能，但是城市道路的发展容易受到政策的影响，关注度比较高。经过科学合理规划的城市道路虽然能够减少设计的作业工作量，减轻设计人员的工作压力，降低设计技术难度，但是也会相应增加实际的协调工作量，导致城市道路设计的自主性比较弱。在进行城市道路设计的时候，需要保证始终坚持整体的观念，不能进行孤立式的设计。由于城市道路的功能比较多样，从而为城市道路的灵活设计提供了一定的条件，但是却无法展现城市道路设计的协调性特点。城市道路所包含的基础设施比较多，交通组成的复杂性比较强，因此能够间接地展现出城市道路设计对道路统筹考虑的重要性，在进行道路设计的时候需要做好协调工作，在设计时需要从居民的角度思考问题，坚持以人为本的原则。

5.1.2　当前城市道路设计中存在的主要问题

1. 教条式的设计

在进行城市道路设计的时候，一般会坚持城市规划国家以及行业的标准，但是当前部分城市在进行道路规划设计的时候，并没有从实际情况出发，没有经过思考以及研究便进行城市道路的规划设计，城市道路的设计也偏离了规划和标

准的真正意图，仅仅是进行简单的绘图。

2. 孤立式的设计

在进行城市道路设计的时候，需要结合城市发展背景以及系统的工程进行设计，需要充分考虑建设的时序以及城市道路的使用时期，但是在进行城市道路设计的时候，缺少整体的观念，存在孤立设计的问题。比如所设计的城市道路如果难以与城市路网进行协调，无法达到预期的建设目标，同时设计城市道路使用的周期比较短，设计时所花费的成本比较高。

3. 封闭式的设计

在进行城市道路设计的时候，主要是将室内设计作为主体，容易受到外界条件的影响，因此在进行城市道路设计的时候需要密切关注外部环境，并且与外部环境相互结合。经过调查可以发现大部分的城市道路设计存在脱离实际的问题，所设计的城市道路草图尽管内容非常齐全，但是与实际情况并不符，无法得到有效的落实，无法发挥设计图纸的指导意义。在进行城市道路设计的时候，需要注意规范的更新，如果使用过时的设计，忽视经验的交流，容易使设计与现状并不符合，缺少针对性。

4. 车本位设计

在进行城市道路设计的时候，需要结合多个专业进行综合设计，但是在进行传统的城市道路设计的时候，过多地参考了公路设计的思路，过于重视机动车的交通以及车辆行驶线路的几何指标，却并没有科学合理地分配行人和公交空间的道路权，无法保障行人以及公交的行驶安全。比如所设计的城市道路优先采取压缩人行道或者非机动车道宽度的方式，对机动车道进行扩宽，方便机动车道的运行，但是不利于行人的出行。

5.1.3　城市道路设计的原则

1. 安全至上

在进行城市道路设计的时候，需要始终坚持安全至上的原则，做到安全设计。现如今，随着车辆的不断增多，道路交通事故发生的概率越来越大，因此为了能够保障人们的出行安全，在进行城市道路设计的时候要始终坚持安全至上的原则。

2. 以人为本

为了能够加快城市建设的进一步发展，促进城市经济的发展，需要做好城市道路建设的工作。在城市发展的过程中，城市是主体，而城市的基础公共设施是城市道路，因此城市道路的设计需要服务于城市的发展，满足人们对于出行的需求，因此城市道路设计需要坚持以人为本的原则。

3. 与时俱进

为了能够更好地进行城市道路的设计，促进城市的发展，需要始终坚持与时俱进的原则，在进行城市道路设计的时候，需要结合城市的外部环境，与外界信息进行交流，适当促进设计理念以及设计手段的更新，促进城市道路设计行业的进一步发展。

4. 平衡协调

在进行城市道路设计的时候，需要坚持平衡协调的原则。由于城市道路涉及的内容比较多，影响城市道路使用寿命周期的因素比较多，因此在城市道路设计的时候需要坚持整体观念，注重平衡协调。

5.1.4 发展新时期城市道路设计的新理念

1. 创新设计

(1)恰当运用规划和标准。创新设计首先应基于当前的城市规划和现行的设计标准。规划是建设的纲领，规划引领设计；标准是经验的总结，标准规范设计。然而规划和标准均基于一定的背景，不可避免地存在或多或少的缺陷。教条式设计会使规划和标准的缺陷得到放大，最终通过实施而形象化。如备受关注的城市交通拥堵现象，宏观因素是规划层面道路结构与布局不合理，微观因素是道路几何设计不正确。又如城市暴雨内涝现象，与城市排水系统设计标准偏低及执行设计规范时规范运用不当有关。故应在设计中恰当运用规划和标准。如道路横断面设计时结合两厢用地规划采用不对称布置形式，圆曲线超高设计时考虑与沿线街区的和谐而不采取“一刀切”，交叉口设计时将规划竖向局部调整以使各方向高程最低处不在交叉口范围内等。

(2)积极探索新技术和新材料的开发应用。发展新时期，应积极探索新技术和新材料应用于设计。如将绿色、循环、低碳技术和材料应用于道路设计，大数据和智能交通信号灯系统应用于交通设计，建筑信息模型(BIM)技术应用于管线设计，三维仿真系统应用于设计优化等。

2. 协调设计

城市道路的复杂性决定了城市道路设计的重点和难点是协调设计，而不在

于单纯的工程技术层面,这与其他类型的道路不同。重技术、轻协调是当前设计常态,以至于不少设计因技术难度不大而平庸化,个别设计虽技术优但整体效果很一般。城市道路设计应追求整体最优,尽量做到设计与规划、管理、环境等的和谐,而不仅仅局限于设计自身。

(1)道路设计与自身的和谐。城市道路设计涵盖多个专业,各专业均有相应的技术指标。城市道路设计不但要求各专业内部技术指标间的和谐,如道路专业的平纵组合,还要求各专业间设计观念的和谐,如绿化景观与交通安全。

(2)道路设计与规划的和谐。城市道路设计上承城市规划,但规划侧重于整个规划区域,属于宏观或中观层面的指导,而设计侧重于区域内的某条或几条道路,属于微观层面的实施。因规划和设计侧重点完全不在同一层面,故设计阶段应加强对规划的研究,加强与规划相关人员的沟通协调,争取做到以设计促进规划优化,至少做到设计是对规划的正确具体化。

(3)道路设计与管理的和谐。城市道路全寿命周期中涉及管理部门或单位众多,各管理部门或单位关注内容不同,如投资主管部门关注造价。道路设计应把握好设计原则与各管理部门要求间的平衡,尽量做到设计与管理的和谐。

(4)道路设计与环境的和谐。城市道路设计基于城市背景,应当与城市大环境相协调,如当前政策导向、城市定位、城市发展思路、城市历史与人文等。除此之外,城市道路设计还应考虑与城市路网、沿线的地形地貌、各类设施的协调。

3. 绿色设计

绿色道路是近年来道路建设领域的共识,也是新时期的发展方向。绿色道路是指道路在全寿命周期内,最大限度地节约资源、保护环境和减少污染,为人们提供安全舒适、环境优美、质量优良、出行便利的道路。绿色道路力求道路在全寿命周期内与城市生态环境相协调,是绿色交通乃至绿色城市必不可少的组成部分。绿色道路设计应具备绿色、循环、低碳观念,树立“双优先”设计思路,即优先配置慢行交通、公共交通空间,优先采用绿色、循环、低碳技术与材料。故绿色道路设计同时也是协调设计。

(1)优先配置慢行交通和公共交通空间,即道路设计时首先从步行、非机动车和公共交通需要角度考虑。如道路横断面布置,先根据步行流量和非机动车通行要求确定人行道和非机动车道宽度,再确定机动车道宽度;双向六车道以上道路原则上设置公交专用车道或限时专用车道,双向四车道道路原则上设置港湾式停靠站;道路交通优化确需增加机动车道时,先考虑压缩分隔带宽度和机动车道宽度,尽量不压缩非机动车道和人行道宽度等。

(2)优先采用绿色、循环、低碳技术和材料。目前可用于城市道路的绿色、循环、低碳技术和材料见表5.1,其中部分技术已经成功应用于上海嘉定新城、上海世博园区和天津滨海新区道路,并取得了良好的效益。

表5.1 可用于城市道路的绿色、循环、低碳技术和材料

类别	内容
环保路面	长寿命路面技术、排水降噪路面技术、彩色路面技术、温拌沥青混合料技术、高性能沥青路面材料技术
路面再生	沥青路面再生技术、混合路面再生技术
废弃材料利用	废橡胶或废橡塑、废玻璃、工业碱渣、钢渣、煤矸石、建筑垃圾、废弃淤泥、盐渍土
水资源利用	低影响开发技术、灌溉节水技术、透水性人行道
其他	泡沫轻质土处理软土技术、绿化储碳技术、噪声防治技术、光触媒技术、生态护坡、LED路灯

4.开放设计

(1)设计本身的开放。

首先,设计应重视现场踏勘,积极与当地居民交流,认真对待其提供的信息,如历史洪水位,不能完全依赖规划高程。其次,设计应密切关注外界动态,如政策变化,与建设单位实时沟通,以免设计反复甚至造成不良后果。另外,设计应根据建设时序,注意近远期结合,近期实施工程预留远期改造空间。

(2)"大设计"思路和设计的"外延内视"。

树立"大设计"思路,推进设计的"外延内视"。"大设计"指设计时将道路全寿命周期阶段、相关领域,如建筑设计、建设环境等一并纳入考虑范围,而不局限于道路设计本身。"外延"指积极主动参与、配合规划和标准的编制,以便进一步了解编制思路和过程,更好地理解和应用,而不是"事不关己高高挂起"和被动遵循;"内视"指对已运营的道路及时组织设计回看,通过现状与设计的对比,审视原设计的科学性,总结经验、教训,提高设计水平。

5.共享设计

城市道路设计应坚持以人为本,使城市道路的服务功能得到充分体现,以增强城市主体的获得感。设计中不但应重视城市主体的共同参与,更应具有环保意识、生态意识和生命意识,以"双优先"和人性化为思路,使其出行更健康、更安

全、更便利。

“双优先”设计对减少道路交通的碳排放，改善城市生态环境具有重要意义，为城市主体营造了更健康的出行环境。故“双优先”设计既是绿色设计，同时也是共享设计。人性化设计是精细化设计，注重于设计细节，以使城市主体出行更安全、更便利为目的。如完善缘石坡道、盲道、轮椅坡道等无障碍设施，人行横道偏长时设置过街安全岛，人行道坡道、非机动车道入口增设阻车桩，公交站牌线路信息面背离机动车道，指路标志牌上增添距离信息等。

5.1.5　发展理念摘要

1. 国家层面

按照中央城市建设工作会议的精神，坚持以人为本的城市发展方式，不断提升城市环境质量、人民生活质量、城市竞争力，建设和谐宜居、富有活力、各具特色的现代化城市。开展城市修复、生态修补工作，弥补只顾造城、忽视造市形成的城市问题。加强街区的规划和建设，分梯级明确新建街区面积，推动发展开放便捷、尺度适宜、配套完善、邻里和谐的生活街区；要树立“窄马路、密路网”的城市道路布局理念，提高道路通达性；加强自行车道和步行道系统建设，倡导绿色出行，建设和谐宜居城市，推进以人为核心的新型城镇化。

2. 北京

《北京城市总体规划(2016 年—2035 年)》提出建设以人为本、安全、高效的综合交通系统。以轨道交通和公共交通为主导，优先保障步行和自行车出行，构建“小街区、密路网”的路网体系。塑造高品质、人性化的公共空间。构建层级明确、连续贯通的公共空间体系，深挖空间资源，增加公共空间总量，构建功能复合的公共空间，提升公共空间的品质和艺术性。强调机动车出行顺畅的城市不等于生活质量高的城市，指出城市无限制地摊大饼以及宽马路造成的小汽车依赖才是城市品质的大敌。提出让步行、公交、骑行成为老城区主要的出行方式，行人和自行车才是道路设计的主体。要求把一些拓宽的车行道压缩，给行人留下更宽的空间，把街道建成一个可以让人停留的地方。伴随着居民对美好生活的期待，精心营造，重拾自信，让道路为贴近生活的商业与文化活动创造更好的条件，使更多的人感受美好的城市生活。

3. 上海

根据《上海市城市总体规划(2017—2035 年)》,上海市城市交通建设目标为:建设以区域交通廊道引导空间布局、以公共交通提升空间组织效能,形成“枢纽型功能引领、网络化设施支撑、多方式紧密衔接”的交通网络。构建 15 min 社区生活圈,打造宜居、宜业、宜学、宜游的社区。规划强调对公共空间的要求:400 m^2以下的公园和广场,90%的人 5 min 能够走到广场;加强通勤步道、休闲步道、文化型步道等社区绿道网络建设,打通街坊内巷弄和公共通道,串联地区中心和社区中心等主要公共空间节点,满足人们日常交通出行、休闲散步、跑步健身、商业休闲活动等日常公共活动需求,形成大众日常公共活动网络,创建“婴儿车能在街头任意出现”的良好城市公共空间环境。

4. 重庆

《重庆市人民政府工作报告(2018 年)》指出,努力推动高质量发展,创造高品质生活。发挥轨道交通引领城市发展格局的作用,提升城市品质,让市民生活更美好。依托山城、江城的独特自然禀赋,优化城市立体综合开发,传承巴渝特色,注入现代元素,彰显人文精神,努力塑造现代化大都市山魂之雄、水韵之灵、人文之美。推动主城“四山”“两江四岸”生态及游憩功能建设,实施增绿添园。推进大城智管、大城细管,用心办好与老百姓密切相关的小事、好事、身边事,让这座城市更加干净、整洁、有序,更加宜居、宜业、宜游,让市民生活更便捷舒心。

5. 他山之石

纽约:简·雅各布斯认为,城市就像大自然的生态系统一样,是由许多细微且复杂的关系所组成,尽管它常常有着混乱的表象。其理念的核心是以人为本。城市不属于建筑,不属于马路,不属于汽车,而属于行人和市民。曼哈顿这样一个极度繁华的地方,同时也是一个极度适合步行的地方,每一个置身其中的人,都能切身感到舒适和幸福。在路边走累了,可以坐在台阶上休息一下,或者走到路边的小公园里,在长椅上坐下来。无论坐在哪里,你会感觉到这个城市是欢迎你的。

伦敦:人与车共享的展览路,成为 21 世纪城乡街道改造的范例。走在这条没有警示牌、没有红绿灯、没有路缘石、没有护栏与路障的路上,是一种全新的体验。道路呈现一个宽敞、平坦的“共享空间”,行人、自行车、汽车彼此之间没有隔离物。人行道比原来拓宽了一倍,可以容纳更多行人,压缩了车行道并限制了汽车速度。改造后的展览路改变了原来的脏乱形象,其以人的体验为中心的设计理念引起了人们极大关注。

5.2　城市智慧道路

党的十八大以来，我国城市建设的核心目标是要推进城市治理体系和治理能力现代化，要建设以人民为中心、人民满意的现代化城市，要求不断提升城市治理的科学化、精细化和智能化水平，让城市运转得更聪明、更智慧。作为公共空间的重要组成部分，道路和街道不仅承载了大城市中每天超过千万人次的绿色出行，更承载着市民活动、休憩、交往等多元诉求和对生活的美好向往。高品质的道路和街道，是彰显文化底蕴、特色气质的城市名片，事关每一位市民的安全、健康和幸福。以街道治理提升出行体验、打造活力街区，是落实以人民为中心、高质量发展的关键建设举措。近年来，随着国家大力发展智慧城市、新基建，街道建设与物联网、大数据、车路协同、人工智能等先进技术深度融合，衍生出一系列智慧道路应用场景需求。

5.2.1　智慧道路内涵

5.2.1.1　智慧道路定义

在当前车路协同、人工智能、物联网等创新技术的驱动下，车与路的关系正在被重新定义，传统道路正在变聪明，传统道路环境正在被重构，向数字化、电气化、集成化的方向发展，为交通出行提供更安全、更高效、更多元的信息服务。

基于智慧道路的特性，我们将其定义为：通过应用 5G、大数据、人工智能、物联网等新一代信息技术，建设感知、计算、管控、诱导和服务设施，实现交通环境的“全息感知、在线研判、一体管控、全程服务”，致力于改善公众的出行体验，提升政府的治理能力。

5.2.1.2　智慧道路建设的必要性与重要性

随着城市发展进入以精细化调控为主的“存量”阶段，以基础设施建设满足不断增长的出行需求的发展模式难以为继，需要持续强化智慧化手段在设施效率效能提升、出行方式结构优化、安全水平提升、城市活力提升等方面的作用，以推动城市可持续发展。

1. 以智慧化手段提升道路基础设施效率效能

当前，大城市交通基础设施建设已进入下半场，交通基础设施建设基本稳定。随着高密度超大城市土地资源日益紧缺，交通基础设施建设面临空间紧约束的困境，道路交通发展逐步进入以“存量优化”为主的新阶段。大城市受空间资源约束日益严重，城市建设用地趋紧，城市基建集中建设已过高峰期，逐渐进入基础设施建设平稳运行、存量挖潜的阶段，道路里程每年增速约为2%（图5.1）。

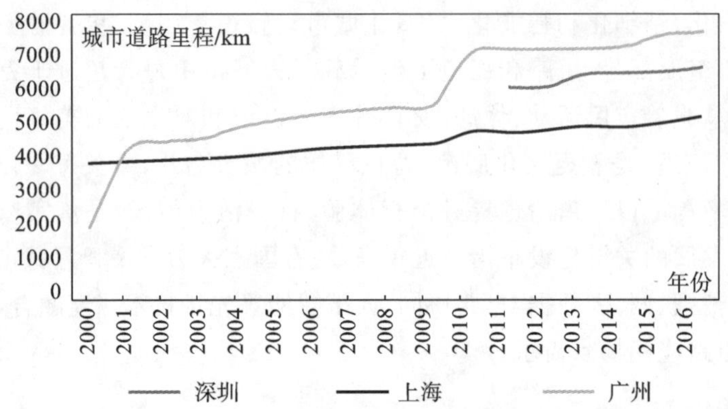

图5.1　国内主要城市道路里程(不含公路)变化情况

与此同时，道路交通运行效率面临持续下降的挑战。以深圳为例，2011—2019年全市高峰时段平均车速分别如图5.2所示。参考国内外世界级城市的交通治理经验，为保障社会经济运转效率，高峰时段路网平均车速目标阈值需要维持在25 km/h以上。亟待探索全新技术手段，提高路网性能和资源利用率。在路口、车道实施智慧精准管控，精细化提升道路资源利用率和运行效率，是超高密度城市新时代交通发展诉求下的必然选择。

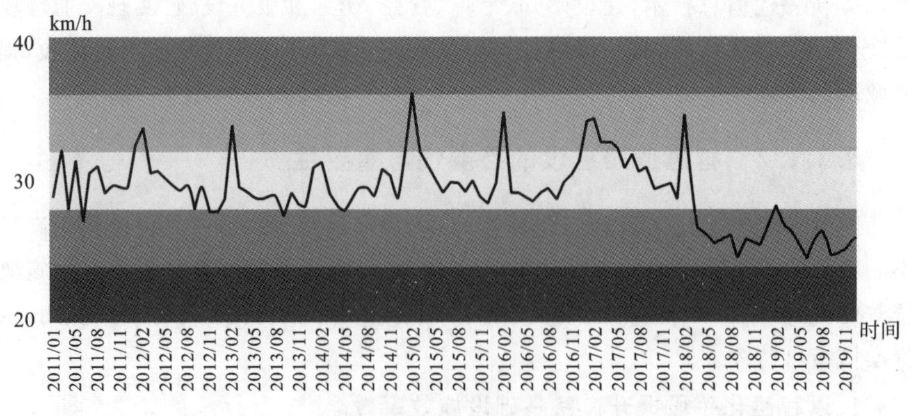

图5.2　深圳市历年全市高峰期平均运行速度

2. 以智慧化手段提高绿色出行方式的吸引力

在城市基础设施建设阶段，随着城市轨道交通等重大基础设施的陆续建成，公共交通分担率呈现逐年上升趋势。但进入“存量”发展阶段后，小汽车出行比例逐步维持稳定，公共交通分担率提升进入瓶颈期，基础设施建设和需求管理政策等手段难以进一步发挥方式结构调整的作用（图 5.3）。亟待利用智慧化手段，精准匹配市民的出行需求和出行服务，赋能公交优先发展战略，提升地面公交服务水平与吸引力、精细化匹配轨道交通运能，吸引小汽车出行向公共交通转移，实现交通方式结构优化。

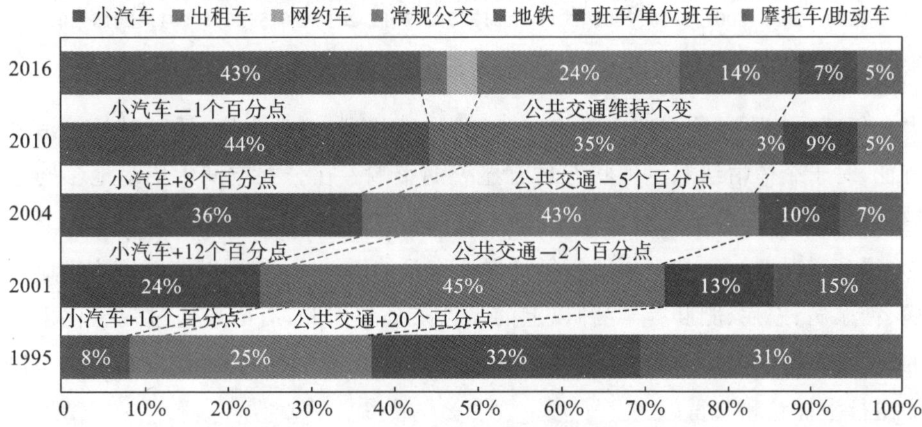

图 5.3　深圳市历年机动化出行方式结构比例

3. 以智慧化手段营造更安全安心的出行环境

道路交通安全问题仍然是困扰我国大部分城市的关键问题之一。应对道路交通安全问题，在不同的城市发展阶段应有差异化的策略措施。以深圳市为例，在交通基础设施建设阶段，为破解交通事故死亡人数持续上升的问题，深圳持续开展交通整治行动，通过传统交通改善措施，大力推广“电子警察”、卡口、铁骑等新型执法设备，实现交通事故数量大幅下降，道路交通万车死亡率从 2005 年的 11.79 下降至 2019 年的 0.77（图 5.4）。进入存量发展阶段后，则重点应用视频 AI、大数据监管等智慧技术，并结合新技术积极探索新的治理手段，交通事故数量、万车死亡率取得持续稳步下降，接近伦敦等世界发达城市水平。

4. 以智慧化手段打造充满活力的高品质空间

对标伦敦、新加坡等全球标杆城市，我国大部分城市的街道在空间活力和魅

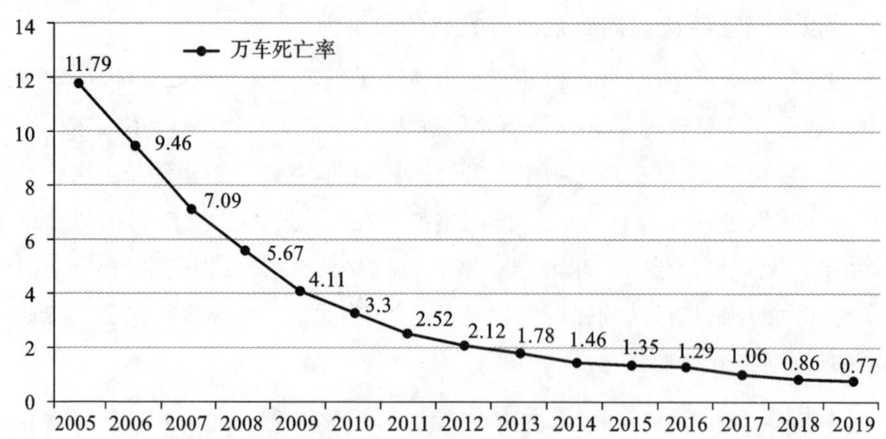

图 5.4 深圳市历年交通事故死亡率

力上仍存在较大差距。国内外研究表明,活动类型、活动强度、活动时长等活动特征,对于个体情绪和生理状态具有显著的影响。在公共空间中更多地参与组织、合作、交流等各类社会活动,有助于改善心理健康,减少各类反社会和犯罪行为,提升市民安全感和幸福感。每日保证充足的活动时间,可以有效预防心血管病、糖尿病、癌症、肥胖等20种以上的慢性疾病。因此,有必要通过智慧化手段的赋能,丰富街道活动类型、提高活动强度、增加街道活动时长,提升每一位市民的出行幸福感和获得感。

5.2.1.3 智慧道路建设的愿景与目标

智慧道路是人工智能、物联网等技术发展潮流下城市基础设施建设的必然选择,是集交通管理和信息服务于一体的高品质道路新基建。智慧道路的发展建设,将助推交通运输系统实现感知、管控、服务和数据四个体系的转变。感知体系从“单一性、碎片化”向“集约式、一体化”转变,管控体系从“被动响应”向“主动调控”转变,服务体系从“通用性、片段式”向“综合性、在线化”转变。

智慧道路建设的愿景,不仅仅围绕政府决策和“交通大脑”建设集中发力,而是重点聚焦“为市民提供全过程的、伴随式的智慧出行服务”,全面改善人民的出行体验。具体围绕出行效率显著提升、方式结构更加绿色、安全保障不断增强、活动体验明显改善四大目标,提供全过程、伴随式的出行服务,并通过智能计算云平台的构建,实现对各类交通数据的长期动态监测,为后续精细化治理提供支持。

5.2.1.4　城市智能道路的发展需求

当前随着城市化进程的不断发展，城市中的交通、能源和土地之间存在很多的矛盾，同时随着城市人口数量的不断增加，城市交通压力在逐渐增大，出现严重的堵塞现象，给城市道路的实际运行造成很大的影响，交通运行效率也严重下降。同时城市车辆的增多，导致城市交通污染现象越来越严重，需要进一步对城市道路发展进行规划。

智能道路的发展需求包含以下方面的内容：①对道路中的各种设施性能进行了解，能够为道路设施的评估和后期养护提供大量的数据资料；②智能道路设计要给驾驶人员提供相应的服务，包括道路实际施工情况和路面的实时情况，能够为车辆提供相应的定位和指引服务工作，确保车辆在行驶过程中的安全。在智能交通运输系统中，提高定位、预测和预警系统准确度，有效确保车辆行驶的安全和可靠。在智慧道路交通系统中，智能道路的建设是一项十分重要的基础设施建设，智能道路的建设是为了对道路设施进行智能化管理，通过智能化构建和维护，有效完善城市智能道路工程的建设，满足当前城市道路交通的实际需求。

5.2.1.5　城市智慧道路交通规划遵循的原则

(1)交通的平等性原则。在交通的规划系统中，所有的参与者都是公平的，都享有对交通系统的公平占用权，不同的交通方式的效率也是不同的。根据道路交通的实际需求，对结构进行优化和改进，做好道路交通网络的科学合理配置，不断完善对道路交通的构建。

(2)注重保护弱势群体。道路交通的规划建设，遵循的是“以人为本”的设计原则，其中的重点内容就是注重对弱势群体进行保护。智慧交通的规划，需要首先将人的安全放在第一位，有效确保人身安全，注重对弱势群体的保护。

5.2.2　城市智慧道路的规划策略

5.2.2.1　注重公交优先的设计原则

在城市道路系统的设计过程中，为了解决道路拥堵的问题，需要提倡公交出行，限制城市中私家车每天的出行数量，进一步提升城市公交的地位，能够在一定限度上减轻城市大气污染,城市公共交通的使用者都平等享用公共交通的便利。

(1)公共交通呈现多层次,能够满足不同层级的需求,有效提升公共交通的整体服务能力。目前,在城市化进程的不断发展过程中,有轨交通也呈现快速化的发展趋势,在地面上主要是以公交作为主导,其他交通作为辅助,能够形成一种比较和谐的城市交通体系。

(2)建立公共交通专属路权。在城市公共交通道路的规划中,需要规划出专门的公交车道,公交车辆则拥有的是使用权。针对公交车辆的设置,多是建立在客流量相对较大的区域范围,势必会对其他车辆的行驶带来影响,但是如果公交车道设置在繁华的交叉路段,其所能发挥的效果不大,也很容易发生交通事故。遵循道路交通规则,公交信号要优先,公交通过的绿色信号灯要延长,有效发挥公交车道自身的作用。

(3)确保乘客换乘的便利性。针对公路交通枢纽路段,在对乘客等待区域进行设计时,需要将乘客换乘的空间考虑在内,确保整个路段设计的合理性。安排好车辆在同一时间停经的时间表,能够对乘客换乘等待时间进行合理安排。另外,需要给乘客提供准确的公交线路,方便乘客乘车,还需要针对一些大型地铁中转站和火车站设立停车地点,为人们的出行提供更多的便利。

5.2.2.2 城市道路交通慢行规划

在进行城市道路交通规划和设计中,最环保的出行方式是自行车和步行,也是一种健康的出行方式,但是城市道路交通规划设计,并没有将自行车和步行的道路设计考虑在内,有的道路被设计成混合式的交通形式,导致交通事故频发。

(1)在对非机动车道路的规划中,需要做好隔离和分流工作,各部分的路段位置需要做好相应的防护工作,以防发生相互之间的碰撞。同时在大型公共场所附近,要做好对机动车和非机动车的分开管理,非机动车道不能被强行占用。另外,在交叉口位置需要科学合理安装左转信号灯,以利于非机动车辆的左转行驶。针对停车的规划,要对地下空间进行科学化布局,针对自行车的停放专门设置相应的停车地点,确保对道路的整体有效布局。

(2)行人道路交通的规划。一是在进行行人道路交通的规划过程中,需要确保行人道路满足人们的正常通行需求,而且在进行交通管理的过程中,防止各种

车辆占用人行道，要时刻为行人提供便利的通行条件。二是设计行人过街道路，主要是对斑马线和地下通道设施的设计，在通道的选择方面，需要根据行人的流量情况做好科学合理的布局，还需要将公交换乘的地点和时间设置考虑到其中，同时在斑马线道路周围做好视距的合理设置，种植较低的绿植，防止影响视线，有效确保行人能够安全通过。

(3)对行人交通安全设施的布置。要对行人过街的指示标识进行有效设计，要标识鲜明，能够防止行人有不遵守交通规则的行为，同时设置比较安全的交通设施，如设置护栏，将人行道与车辆道路隔离开，有效确保行人出行的安全。

(4)增强道路交通秩序管理。要对行人和驾驶人员的行为进行规划，对交通秩序的规范化管理需要充分调动大众的力量，增强人们在交通秩序方面的安全观念，有效提高人们出行的安全性。

5.2.2.3　城市智慧道路交通安全规划

城市中的交通流量比较大，需要在通常的情况下，做好各部分细节的智能化设计，其中社区道路和城市支路交叉口的位置需要做好相应的设置，出入口位置实行单行道通行，有效加强对交叉口的控制，确保人们能够在交叉口的位置安全通行。另外，要做好对速度方面的管理，在道路上设置减速带，主要针对的是社区道路和城市支路出现的居住地点，对减速带的宽度要求相对较高，主要是能够对车速有所限制。同时交叉口、人行横道的扩宽需要相互配合，不能使用在人流比较密集的路段，有效确保城市道路通行的安全和顺畅。

5.2.3　智慧道路技术架构及建设技术路线

5.2.3.1　智慧道路技术架构

智慧道路技术架构需立足城市交通治理与出行服务需求，同时依据城市智慧道路建设规模和技术发展趋势进行选取，因智慧道路具有前端物联设备量大、业务数据需求大、应用部门繁多、功能应用复杂、实时性要求高等特点，其技术架构宜采用“云—边—端”的架构。

通过依托多源传感技术、边缘计算技术、大数据云计算技术，构建全域物联网设备统一接入与一站式管理和服务。搭建智慧道路平台提供云服务，以智慧杆、综合数据仓和智慧公交站作为边缘计算节点，实时采集前端设备数据，智慧道路平台汇聚的数据，可通过市级大数据中心共享给其他部门，实现与道路管理相关部门的业务系统联动(图 5.5)。

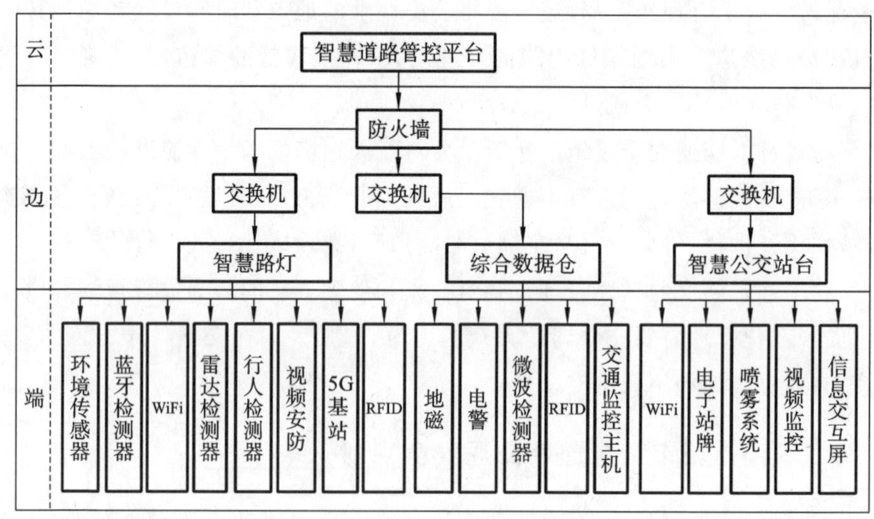

图 5.5 智慧道路技术架构

5.2.3.2 智慧道路建设技术路线

为打造高效、绿色、安全、健康活力的智慧道路，在充分吸收了国内外城市街道治理经验的基础上，提出了“数据驱动的智慧道路规划设计”的技术方法，包含两方面的突破：一是在数据采集与活动需求观测阶段，建立了相对完整的技术方法体系；二是基于智能计算云平台，对规划目标进行长期动态监测，实现街道治理的科学化、精细化和智能化(图 5.6)。

5.2.4 智慧道路关键技术

5.2.4.1 数据观测及感知技术

数据观测体系方面，为了把握道路上不同人群、不同类别的活动需求，全时空、全方位、细颗粒度感知居民活动特征，需要多源异构动态数据作为支撑。围绕出行效率、方式结构、交通安全、活动体验四方面，构建智慧道路数据观测及感知体系，不同类型的数据指标需要依托不同的感知设备、数据来源或调查手段进行采集(表 5.2)。

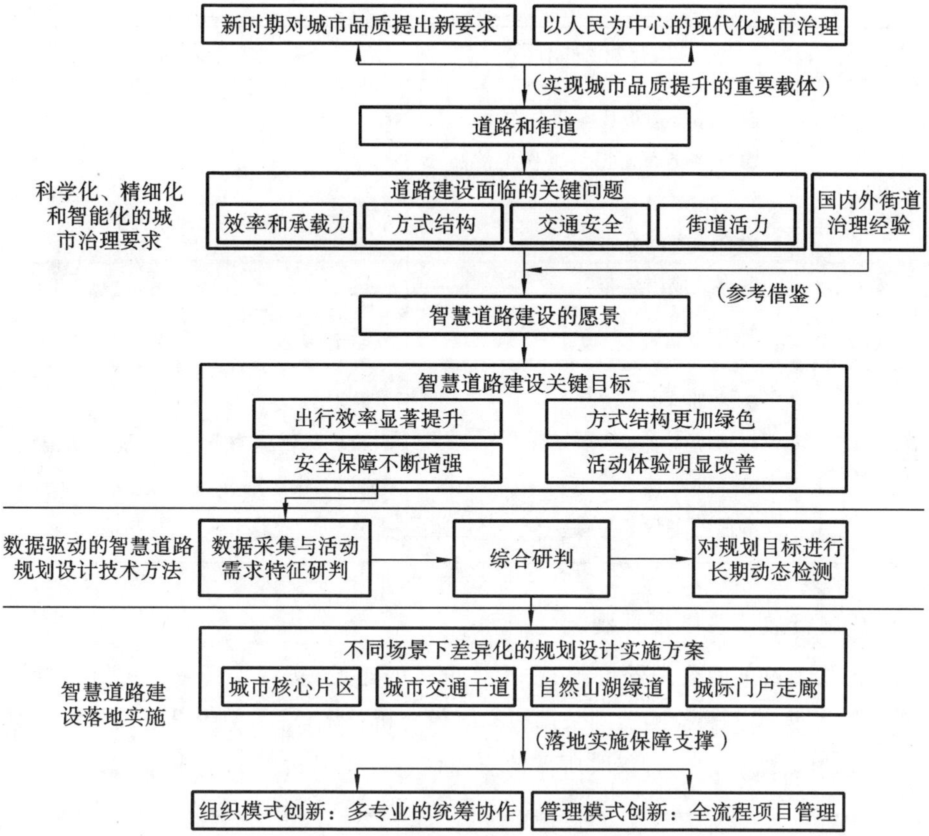

图 5.6　智慧道路建设技术路线图

表 5.2　智慧道路数据观测及感知体系

指标类型	关键观测指标	数据来源
出行效率	●路段/车道平均车速 ●进口道车辆排队长度、停车次数 ●红灯等待时间	地磁、广域雷达、视频车辆检测器等
方式结构	●全方式/机动化出行方式结构	居民出行调查
	●出行需求 OD	居民出行调查、手机信令/位置数据
	●公交出行效率（与小汽车竞争力）	公交 GPS 数据、公交 IC 卡刷卡数据、百度地图 API 步行导航数据

续表

指标类型	关键观测指标	数据来源
交通安全	●道路交通事故空间分布 ●道路交通死亡与重伤事故路段分布 ●事故时间分布 ●事故成因分布 ●事故伤害主体分布	高清电警等设备、事故统计数据
活动体验	●活动类型 ●活动强度 ●活动时长 ●活动出行幸福感	市民意愿调查问卷、完整活动链调查、连续视频观测、照片拍摄

1. 出行效率关键指标观测

通过视频车辆检测器、广域雷达等设备的布设，实现出行效率关键指标观测。其中，视频车辆检测器则采用视频图像分析技术，对图像中设定的检测区域内的运动物体进行检测，获取所需的交通信息。摄像机具有多车道视频实时分析及计算功能，可以提供车流量、车道平均速度、车头时距、车头间距、车道时间占有率、车道空间占有率、车辆类型、车辆排队长度、交通状态等交通数据，还可以通过车牌识别和轨迹分析实现出行需求特征的获取。此外，视频监测器还可以进行人的检测，通过对行人规模、轨迹的捕获实现对行人的管控。而在拥堵问题的路口，布设广域雷达车检器，采集进口道车辆排队长度、停车次数、红灯等待时间、多断面平均车速等数据。广域雷达路段单功能检测器是对城市道路路段处的交通流状况进行检测，通过对交通流的参数进行检测，可为交通信息处理系统提供精确的交通参数，为交通管控者的城市交通决策提供数据依据，也可通过交通信息发布系统进行发布，起到缓解交通拥堵的目的。

2. 方式结构关键指标观测

全方式/机动化出行方式结构、出行需求 OD、公共交通（常规公交＋地铁）出行效率等关键指标的观测与甄别，通常需要用到居民出行调查、手机信令/位置数据、移动支付、公交 GPS 数据、IC 卡刷卡数据、互联网地图 API 步行导航数据等不同数据。全面了解公共交通乘客的出行时间和空间分布特性，掌握乘客

出行规律，能够为方式结构优化调整提供依据。方式结构关键指标观测的核心是掌握不同类别乘客的出行需求与完整活动链，传统方法一般通过居民出行调查、跟车问卷等调查获取公交出行需求数据，该方法投入大且精度低。为提高公共交通需求特征分析精度，运用海量行业数据，包括视频监控数据、IC 卡刷卡数据、GPS 车辆定位数据等，挖掘各类数据间内在联系，进而推算出公交 OD 矩阵。同时借助模块化编程技术，快速完成从原始数据到目标结果的自动化处理，从而实现快速构建公交模型。

3. 交通安全关键指标观测

利用高清电警等设备、事故统计数据，实现交通安全关键指标观测。针对道路交通安全事故提出交通安全治理对策，需要准确把握事故发生的特征、厘清事故发生机理，这些特征包括事故发生空间分布、事故发生时间分布、事故的严重性分析、事故致因分析等。其中，事故发生空间分布可细分为事故在不同区的分布情况、在不同类型路段的分布情况、在不同节点的分布情况；事故发生时间分布可细分为事故在不同季节的分布情况、在白天与黑夜的分布情况、在不同时段的分布情况等；事故的严重性分析包括事故受伤害主体分布、事故致死率分析等；事故致因分析包括事故责任主体分析、驾驶员肇事原因分析等。

4. 活动体验关键指标观测

活动类型、活动强度、活动时长、活动出行幸福感等活动体验关键指标观测，需要依托扬·盖尔的城市公共空间和公共生活质量调查方法，开展大规模的街道活动观测和市民意愿调查，为人群、活动类别和需求层次的细分提供定量支撑（图 5.7）。一是通过市民意愿调查问卷、完整活动链的出行幸福感调查，系统了解市民在街道上曾经参与过哪些活动、活动过程中的感受，以及哪些活动未能得

图 5.7　活动体验关键指标观测方法

到满足,通过调查,进一步明确公共空间改善的目标方向。二是进行连续视频观测和影像照片拍摄,基于影像数据采集和人群画像,观测市民在街道上休憩、遮阳打伞和问路等行为,为座椅、风雨连廊、信息标识指引等街道设施在空间上精细化布局提供依据。

5.2.4.2 综合研判与管控技术

在各类数据观测及感知的基础上,针对交通治理的长期性诉求和实时动态调控等及时性诉求,分别建立支撑城市生长中长期推演的"慢脑"和交通事件实时响应的"快脑"两套体系。"慢脑"的作用是对土地利用、人口岗位、居民活动、交通方式结构等进行模型仿真,推演城市宏观的中长期变化规律,为优化智慧道路建设提供依据。"快脑"则是采用在线仿真技术,围绕交通运行状态动态评估、拥堵事件敏捷预测、人流应急疏散等场景,进行中微观的短期预测,支持颗粒度更精细、响应速度更敏捷的交通调控。"快脑"构建过程中,涉及拥堵事件敏捷预测、智慧公交地铁协同运营、人车感应控制、人流预警与应急预案优选等关键技术(图 5.8)。

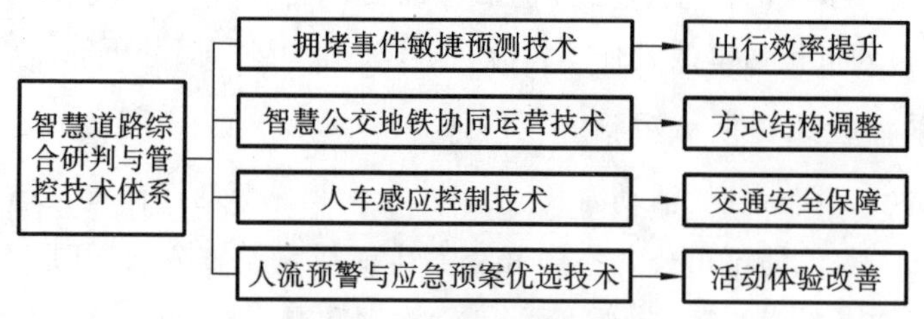

图 5.8 智慧道路综合研判与管控技术体系

(1)面向出行效率提升的拥堵事件敏捷预测技术。通过车道级仿真预测评估交通事件产生的影响时空范围,采用信号联控、分级诱导,同时联动交警"铁骑"第一时间到达有效的"疏解节点",提高事件处理效率。

(2)面向方式结构调整的智慧公交地铁协同运营技术。通过协同调度常规公交、定制公交、地铁及微循环巴士,合理调配运力、分配客流,实现综合治堵。

(3)面向交通安全保障的人车感应控制技术。在灯控路段过街安装行人检测器,实现"车多放车、人多放人"感应控制,同时安装智慧道钉,提升行人交通安全警示。为增强对行人安全过街交通意识的宣传教育,在路段过街位置安装行人过街安全智能警示系统,通过行人检测器与信号控制系统对接,当检测到行人闯红灯时,智能广告灯箱将发出刺耳的汽车制动声,提醒闯红灯的行人,达到交

通安全宣传教育的目的。

(4)面向活动体验改善的人流预警与应急预案优选技术。基于视频 AI 与互联网大数据融合，即时触发预警，将人流疏散的需求分配到站点、线路及慢行路网，对地铁、公交运力资源做出合理配置，通过区域的慢行屏、站台信息屏、灯杆信息屏、广播等渠道实现智能疏散指引。

5.2.4.3　评估与闭环治理技术

评估与闭环治理，最重要的是实现对各类道路上的各类交通数据的长期动态监测，为后续精细化治理提供支持。需要引入城市生长管理的理念，依托新基建形成交通综合管控的“智慧城市交通大脑”，实现复杂环境的城市道路交通情景再现、预判与多交通方式的协同精准调控，建立大城市生长完整观测体系，形成多维度、高频次的城市活力治理评估闭环。依托长期的动态数据积累，在街道治理前、中、后，分别对出行效率、方式结构、交通安全、活力体验等关键指标进行持续观测，来评估街道空间、活动场所和出行服务是否能够贴合市民的多样化需求，以此形成数据闭环评估常态化机制，为城市提供长期、稳定、优质的品质服务。

5.2.5　智慧道路应用场景

智慧道路将新技术与交通出行需求深度融合，为城市交通治理和交通出行服务提供丰富的应用场景，缓解市民出行的拥堵情况，改善公众出行体验。经实践分析，智慧道路应用场景主要体现在一体化出行、运行效率提高、公交服务升级、慢行交通体验提升、交通安全改善等五个方面。

5.2.5.1　一体化出行应用场景

基于智慧道路平台对轨道、公交、共享单车等多源数据进行融合分析，并以 MaaS 小程序为服务接口，为不同需求场景下的出行者制定最佳路径及换乘方案，实现全链条一体化出行服务。

(1)轨道接驳按需响应公交。面向轨道接驳需求，开行基于预约的按需响应公交线，实现轨道＋公交无缝衔接的出行体验，减少轨道出行最后一公里 2/3 的出行时间。

(2)轨道疏运点对点精准公交。面向轨道疏运需求，检测轨道进站客流及排队信息，融合轨道历史客流数据，精准识别出行需求，在客流高峰开行点对点公交，MaaS服务快速预约，大幅减少出行时间。

(3)MaaS全链条出行服务。针对片区公交线路层级与出行距离的错配问题，积极支持定制巴士、需求响应巴士、电动汽车分时租赁等服务的多元化包容发展，打造高效率、全息化、可探索、优秩序的绿色出行服务完整体系，提升交通出行服务与城市生活服务水平(图5.9)。

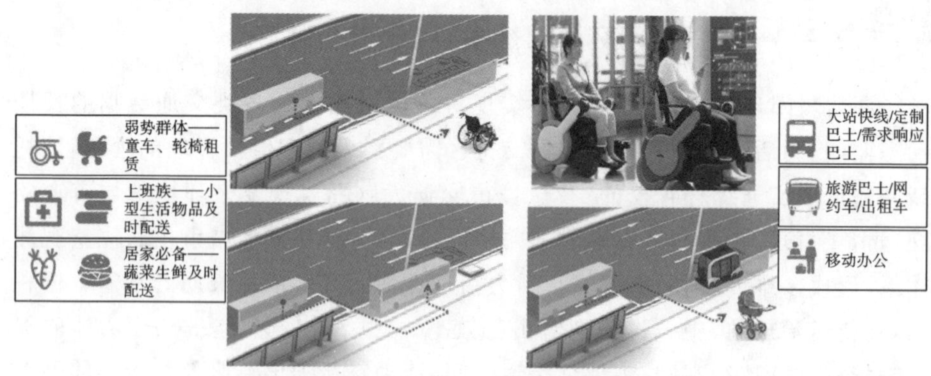

图5.9　需求响应巴士服务

(4)路外停车泊位预约服务。通过平台打通数据壁垒，实现区域路内外停车泊位动、静态数据“一张图”；将路内停车泊位、经营性停车场泊位及公建配建停车泊位纳入预约管理，引导建立主动出行管理的习惯，促进小汽车使用从“任性、低效”向“主动出行管理”转变；对接地下停车场导航系统，实现室内外导航一体化，实现支付、导航切换“双无感”。

5.2.5.2　运行效率提高应用场景

针对不同道路的交通需求特征，在路口完善车流和人流感知设备，实时采集道路运行数据。通过改造智能信控设施，应用AI信控算法，同时结合交通组织优化，实现拥堵防溢控制、主路优先控制、时空一体化管理、慢行过街感应控制，提升路口运行效率。同时建立道路规划、设计的客观评价体系，分析制约交通高效运行的因素，有针对性进行优化。

(1)拥堵防溢控制。针对常发拥堵交叉口，优化路口的控制时段及配时方案，减少停车次数与排队长度，减少高峰时段车流积聚，缓解路段排队压力。

(2)主路优先控制。针对主路与支路相交的节点，通过停车标志与让路标志等提高交通量大的主路的通行优先级，降低交叉口的平均延误及提高通行能力。

(3)时空一体化管理。对于交通运行处于过饱和状态的路口，信号控制优化

效果十分有限。对此，可从空间上进行调整，利用动态标线、预信号等技术，通过动态车道划分、动态交通组织的方式进行时空一体化的管理，提升效果比单一信号控制更好。

(4)慢行过街动态管控。对于行人过街时间长、等待次数多的问题，可通过导入过街特征来实施动态管控，实现过街效率最大化。在过街节点配备红外行人检测器、行人按钮，基于智慧杆视频 AI 识别行人过街聚集，并协调信号灯放行(图 5.10)。可根据早晚高峰、平峰、夜间等不同时段的行人过街流向，实施“慢行轨迹跟踪”“慢行绿波”等控制策略，降低行人过街平均等待时间。

(a)

(b)

图 5.10　慢行过街动态管控场景

(a)基于等待区检测的慢行过街；(b)基于斑马线检测的慢行过街

5.2.5.3 公交服务升级应用场景

针对公交服务不均的片区，提供面向商业、娱乐、文化等多元化出行服务，营造友好的公交出行环境；应用智能网联新技术，提升信息服务的时效性和精准性，提升公共交通对广大市民的吸引力。

(1)智慧公交站台。建设智慧公交站，以交通微枢纽的理念，集成报站 LED 屏、触摸交互屏、USB 充电、WiFi、冷雾等服务设施，向市民提供便捷的公交信息服务及舒适安全的空间体验(图 5.11)。基于视频 AI 分析实时采集站台客流量，精准检测车辆到站时间，为公交线路优化、车辆调度提供数据支撑，助力打造贴合需求的公交运营服务。

图 5.11 智慧公交站台场景

(2)车路协同精准公交。以智慧杆为载体，在道路公交运行关键节点布设 5G 和车路协同设备，实现路口感应设备和公交的高速通信，根据每辆公交的实时位置、速度信息进行精细化的动态信号调整及公交车速诱导，提高线路准点率，提升公交服务水平。远期随着智能网联公交技术的发展，网联公交车可与路口信控设施协同联动，根据信号相位以及前后车间隔，自动控制车速，实现精准公交服务体验。

5.2.5.4 慢行交通体验提升应用场景

面向步行、骑行过程中的出行不顺畅问题，通过建设智慧设施，提升慢行交通体验的便捷性和舒适性。

(1)立体化步行 AR 导航。针对错综复杂的地下空间，基于 WiFi、蓝牙等室内定位技术，在 MaaS 小程序中构建立体化步行 AR 导航，为行人提供轨道乘

车、办公指引、餐饮服务信息，满足地下交通、商业、文创、娱乐等多种步行需求。

(2)自行车立体过街。针对自行车上天桥困难的问题，建设天桥上坡助力设备，提高自行车、电动车过街便捷性。设备带有机电设备和卡槽，上行时自行车可以直接放上去，人走上去；下行设置阻力装置，提高安全性。

(3)智慧绿道。面向绿道慢行需求，在沿线建设智慧杆、公共服务亭等设施，基于智慧杆可变信息屏实时发布当前位置、路线、天气、空气质量、出入口、服务亭等信息。通过智慧杆视频 AI 分析采集绿道进出行人与自行车数量，动态识别应急事件，实现公共安全监控与预警。基于智慧杆设置应急报警按钮，通过 AI 语音交互技术，为行人提供安全保障。

5.2.5.5　交通安全改善应用场景

针对人车、车车冲突点，通过智慧手段增强限速管理、安全警示、执法监管，提升市民出行的安全体验。

(1)动态限速管理。实施动态限速管理，降低道路安全隐患，提升道路资源的可调控能力。针对具备商业、娱乐、文化等综合性多元化服务的片区，采用“动态限速管理”的超前理念和先进技术，将所有道路的限速标志升级为动态限速标志，实施“进入区域→区域内通行→接近目的地”的逐级降速，兼容未来分时段、分区域的动态限速管理，以慢行需求特征为导向，对道路空间和路权进行动态管控。福田中心区动态限速应用场景见图 5.12。

图 5.12　福田中心区动态限速应用场景

(2)行人过街安全警示。针对行人过街不守法、车辆不礼让行人等问题，实施行人过街安全警示措施，提升过街安全指数，在路口布设新型“地面红绿灯”装

置，提高过街行人的注意力；在学校、医院周边路口，实施"步态和行为识别"AI技术，检测老年人、儿童过街需求，自动延长清空时间，提高安全指数。

(3)交通违法全程监控。以智慧杆为载体，挂载交警的执法设备，实时监控路内车辆运行情况，对道路全线实现超速、违停、压实线、跨线行驶、套牌等交通违法行为的全程监管。

(4)智能网联碰撞预警。基于红外热感成像、视频AI分析等技术实时感知行人过街信息，并即时推送给智能网联车辆，实现碰撞预警。基于WiFi、蓝牙等室内定位技术，在MaaS小程序中构建立体化步行AR导航，为行人提供轨道乘车、办公指引、餐饮服务信息，满足地下交通、商业、文创、娱乐等多种步行需求。

5.2.6 城市智慧道路应用实践

深圳在智慧道路方面开展了大量的探索和实践，侨香路、红荔路、福田中心区等代表项目迭代创新，并将相关实践经验推广至佛山三龙湾大道，智慧道路有了落地的实践和应用。福田中心区智慧道路场景示意图见图5.13。

图5.13 福田中心区智慧道路场景示意图

5.2.6.1 城市核心片区

福田中心区是深圳的中央活力区，智慧道路建设以"体验的革命"为主线，应用场景包括区域智能信控、动态限速管理、公交车路协同、智慧公交站台、过街安全警示、交通在线仿真、室内停车导航等，出行体验基本覆盖全出行链，市民出行获得感和幸福感显著提升。

福田中心区智慧街区见图5.14。

图 5.14　福田中心区智慧街区

福田中心区围绕安全保障不断增强、出行效率显著提升、方式结构更加绿色、活动体验明显改善四大目标，提供全过程、伴随式的出行服务。通过“感—算—知—判—治”的技术逻辑构建智能计算云平台，实现对各类交通数据的长期动态监测，为后续精细化治理提供支持。

改造前后的各项观测数据均有明显提升，达到了规划预期效果。5 个月间绿色交通比例从改造前的 76%提升至 78%，小汽车出行比例有所下降，出行方式结构更加绿色、健康。从出行安全的角度，2020 年福田中心区违法率同比降低 10%以上，未来随着各类智慧化管控措施逐步深入人心，福田中心区将迈入零伤亡愿景。从出行效率提升的角度，福田中心区变得更加方便交流。福田中心区平均全链条出行时间减少 4%，按照 2019 年居民出行调查得到的深圳市民平均时间价值 79 元/时计算，对于每天进出福田中心区的 137 万人次而言，每年节约的时间价值约 40 亿元，具有显著的经济和社会效益。最后，对每天街头的最大瞬时人流量做了观测，工作日从 19.4 万上升至 19.8 万，增幅 2.1%；周末从 10.4 万上升至 11.3 万，增幅 8.7%。通过改造后的意愿调查，有 34%的受访者表示，每个月来福田中心区的次数更多了；58%的受访者表示，在福田中心区停留、活动的时间明显增长。这些都反映了该中心区在全龄友好、激发创造等方面显著提升。

5.2.6.2　城市交通干道

侨香路是深圳首条智慧道路，试点建设了深圳首批智慧杆，初步搭建了市级智慧道路管理平台，实现了车辆平均在途时间缩短 8%，全线杆件减少 32%，实现了“人—车—路—环境”的实时全息管控(图 5.15)。

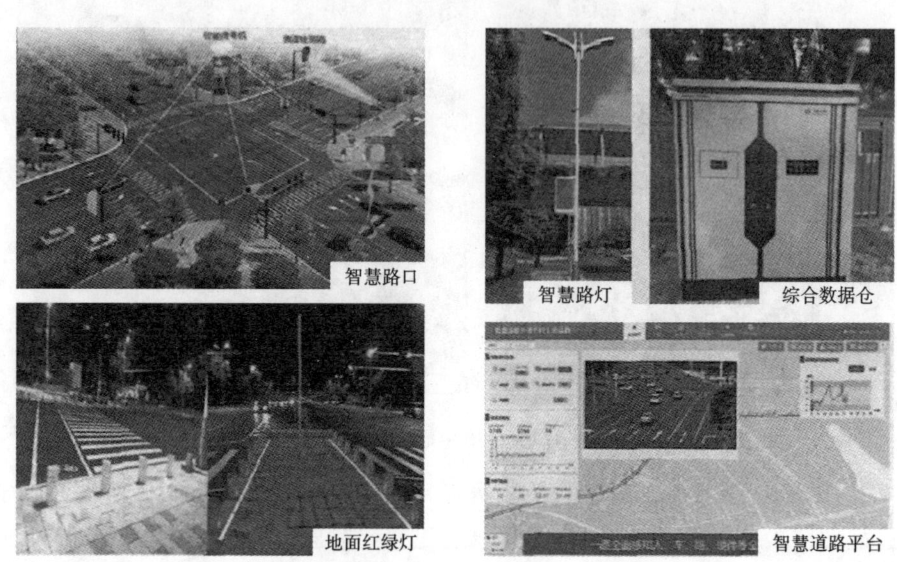

图 5.15 侨香路智慧道路

红荔路是深圳市福田区重要的生活性主干道，在侨香路试点经验的基础上，智慧道路方案更关注市民出行服务，应用场景包括公交车路协同、过街安全警示、交通运行全息感知、交通事件 AI 识别等。红荔路智慧道路的目标是应用视频识别、高精度地图、智能分析等高新技术，完善道路智能感知与服务设施，构建智能化的设施管养和交通治理体系，预留车路协同基础设施，为交通参与者提供美好的出行体验，为交通管理者提供精细的治理手段，打造深圳市智慧道路创新示范工程，让市民叫好，让政府满意。

5.2.6.3 自然山湖绿道

深圳光明马拉松智慧绿道，是“美丽＋智慧”的山湖绿道，全长 26.8 km，通过前端融入多项“黑科技”的智慧路灯和后台智慧化集成管理平台系统，打造科技与人文并重的智慧绿道，建成后成为光明区乃至深圳的城市名片。沿绿道共布设 800 多根多功能智能杆，全线约 300 路高清摄像头，实现赛事期间全线无死角监控。信息屏与广播内容按需定制，大大丰富了赛事过程服务，实现了智能识别各分段运动员数量，把控赛事进程；实现智能分析运动员的标签属性，支持赛后多维度复盘统计。

5.2.6.4　城际门户走廊

三龙湾智慧大道作为佛山市首条智慧道路，项目聚焦“城市治理、运行效率、出行服务、交通安全”四大应用场景，包括智能信控、公交车路协同、智慧公交站台、行人过街警示、内涝监测、行车诱导、路况信息推送、交通在线仿真、交通运行全息感知、交通事件 AI 识别，整体方案更注重出行体验，主要为驾驶员信息服务和市民公交服务。最终实现了交通、交警、城管、水务、气象等多部门数据统一建设和管理，实现对未来 2 小时的常态预测与事件的应急仿真，实现车辆抛锚识别、道路遗撒识别、违停识别、行人横穿马路识别等，实现内涝监测、货车超速检测、公交优先等。

5.3　城市综合交通规划

5.3.1　国土空间规划体系下的综合交通规划

随着现代社会经济水平的不断提升以及国土空间理念的不断优化创新，新形势下的综合交通规划直接关系到我国的未来建设与发展，是实现多区域高质量、绿色发展的重要支撑。但就传统的综合交通规划模式来看，其已然无法行之有效地满足当前发展需要。鉴于此，有关部门有必要深度契合新形势下的社会发展历程，寻求崭新的综合交通规划策略，只有这样才能深度贴合当下公众需求，将国土空间的利用率提高。

5.3.1.1　相关研究回顾

近年来，中国城镇化进程不断发展、机动化水平不断提高，城市交通发展模式和面对的问题发生了翻天覆地的变化，城市综合交通规划的目标定位、内容体例、技术方法也处于持续不断的探索和调整过程中。城市综合交通规划作为城市规划中重要的专项规划，随着城市（乡）规划的变迁而逐步发展，经历了从中华人民共和国成立后的初探期、1980—1989 年的探索期、1990—1999 年的完善期、2000—2009 年的推广期，以及 2010—2019 年的成熟期几个阶段。《城市道路交通规划设计规范》(GB50220—1995)、《城市综合交通体系规划编制办法》(建城[2010]13 号)和《城市综合交通体系规划编制导则》(建城[2010]80 号)等三个规范及文件的发布,分别促进了综合交通规划逐步完善与走向成熟,对于城市综合交通的发展具有关键的推动和指导作用。

在近年的发展中,综合交通规划在城市发展与建设中发挥了积极的作用,过程中也逐渐显现出一些问题,交通规划行业不断在反思和改进。如庄少勤提出城市交通规划需要遵循以人为本、可持续发展、全面协调、因地制宜的基本原则,把握好交通与城市的关系、交通规划的约束与弹性(韧性)等重点问题。卓健等结合国际城市当前的交通规划发展趋势,说明规划干预对路权平等的重要作用,社区开放不应当只是对车的开放,而应当采取安宁化措施,确保对多种交通使用人群的平等开放。周永根、李军龙、祝超等分别以美国、中国为例,分析了城市交通需求管理的模式与启示。可见,"以人为本""街道回归""交通需求管理"等思考在不断加深和实践。为适应新的城市交通发展环境和需求,2019 年 3 月开始执行的《城市综合交通体系规划标准》,对原有的《城市道路交通规划设计规范》进行了较大的改动与优化,成为新时代综合交通规划编制的核心指导标准,也为综合交通规划的转型发展提供了一定的指引。

5.3.1.2 国土空间规划体系的建立

1.建立国土空间规划体系的意义

在"统筹推进'五位一体'总体布局和协调推进'四个全面'战略布局"目标指引下,以生态优先、绿色发展为前提,以人民为中心的高质量发展为核心,《关于建立国土空间规划体系并监督实施的若干意见》(以下简称《意见》)提出了建立国土空间规划体系并监督实施的重大意义:"建立国土空间规划体系,是加快形成绿色生产方式和生活方式、推进生态文明建设、建设美丽中国的关键举措,是坚持以人民为中心、实现高质量发展和高品质生活、建设美好家园的重要手段,是保障国家战略有效实施、促进国家治理体系和治理能力现代化、实现"两个一百年"奋斗目标和中华民族伟大复兴中国梦的必然要求。"

《意见》明确了国土空间规划的定位:"国土空间规划是国家空间发展的指南、可持续发展的空间蓝图,是各类开发保护建设活动的基本依据。"国土空间规划工作通过整体谋划新时代国土空间开发保护格局,对国土空间这一稀缺资源在多种可能使用之间进行配置,并且通过对各类开发保护建设活动的空间管制来实现国家发展战略;通过国土空间资源的配置、管控,在国土空间开发保护中发挥战略引领和刚性管控作用,推动、促进、保障甚至在一定程度上"倒逼"发展方式的转变;建立国土空间规划体系并监督实施,承载着不断推进全面深化改革

目标实现的重大职责。

2. 国土空间规划体系的框架与编制要求

国土空间规划是融合了主体功能区规划、土地利用规划、城乡规划等空间规划的全新规划，对城乡规划从业者来说是一项全新的多专业协同性工作。按照《意见》要求，建立“五级三类”的国土空间规划体系：“五级”即国、省、市、县、乡镇五级行政层级；“三类”包括总体规划、相关专项规划和详细规划。其中“国土空间总体规划是详细规划的依据、相关专项规划的基础；相关专项规划要相互协同，并与详细规划做好衔接”。

从编制要求来看，全国国土空间规划侧重战略性，省级国土空间规划侧重协调性，市县和乡镇国土空间规划侧重实施性。不同级别的国土空间规划反映了不同层级的目标与任务，构建了自上而下逐级落实国家发展战略的体系框架，要从体现战略性、提高科学性、加强协调性和注重操作性等几个方面加强规划编制。

从完善制度建设的角度来看，国土空间规划是对应事权的重要管理依据。《意见》要求：“按照谁组织编制、谁负责实施的原则，明确各级各类国土空间规划编制和管理的要点”、“按照谁审批、谁监管的原则，分级建立国土空间规划审查备案制度”。各级政府将围绕编制、审批、实施、监督四个方面行使相关权力，同时还受到相关法规政策、技术标准的制约。

综合交通规划作为国土空间规划体系中专项规划的重要组成部分，是支撑与促进国土空间开发、保护与建设的重要环节。深入理解“五级三类”国土空间规划体系有助于充分发挥综合交通规划在完整规划体系中的作用，明确指导综合交通规划的编制审批、实施监督、政策法规以及技术标准制定等工作。综合交通规划体系框架示意图见图 5.16。

5.3.1.3 城市综合交通规划理念的革新

城市综合交通规划理念的革新在我国城市综合交通规划的演变进程中起到极为深刻的作用，总体来讲，规划理念的优化更新主要将问题作为核心导向，在问题的基础上寻求相应的解决策略。在 20 世纪 80 年代，我国主要交通工具为自行车，公交服务尚且处于起步阶段，道路设施严重不足，规划理念更为偏向于交通设施的建造方面，用于解决交通供应滞后的问题。在 20 世纪 90 年代，改革开放步伐的不断深入使得人们的生活水平越发提升，各种民用汽车的数量开始显著增加，有效加快了我国的城市化进程，但与此同时也出现

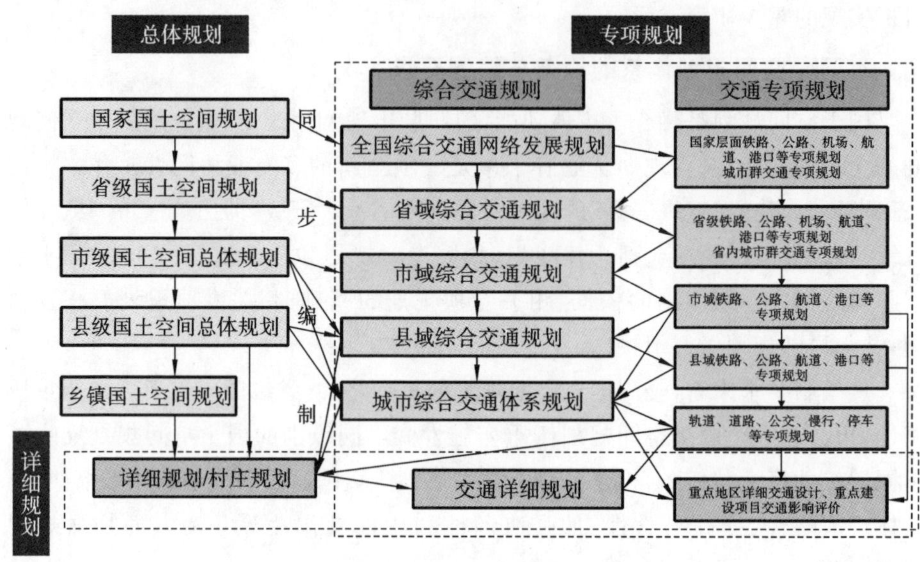

图 5.16　综合交通规划体系框架示意图

了相应的交通拥堵问题，有关于公交城市等理念逐渐渗透到国内，规划目标逐渐转化为满足人的移动需要，而并非此前的满足交通工具的移动需要，重心在于如何更为有效地管理交通工具、促进公交发展等，从而成为城市交通规划建设优化的重要指标。

自 2000 年开始，为行之有效地应对环境恶化的问题，适应全球绿色发展的大趋势，计划指标是以人为本，将绿色出行作为侧重点，全方位地加强城市交通系统的协调融合，为人们出行提供更为有效的保障。

5.3.1.4　国土空间新形势下综合交通规划存在的问题

1. 基础设施建设问题严重

随着现代社会的不断发展，我国的城市化进程正在不断加快，因而城市商业区域也正在不断扩张。在城市中心的商业区域，各种设备都极为完善，人们大多会在此类区域中生活、购物等，因而每天都有较为庞大的人流量。如此便很有可能引发相应的出行问题，例如交通堵塞等，此类问题往往无法在短时间内获得改善。而部分地区则由于经济欠发达，交通规划工作建设与公民实际需要存有较大差距。由此可见，当下我国城市中的交通仍旧处于较为严重的两极分化态势，经济发展的不均衡使得人们的正常生活受到了相应的影响。

2. 规划动态调整制度尚未建立

(1)由于并未建设科学完整的综合交通规划动态反馈体制以及协调机制,综合交通规划工作严重偏离当下社会经济发展进程以及公民的生活变化需要。

(2)按照不同部门所承担的不同责任来予以划分,不同交通规划明显缺乏对交通系统运作的考量。例如,部分城市在开展综合交通规划工作的过程中,铁路运输计划可能使实际管理工作存在较为显著的偏差,此外和环境保护、水利管理等部门几乎没有联系,进而产生信息孤岛现象。

3. 规划模式不具备长远性

就目前来看,我国所采取的经济发展措施仍旧是以发达经济地区带动欠发达经济地区,许多城市在发展建设的过程中,并不能从长远角度审视交通规划工作,因而使得大量地区都出现各种交通方面的问题,并且此类问题在时间的推移下不断显现,对城市的整体发展来讲,显然是有弊无利。

4. 规划内容未关注服务与效率

(1)当下综合交通规划的主体架构仍旧是业界的多种"系统补丁",使得方法之间的联系少之又少,同时还严重降低了其协调性。

(2)实行以人为本的规划理念显然是不足的,过分关注交通设施,却并不从使用者的角度考虑,必然会导致流程服务计划偏离正常发展需要。

(3)并未建立完整的法律机制,因而导致综合交通规划工作缺乏相应的监督管理,公众所提出的意见很有可能被无限期搁置,交通建设的科学性以及系统性严重降低,进而威胁到城市地区自身的稳步发展。

5.3.1.5　国土空间规划体系对综合交通规划的要求

1. 与国土空间总体规划编制协同

国土空间规划体系中明确了各专项规划的法定定位、规划之间传导机制等内容,形成了多专业协同规划的空间治理局面。在国土空间规划体系下,要求综合交通规划必须与国土空间总体规划编制相协同,不违背总体规划的强制性内容,并且确保综合交通体系符合国土空间布局中的各类详细规划,实现综合交通规划与其他专项规划的有效衔接,从而提高综合交通规划体系建设质量。

2. 重视自然资源保护与开发

国土空间规划是各类开发建设的指导依据,其中包括对综合交通建设的指导。在国土空间规划体系下，要求综合交通规划必须重视自然资源保护与开发工作，结合各地区自然资源现状明确保护与发展的总体思路，确定综合交通规划中生态文明目标、高品质生活目标和现代化治理目标，从而发挥出综合交通规划在国土空间规划中的重要作用，促进国土空间可持续发展。

3. 建立逐级深化落实框架体系

综合交通规划属于专项规划，既要符合国土空间体系的强制性要求，又要建立起逐级深化落实编制的框架体系，有效约束和指引详细规划的落实。在国土空间规划体系下，综合交通规划要遵循“谁组织编制，谁负责实施”的原则，构建起集规划编制、审批、监督、执行于一体的责任体系，并要求综合交通规划符合相关技术标准体系规定，使不同层级、不同地区的规划能够在统一的基础信息平台上完成，进而保证综合交通规划的编制质量。

5.3.1.6 国土空间规划体系下的综合交通规划转型策略

1. 综合交通规划观念转型

综合交通规划要以国土空间规划体系为指导，根据国土空间规划体系中的相关要求，转变规划思维方式，重新确立规划的价值观念，确保规划成为交通建设的可执行依据。规划观念转型体现在以下方面。

(1)树立生态保护观念。综合交通规划要坚持生态保护优先的原则，以可持续发展理论为指导，以生态文明建设为目标，在综合考虑绿色生产生活要求的基础上编制规划。

(2)树立全域一体化观念。综合交通规划要从全域、全要素的角度出发建立规划体系，将综合交通规划提升到国土空间规划的战略高度，形成覆盖全层级的交通规划系统。

(3)树立协同发展观念。综合交通规划要坚持空间协同开发与建设，在规划中充分考虑各类开发的需求，使区域内的综合交通规划满足国土空间规划的总体性要求。

(4)树立人本观念。综合交通规划要树立以人为本的思维观念，从交通安全性、舒适性、智能性、便捷性、绿色性等层面出发进行规划，充分考虑人对交通发展的需求。

2. 综合交通规划体系建构转型

在国土空间规划体系下，要转变传统综合交通规划体系中各项详细规划相

互割裂的做法，避免出现城市交通规划忽视城市边界规划的问题。综合交通规划要根据国土空间规划体系中的指导性要求，基于“五级三类”体系对综合交通规划体系进行重构，促进规划体系转型发展。具体转型策略如下。

(1)构建“五级三类”规划体系框架。综合交通规划的“五级”包括国家、省、市、县、集中建设区的综合交通规划，“三类”包括综合交通规划、交通专项规划和交通详细规划，在框架体系中要逐级分解和层层落实规划任务。

(2)扩充规划内容体系。综合交通规划内容要在原有规划内容的基础上，一方面基于全域规划层面纳入省、市、县的综合交通系统管控内容，另一方面基于全要素管理层面集合航运、航空、地下交通管控内容。

(3)形成规划标准协调体系。综合交通规划要求对接同级别的国土空间规划要求，依托国土空间规划完善编制体系，对不同层次的综合通规划制定执行细则，确保各层级的综合交通体系与同级别的国土空间规划内容相协调。

(4)构建规划指标体系。综合交通规划要与政府规划、治理规划相结合，以政府政策导向为指引制定规划指标，增强规划编制的可操作性，并对规划成果进行评估。

3. 综合交通规划组织管理转型

在传统的综合交通规划体系中，存在规划价值理念偏颇、管理体制不完善、规划评估环节缺失、规划重规模轻质量等问题，导致综合交通规划与实际建设脱节，难以满足国土空间规划要求。而在国土空间规划体系出台实施后，综合交通规划要从编制、审批、评估环节入手推进规划体系转型，使综合交通规划与国土空间规划协同运行、协同发展。具体转型策略如下。

(1)规范编制流程。综合交通规划要在国土空间规划前深入区域中开展实地调研活动，掌握城市功能格局、经济增长与空间结构的关系，收集充足翔实的调研资料，在编制城市总体规划的同时编制城市综合交通规划，以保证规划编制质量。在全国综合交通规划编制完成后，编制交通专项规划，包括国家、省级、市域、县域、重点地区的铁路、公路、机场、航道、港口、停车等专项规划。同时，在综合交通规划编制中要贯彻落实绿色交通发展理念、低碳经济理念，做好中长期综合交通规划的顶层设计。

(2)加强编制审批。综合交通规划、专项规划以及详细规划要由所在区域的本级或上级交通主管部门、规划主管部门、建设主管部门进行审批。如省级综合交通规划、交通专项规划和跨县市交通专项规划，要由有关部门负责审批。在审批过程中，要核对专项规划内容是否与国土空间规划相符，将审批通过后的专项规划纳入同级国土空间基础信息平台，全面落实“一张图”管理。

（3）加强动态评估。综合交通规划要根据国土空间规划体系中对国土空间规划定期评估的规定，建立起与国土空间规划同级别的动态评估机制，提高综合交通规划编制质量与效率。在动态评估中，综合交通规划要借助国土空间基础信息平台采集数据信息，构建起动态信息评估指标体系，根据评估指标得出评价结果，为政府决策提供依据，实现交通规划与城市建设的协同发展。在综合交通评估中，要纳入与资源环境承载力相关的评估指标，强化对资源环境的科学认知，为构建起人与自然和谐共存的生态型国土空间开发格局打下基础。

4. 综合交通规划建设格局转型

综合交通规划要明确国土空间规划体系下的建设任务，推进我国交通发展方式向绿色交通转变，全面提升综合交通发展的质量和效率，实现综合交通规划建设格局转型。在建设格局转型中，综合交通规划要基于国土空间规划战略发展的高度确定转型方向。具体的转型策略如下。

（1）建设全球化交通体系。综合交通规划要加快全球化交通体系的建设速度，不断加大沿海交通枢纽的建设力度。如在东部沿海地区建设国际航运中心、国际航空枢纽等。在此基础上，对内陆国际枢纽进行统筹，解决多极化问题，实现分工协作的目标。如可在武汉等内陆中心城市培育全球性枢纽，借此来实现不经沿海与全世界直接交流的目标。要与周边国家强化交通联通，建设多层次的国际交通体系，以此来增强与周边国家的社会经济联系。

（2）建设密度差异化区域交通系统。综合交通规划要将重点放在差异化区域交通系统的建设上，根据东部地区未来对交通的需求，发展航空和铁路，不断优化空域环境，开发与东部地区实际情况相符的空管系统，解决空域资源的瓶颈问题。打造以高铁为骨干网络的沿海运输通道，积极发展联合运输，将公路运输向水路运输和铁路运输转移。针对地广人稀的地区，可大力发展航空运输，对于处在培育期的中西部城市，则应对城际轨道进行有序推进，避免过度超前。

（3）建设多元化包容性交通体系。综合交通规划要建立国家旅游休闲交通体系，借鉴国外成功的经验，依托我国的历史文化、自然景观等要素，构建多层次旅游休闲交通系统，并依托社区生活圈，构建全龄友好的城乡交通系统，借此改善人群的出行环境。

5.3.1.7　国土空间新形势下综合交通规划的应对策略

1. 创新优化城市综合交通规划模式

就目前来看，我国所作出的传统城市交通规划的核心均在于增强交通运输效率方面，虽然行之有效地解决交通运输方面的问题，修建大量公路，交通设施越发增多，但是交通拥挤情况却仍旧一如往常，有增无减。所以，如果想要行之有效地解决当下交通规划存在的多种问题，首要目标仍旧是优化创新交通规划模式，通过自觉地改变工作理念以及工作内容的方式，改变综合交通规划模式。在国土空间新形势下，综合交通规划的连接性功能被进一步加强，其从属于连接多个地区经济、文化的重要桥梁。对于不同地区来讲，其往往存有不同的交通标志与交通特征，因而需要结合不同区域的交通优势来进行改变，不断地优化创新交通规划模式。交通规划必须契合不同地区的交通发展特征，因地制宜，选择符合需要的管理策略与管理理念，用于保障城市综合交通体系的高效率运作。

2. 完善城市公共交通网络

服务理念与服务模式的创新是促进城市交通网络稳步发展的前提要素，而全面优化公共交通设施的建设，提高公共服务水准则是基础支撑。具体来讲，相关部门可以从以下几点着手。

(1)在较为繁忙的地理区域增添公交车辆以及地铁班次。

(2)在城市道路规划的过程中，全面提高公交车辆专用通道的占比。

(3)不断优化完善公共交通工具，不管是服务水准、设施质量都需要符合群众出行的基本需要。

(4)在开展交通管理工作的过程中，可以适当地限行私家车，鼓励市民多乘坐公交车辆出行。

3. 促进综合交通规划立法的建设

(1)从立法角度着手。

保证综合交通规划工作能够有效实施，从最底层开始，逐层递进，用以实现全方位管理。在建设有关综合交通规划立法的过程中，应对规划内容做出明确划分，同时标明相应的交通规划内容、评价标准、项目实行等等。

(2)实现交通规划以及建设管理服务的统一发展。

树立以人为本的重要观念，所有服务规划以及运营计划都应该将乘客作为核心,将计划前瞻性与建设服务管理等环节相互连接。

(3)建立更为完整的综合交通规划评价反馈机制以及相应的动态协调机制。

深度引入发达国家的成功案例,取其精华,弃其糟粕,全面强化规划稳定性,建立更为完整的动态规划更新机制,同时行之有效地处理多个机制程序的关联,实现更为有效的发展建设。

4. 利用现代化技术来管理交通系统

现代社会正在不断发展,各种信息技术以及科学技术也正在不断优化更新,城市综合交通体系以及管理模式也逐渐朝向智能化以及信息化的方向发展。在城市道路建设的过程中,更多地采用绿色环保材料以及各种先进的设备手段,有效避免了废气污染以及扬尘等问题。利用更为科学合理的方法修建道路,提高道路的整体抗压能力,从而有效延长道路的使用时间。在日常交通管理工作中,可以通过大数据以及人工智能技术等,实时测算相应的路段拥挤情况,进而结合路段的拥挤程度来予以调控限行,在人流量较大的区域增加交通工具的班次,行之有效地展现出网络化交通运输管理系统的及时性以及有效性,最大限度地满足居民的出行需要。

在整体数据统计之下,2019 年全国 361 个城市中有 61%的城市通勤高峰处于缓行状态,13%处于拥堵状态,26%交通畅通。在拥堵占比上,有 11%的城市拥堵数据呈上升趋势,62%均低于去年同期,剩余 27%则基本持平。通过这些数据我们不难相信,随着政府对交通治理越来越重视、城市智能交通系统新技术不断应用、基础道路网络建设水平不断提升、公共交通(特别是地铁)不断完善,以及类似高德地图的大数据强势加持,困扰我们多年的拥堵问题将会逐渐得到缓解。全国高峰拥堵程度占比分布见图 5.17,拥堵变化占比分布见图 5.18。

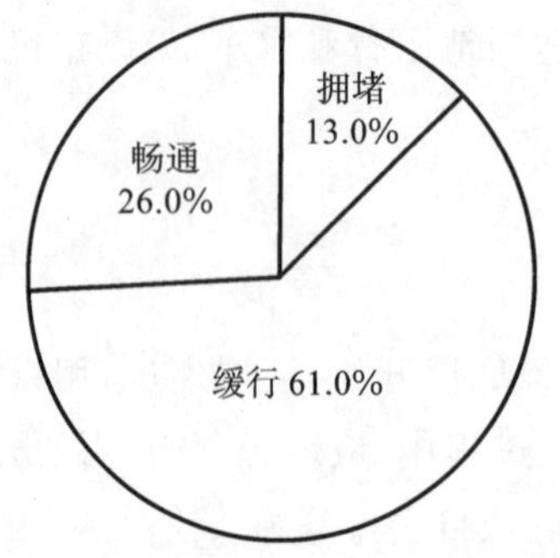

图 5.17　全国高峰拥堵程度占比分布

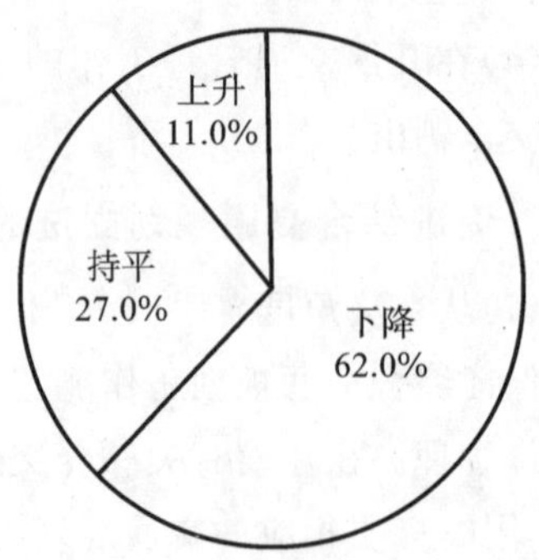

图 5.18　拥堵变化占比分布

5. 突出交通规划的思路可达性

就目前来看,我国尚且处于城镇化的迅猛进程中,在城市综合交通规划体系中,选择科学合理的战略方针具有极为重要的实际意义。我国幅员辽阔,人口众多,人口密度很大,人均土地占有率则明显较低,因而人均交通设施占比也就不高,机动车等出行方式显然是不可取的,但是随着现代社会的不断发展,机动车的数量正在不断增加,这使得交通拥堵情况越发严重。在此种情况下,城市综合交通规划管理部门必须充分凸显出人民群众的重要地位,尽可能地压制机动化的发展进程,宣传将公共交通作为核心出行模式,降低居民对机动车等设备的依赖性,从而行之有效地降低各种机动车的使用频率,只有这样才能行之有效地解决当下综合交通拥堵的问题,提高人们出行的可达性。总体上来讲,从机动性转化成为可达性的交通规划模式的核心思想实际上就是推进城市交通规划的稳步发展,充分展现出以人为本的重要目标,促使城市群交通体系更为符合现代化城市的建设发展需要。

5.3.2　新时代城市群综合交通规划

2014 年,中共中央、国务院印发《国家新型城镇化规划(2014—2020 年)》,明确提出"以城市群为主体形态,推动大中小城市和小城镇协调发展"。2019 年,国家发改委印发《关于培育发展现代化都市圈的指导意见》,明确提出"城市群是新型城镇化主体形态,是支撑全国经济增长、促进区域协调发展、参与国际竞争合作的重要平台"。其中,城市群综合交通规划是城市群发展战略目标实现的重要支撑,是可持续综合交通体系构建的重要依据。

在城市群综合交通规划方面,国家层面于 2013 年开展了长三角、珠三角、长江中游、海峡西岸、江淮等五大城市群综合交通规划。相对于既有的城市群综合交通规划,新时代面临着新形势和新变化:一是交通强国、新型城镇化、国土空间规划等国家发展要求,二是京津冀协同发展、粤港澳大湾区、长三角一体化、成渝双城记、长江经济带、黄河流域生态保护和高质量发展等区域战略要求,三是大数据等技术层面要求。在此背景下,如何进一步做好城市群综合交通规划成为亟待解决的问题。

5.3.2.1　新时代面临要求

1. 国家层面要求

(1)交通强国发展战略。

2019 年 9 月,中共中央、国务院印发《交通强国建设纲要》,提出我国交通强国建设的宏伟目标和总体要求，可以归纳为“1－2－3－4－5”：“1 个内涵”是建成“人民满意、保障有力、世界前列”的交通强国；“2 个阶段”是 2035 年基本建成交通强国，构建“3 网、2 圈”，2050 年全面建成交通强国；“3 个转变”是指由追求速度规模向更加注重质量效益转变，由各种交通方式相对独立发展向更加注重一体化融合发展转变，由依靠传统要素驱动向更加注重创新驱动转变；“4 个一流”是指一流设施、一流技术、一流管理、一流服务；“5 个价值取向”是指安全、便捷、高效、绿色、经济。

结合中国工程院编制的《交通强国战略研究》，对城市群综合交通规划提出如下要求。①网络化布局。依据城镇化总体格局构建综合立体交通骨干网，并结合各交通方式技术经济特性构建分方式交通网，以及“分层、分类”综合交通枢纽体系。②一体化融合。破除各交通方式独立发展的局面，推进各种交通方式一体化发展，推进综合交通枢纽建设、旅客联程运输、货物多式联运等。破除区域发展壁垒，打造“轨道上的城市群”、机场群、港口群等。③高质量发展。推进运输服务建设，构建高质量的运输服务体系。④现代化治理。深化交通行业改革，破除体制机制壁垒。

(2)新型城镇化。

21 世纪初期，我国的发展形态为“东部率先、西部大开发、中部崛起、东北振兴”。2010 年以来，国家层面相继印发了《全国主体功能区规划》(2010 年)、《国家新型城镇化规划(2014—2020 年)》(2014 年)、《关于建立更加有效的区域协调发展新机制的意见》(2018 年)、《关于培育发展现代化都市圈的指导意见》(2019 年)等相关规划，不断增强城市群在国家发展中的战略地位。此外，国家层面陆续将京津冀协同发展、粤港澳大湾区、长三角一体化、成渝双城记、长江经济带、黄河流域生态保护和高质量发展等上升为国家战略，进一步巩固部分城市群的战略地位，逐步构建了我国“两大流域(长江、黄河)、四大城市群(京津冀、长三角、粤港澳、成渝)、四大板块(东部、西部、中部、东北)”的发展格局。

在此背景下，对城市群综合交通规划提出如下要求。①对城市群综合交通规划实行分类研究。基于城市群的经济、人口、交通发生吸引量等将城市群分为“极”、“群”、“组团”等不同的等级。如京津冀、长三角、粤港澳、成渝等国家战略区域可以定义为“极”；如长江中游(武汉、长沙、南昌)、山东半岛(济南、青岛)、海峡西岸(福州、厦门)等包括多个中心城市的可以定义为“群”；如黔中、滇中、山西中部等由中心城市和卫星城组成的可以定位为“组团”。②城市群对外交通规划应改变不同方向“均质化”的局面，应结合连接对象、客运需求等构建“轴”“廊”

"通道"等不同层级的通道。③城市群综合交通规划应当进一步支撑国家战略的实施，以及城市群空间格局的形成。

(3)国土空间规划。

2017 年 10 月，党的十九大提出"构建国土空间开发保护制度"。2019 年 5 月，中共中央、国务院印发《关于建立国土空间规划体系并监督实施的若干意见》，提出"将主体功能区规划、土地利用规划、城乡规划等空间规划融合为统一的国土空间规划，实现多规合一，以国土空间规划为依据，对所有国土空间分区分类实施管制"，并提出"明确各级国土空间总体规划编制重点，强化对专项规划的指导约束作用"。

在此背景下，对城市群综合交通规划提出如下要求。①在地位方面，综合交通规划是国土空间规划体系的核心要素和关键内容，应当支撑和约束空间使用、优化空间结构、协调空间组织。②应当支持城市群打造有竞争力的枢纽，提升交通门户功能，完善门户枢纽的全域辐射能力和服务水平。③应当构建与空间组织、功能联系相匹配的、绿色高效的交通体系，强化城市群空间组织与公共交通走廊的耦合协同，发挥多层次轨道交通支撑与引导城市群空间组织功能。④应当建立跨空间区域的协调、协同体制与机制，提升城市群内部重要城市空间的交通联系效率，满足全要素空间交通联系和发展效率的要求。

2. 区域层面要求

为支撑国家战略实施，国家层面印发了《京津冀协同发展规划纲要》《长江三角洲区域一体化发展规划纲要》《粤港澳大湾区发展规划纲要》等。考虑到部分战略区域的发展纲要尚未印发，对京津冀、长三角、粤港澳等发展进行对比分析(表 5.3)。总体来看，不同区域的发展战略不尽相同，需结合城市群发展定位确定相应的综合交通发展战略。但同时也存在一些共同点，如推进轨道交通体系、公路网、机场群、港口群等的建设。

表 5.3　京津冀、长三角、粤港澳等发展对比分析

	京津冀	长三角	粤港澳
发展目标	京津冀协同发展	长三角一体化发展	粤港澳融合发展
发展定位	有序疏解北京非首都功能	一极三区一高地	四区一圈一群
空间结构	北京、天津双中心	一核五圈四带	三极三轴

续表

	京津冀	长三角	粤港澳
综合交通体系	建设高效密集轨道交通网； 完善便捷顺畅公路交通网； 加快构建现代化的津冀港口群； 打造国际一流的航空枢纽； 大力发展公交优先的城市交通； 提升交通智能化管理水平； 提升区域一体化运输服务水平； 发展安全绿色可持续交通	共建轨道上的长三角； 提升省际公路通达能力； 合力打造世界级机场群； 协同推进港口航道建设	提升珠三角港口群国际竞争力； 建设世界级机场群； 畅通对外综合运输通道； 构筑大湾区快速交通网络； 提升客货运输服务水平

3. 技术发展要求

《交通强国建设纲要》明确提出，“大力发展智慧交通”“推动大数据等新技术与交通行业深度融合”“构建综合交通大数据中心体系”等。传统的综合交通规划较少采用大数据的手段，导致数据资源挖掘深度不够、数据关联性差、对综合交通的特征把握不全面等问题。目前，统计年鉴、统计公报、居民出行调查、手机信令数据、运营数据等已经有一定积累，有必要将大数据应用于城市群综合交通规划（表5.4）。

表5.4　大数据在城市群综合交通规划中的应用

	分析内容	简要说明	数据来源
社会经济宏观分析	人口分析	人口结构、人口发展趋势、分区域分层次横向对比	历年统计年鉴、统计公报数据
	经济分析	三产结构、宏观经济分析、分区域分层次横向对比	历年统计年鉴、统计公报数据

续表

	分析内容	简要说明	数据来源
社会经济宏观分析	产业分析	产业分布、经济联系、产业趋势分析	工商企业数据
城镇体系解读	城市群收缩与扩张	用地变化(城市扩张与收缩)、用地分布	灯光及遥感数据、城市用地数据
	城市群功能分区	POI 商圈、医疗分布等	POI 数据、城市用地数据
	城市群人口时空分布	职住分析、人口分布、人口画像	手机信令数据
综合交通解析	综合交通宏观趋势分析	运营指标、建设里程、宏观趋势分析	历年统计年鉴、统计公报
	居民出行特征分析	出行距离、出行时耗、出行方式、出行 OD	居民出行调查数据、手机信令数据
	交通需求分析	全方式出行 OD、客流廊道识别、通勤圈划分、通勤特征	手机信令数据、轨道交通运营数据、各运输方式运营数据
	交通枢纽分析	枢纽服务范围、枢纽客运总量及出行特征	枢纽站点运营数据、手机信令数据
业务数据挖掘	铁路运营数据分析	区段客货流密度、铁路站间 OD、车站发送量、设计速度、行车对数、能力利用率等	铁路运营数据
	轨道交通运营数据分析	运营数据横纵向对比、OD 的时空分布特点	轨道交通运营数据
	航空数据、水运数据等	……	……

5.3.2.2　城市群综合交通规划对策

基于城市群综合交通规划在国家层面、区域层面及技术发展方面面临的新形势和新要求,从综合交通大数据平台构建、运输需求预测、网络布局规划、通道布局规划、枢纽体系布局规划、单个综合交通枢纽布局规划、运输服务及体制机制一体化等方面提出对策。

1. 综合交通大数据平台构建

为响应交通强国建设要求和大数据等新技术发展要求，应当积极构建城市群综合交通大数据平台。平台由数据采集层、应用支撑层、综合应用层构成，数据采集层实现城市群范围内手机信令数据、交通运营数据、统计年鉴数据等汇集，应用支撑层实现数据解析和整合，综合应用层实现数据分析、方案评估和成果展示(图 5.19)，为后续基于大数据的运输需求预测、规划方案展示及评估提供有力支撑。

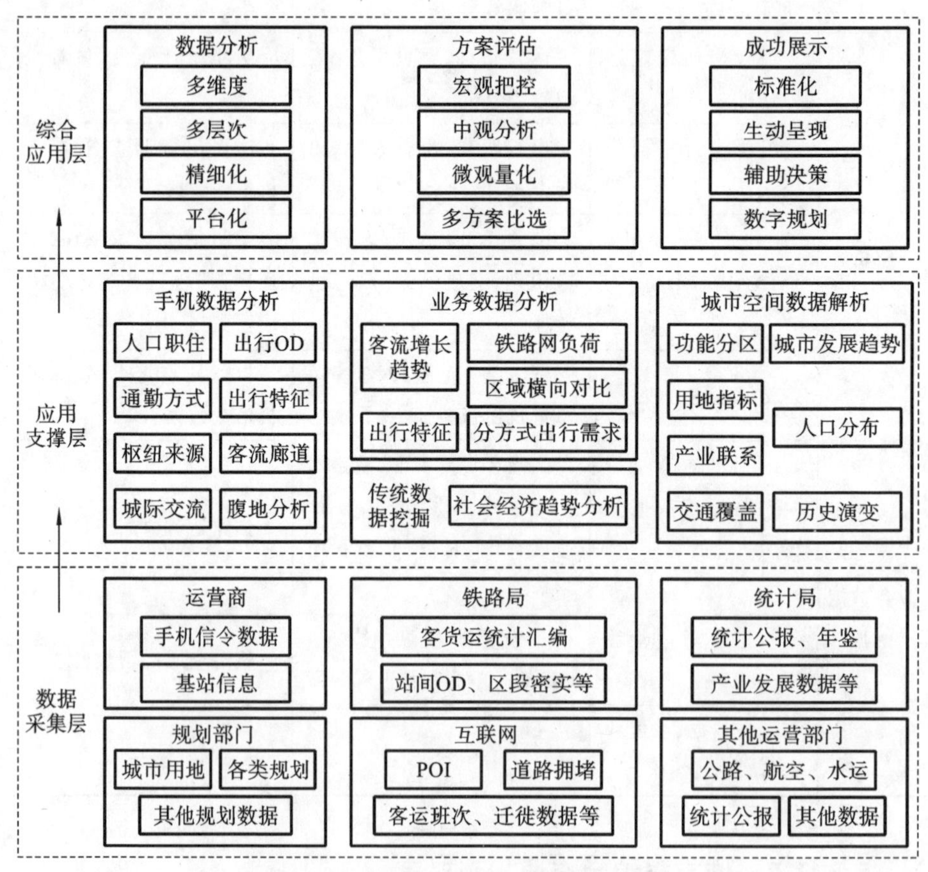

图 5.19　城市群综合交通大数据平台架构

2. 综合交通运输需求预测

在综合交通运输需求预测方面，从运输需求特征分析、运输需求影响因素分

析、运输需求预测模型等方面提出对策。

(1)运输需求特征分析。进一步树立综合交通的理念,充分利用大数据的手段进行运输需求预测。除社会经济、城镇体系等数据外,客货运方面,应当融合民航、公路、铁路、水运等方面的数据(国家统计年鉴,各省市统计年鉴,民航、高速公路运输量统计调查分析报告,中国交通运输、铁路统计资料汇编等),研究城市群运输需求总量,以及分方式、分区域、分通道的运输需求特征。

(2)运输需求影响因素分析。分析区域社会经济发展趋势及产业结构、人口总量及人口结构、城镇化及国土空间、大宗货物运输、对外贸易发展等对交通需求产生的影响,并对新时代区域交通运输需求发展趋势进行研判。新时代运输需求影响因素的变化趋势将与之前有一定的不同:社会经济方面,我国经济总量的增长趋势将逐步放缓,由当前的 6.0%左右下降到 2035 年的 4.5%左右;人口总量将在 2030 年左右达到顶峰;产业结构中第三产业所占比重将由 50.2%上升到 64.0%左右;城镇化率将由 60%上升到 2035 年的 70%左右;大宗货物运输将在 2035 年左右达到顶峰;对外贸易将呈现迅速增长的趋势等。上述影响因素将对客货运输需求产生较大的影响。

(3)基于大数据的运输需求预测模型。在基于大数据分析运输需求特征的基础上,结合新时代运输需求影响因素分析,应当建立基于大数据的综合交通运输需求预测模型,确定区域综合交通客货需求总量、区域客货空间分布特性、通道客货需求特征(总量、时间、距离、出行结构等)。

3. 综合交通网络布局规划

在综合交通网络布局规划方面,从综合交通网络规模、综合交通网络布局两个方面提出对策。

(1)综合交通网络规模的合理确定。目前,我国综合交通基础设施已经实现了从改革开放之初的“瓶颈制约”到 20 世纪末的“初步缓解”,再到目前的“基本适应”经济社会发展需要的阶段跨越。为此,《交通强国建设纲要》提出“交通基础设施建设由追求速度规模向更加注重质量效益转变”。在此背景下,应当全面利用需求预测法、类比策划法、目标导向法、能力利用率法、连通度法等方法确定综合交通网络的合理规模:一是与经济社会发展相适应,既能保持稳健的可持续的投资,又能适度起到“压舱石”的作用;二是满足运输需求;三是保持合理的能力利用率,避免资源浪费。

(2)综合交通网络布局规划。结合新型城镇化、国土空间规划等要求,应当根据国土空间开发布局,以国家城市群规划为主要依据,结合城镇、产业、人口及未来交通需求空间分布,进行节点重要度聚类分析,将研究城市群内城市进行层次划分。在层次划分的基础上,进行综合交通网络规划布局,构建城市群综合立体交通网骨架。在网络布局规划方面,可以借鉴日本太平洋沿岸城市群的相关经验。

4. 综合交通通道布局规划

在综合交通通道布局规划方面,从各交通方式技术经济特性、通道布局规划两个方面提出对策。

(1)各交通方式技术经济特性分析。相对于传统的城市群综合交通规划,新时代综合交通规划表现出两个方面的差异。一是综合交通运输体系的完善。除铁路(分普速、高速)、公路、水运、航空等交通方式外,根据《交通强国建设纲要》,将进一步研究 600 km/h 的高速磁浮、400 km/h 的高速铁路,需要在此基础上进一步开展交通方式技术经济特性分析。二是新时代人民群众对舒适度、出行时间的要求不断提升,对价格费用等敏感度逐渐降低。

(2)综合交通通道规划布局规划。结合交通强国、国土空间规划等要求,综合交通通道布局规划应当注重两点:一是树立综合交通的理念,在运输需求的基础上,充分发挥各种交通方式的比较优势和协同作用,实现资源的合理配置和优化;二是树立土地集约使用的理念,合理布置通道内多条线路,实现"通道集约、线位优化、资源共享"。在通道布局规划方面,可以借鉴东京都市圈的相关经验。

5. 综合交通枢纽体系布局规划

在综合交通枢纽体系布局规划方面,从城市群范围内枢纽城市、机场群、港口群等方面提出对策。

(1)细化枢纽城市划分。"十三五"等相关综合交通规划将枢纽城市分为国际性综合交通枢纽、全国性综合交通枢纽、区域性综合交通枢纽。相对于此,新时代新型城镇化更加突出"分层、分类"。为此,可将枢纽城市在上述三类基础上进一步细分,根据枢纽城市等级进行相应的资源配置。

(2)机场群/港口群布局规划。相对于传统的综合交通规划,在新型城镇化、国土空间规划的背景下,更加注重跨区域的协同规划,构建分工明确、功能互补、一体协同的机场群和港口群。机场群方面,可以借鉴东京机场群(羽田、成田)、巴黎机场群(戴高乐、奥利)、伦敦机场群(希斯罗、盖特威克、斯坦斯特德)等相关经验;港口群方面,可以借鉴日本港口群(东京港、横滨港、千叶港、川崎港、木更津港、横须贺港)、欧洲港口群(荷兰阿姆斯特丹港、鹿特丹港、比利时安特卫普港、德国汉堡港等)相关经验。

6. 单个综合交通枢纽布局规划

在单个综合交通枢纽布局规划方面，紧密围绕《交通强国建设纲要》中提出的“一体化”进行规划。①交通与用地一体化。重视综合交通枢纽土地开发，实现产城融合、站城一体。②集疏运一体化。完善综合交通枢纽对外各种交通方式的配置，打通“最后一公里”。③换乘衔接一体化。强化枢纽内各交通场站之间的联通，实现枢纽衔接一体、运转高效。单个综合交通枢纽规划方面，可以借鉴巴黎北站、柏林站、新宿站等相关经验。

7. 综合运输服务及体制机制一体化

在综合运输服务方面，分客运、货运提出相应的对策。客运层面，以“出行全程”为导向，重视基础设施互联互通（过轨运输等）、运输组织协同优化（时刻表协同等）、联程运输及售检票一体化、安检互信等；货运方面，以“全供应链”为导向，关注中欧中亚班列、泛亚货运班列，以及海铁联运、驼背运输、空铁联运等多种联运模式。

在体制机制方面，针对我国当前跨行业、跨地区、跨部门等存在的体制机制问题，应当借鉴美国大都会区区域协调机制、欧盟协调机制、日本多轨道交通主体协调机制等相关经验，为我国体制机制改革提出相应的对策。

5.4　城市道路交通规划实例——以杭州西站枢纽站为例

5.4.1　概述

5.4.1.1　项目概述

杭州西站枢纽位于杭州城西未来科技城核心片区北侧，是城西科创大走廊的重要组成部分，现状宣杭铁路仓前站以北，规划留祥快速路以南，东西大道与良睦路之间。

杭州铁路西站，向外衔接 6 条干线铁路，即向北连接商合杭，向东引入沪杭城际（方向：上海）、沪乍杭铁路，向南连接杭温、城西科创大走廊，对外联系上海、江苏、安徽、河南等地区的干线铁路新通道。

杭州铁路西站拟选址在320国道(东西大道)以东、良睦路以西、留祥路西延以南、老宣杭铁路以北区块,规模为11台20线。它向西打通了杭州前往中部的高铁通道。目前杭州去合肥的高铁,需要绕行到南京,最快的也要141 min,这条连接线建成后,杭州至合肥,高铁最快90 min即可到达;继续向西还可到达郑州、西安、兰州等地。

随着杭州西站高铁的通车及周围用地的开发,区域人口增长,高铁新城交通需求将日益增加。未来城际铁路及铁路站的规划建设及周围用地的成熟利用,将使得交通需求激增,这对高铁新城区交通系统提出更高的要求。

因此,本项目作为高铁新城主要的交通干道,对未来满足居民对城市交通系统服务水平及机动化交通出行需求具有重要的意义。

5.4.1.2 项目所在区域现状

1. 项目地理位置

杭州西站选址于杭州城西科创大走廊,在老宣杭线仓前物流基地以北,东西大道与良睦路之间。根据规划,杭州西站将不仅是交通枢纽,更是一座高铁新城。铁路杭州西站将建成汇集轨道快线、城市轨道交通、城市快速路、高速公路等运输方式的大型综合客运枢纽,呈现"站城一体"的形态。

本项目位于杭州城西未来科技城核心片区北侧,是城西科创大走廊的重要组成部分,现状宣杭铁路仓前站以北,杭州西站以东,规划留祥快速路以南,东西大道与良睦路之间。工程共包含7条匝道、5条地面道路、4条地下道路。杭州西站区位图见图5.20。

2. 项目所在区域人口规模

高铁新城现状人口1949户,12084人,涉及灵源村、永乐村、吴山前村、苕溪村和大陆村。

3. 项目所在区域用地现状

高铁新城位于城郊地区,现状非建设用地面积783.36万平方米,主要为水域、农林用地,占城乡用地比例为59.09%。现状建设用地面积542.24万平方千米,包括城市建设用地与村庄建设用地,占城乡用地比例为40.91%。其中,城市建设用地以道路、工业、公共管理与公共服务用地等用地为主,面积为170.23万平方千米。

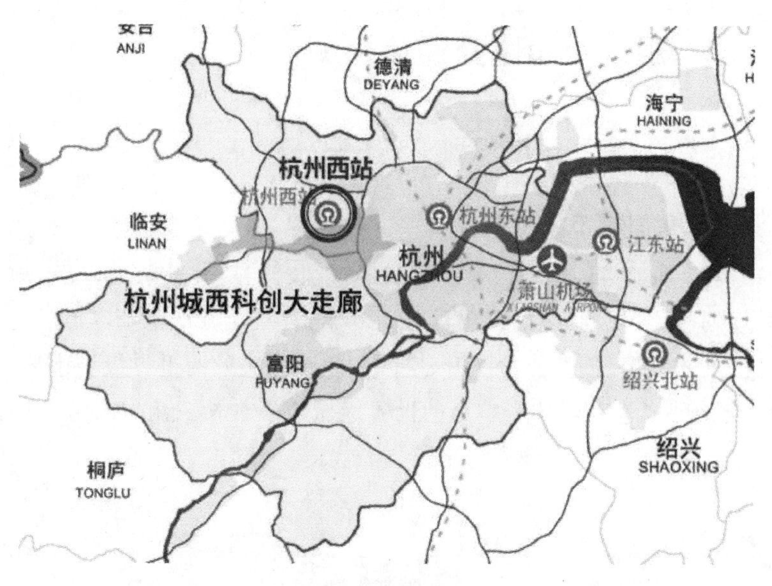

图 5.20　杭州西站区位图

目前，该区域城市建设用地主要集中在宣杭铁路线以南及吴山前村集镇，研究区域北至老宣杭铁路、西至良睦路、南至余杭塘河、西至绿汀路，主要为仓前老镇区、部分工业厂房、农居安置房。主要交通设施为原铁路仓前站，附属有八达物流。其他区域均为农田与村庄，村庄用地中有少量工业。

4. 项目所在区域交通现状

高铁新城内现状道路尚未形成完整构架。周边已建成道路包括 3 条高速公路(杭州绕城高速公路、杭长高速公路、徽杭高速公路)、2 条国省道(320 国道暨东西大道、15 省道)、5 条框架性主干路(文一西路、余杭塘路、荆常大道、高教路、科技大道等)。单元内海曙路、良睦路、高教路等重要骨架道路全部建成。单元内缺少快速联系主城区及周边临安、富阳、瓶窑、良渚等地的城市快速道路，绕城西复线、留祥快速路西延线等高等级道路尚未开工。项目周边现状道路主要为县乡道路。对外联系道路东西向有 15 省道以及规划留祥快速路；南北向有东西大道、绿汀路、良睦路。

总体来讲，高铁新城片区内区域对外交通格局较为单一，对外联系不便。其他联络道路现状等级普遍较低且布局较为凌乱，规划道路网络尚未形成。随着杭州西站及片区周边地块开发的逐步启动，区域市政配套设施急需完善。

5.4.2 规划及道路交通量预测

5.4.2.1 城市和区域规划

1.长江三角洲城市群发展规划

2016 年 5 月 11 日，国务院常务会议通过《长江三角洲城市群发展规划》(以下简称《规划》)。《规划》明确提出，到 2020 年，长三角城市群基本形成经济充满活力、高端人才汇聚、创新能力跃升、空间利用集约高效的世界级城市群框架；到 2032 年，全面建成具有全球影响力的世界级城市群。长三角城市群范围图见图 5.21。

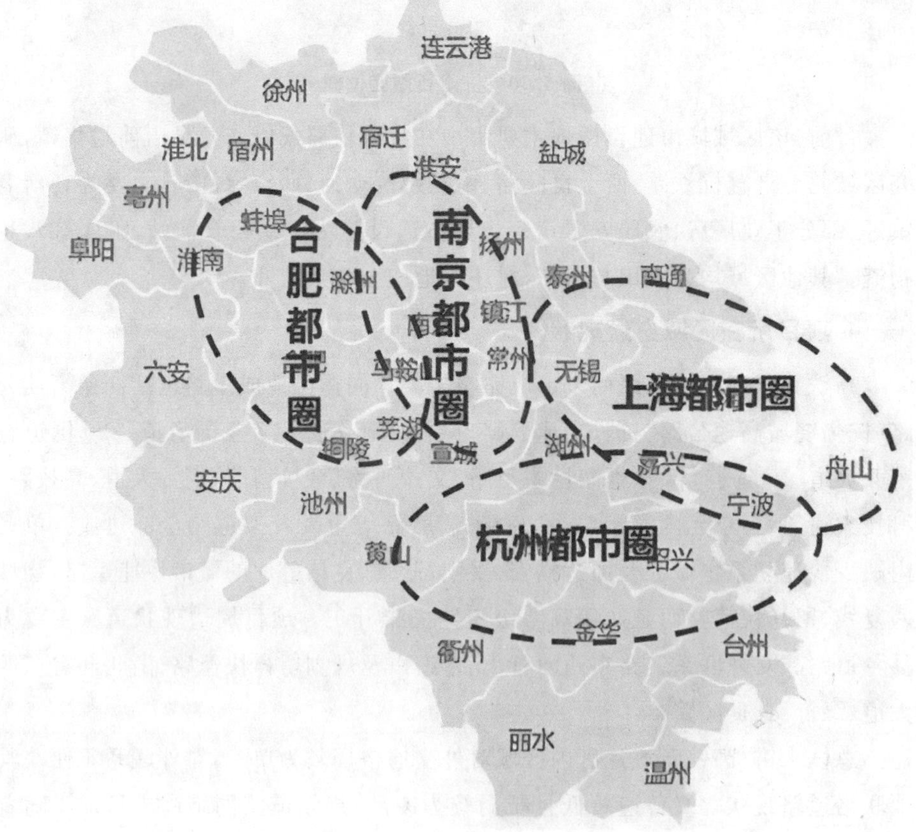

图 5.21 长三角城市群范围图

空间格局方面，构建适应资源环境承载能力的空间格局。发挥上海龙头带动的核心作用和区域中心城市的辐射带动作用，依托交通运输网络培育形成多级多类发展轴线，推动南京都市圈、杭州都市圈、合肥都市圈、苏锡常都市圈、宁波都市圈的同城化发展，强化沿海发展带、沿江发展带、沪宁合杭甬发展带、沪杭金发展带的聚合发展，构建“一核五圈四带”的网络化空间格局。长三角城市群空间格局布置图见图 5.22。

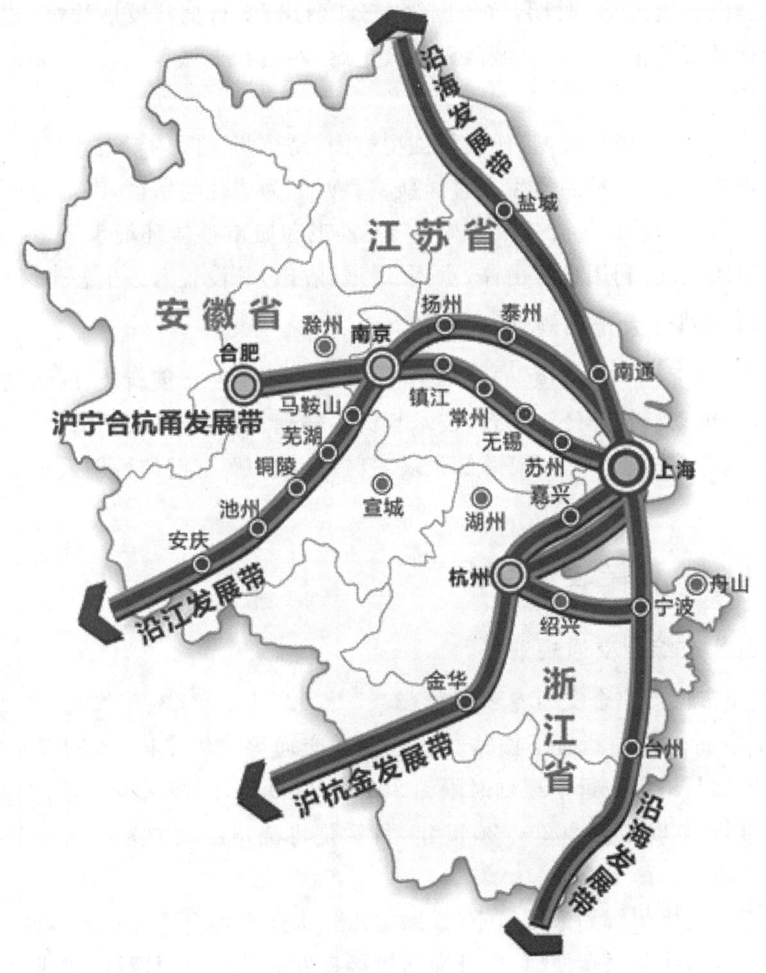

图 5.22 长三角城市群空间格局布置图

2. 杭州市总体规划

杭州市域包括杭州市区和桐庐县、淳安县、建德市和临安市，总面积 16596 km²。其中，杭州市区总面积 4876 km²，包括上城、下城、江干、拱墅、西湖、滨江、萧山、余杭、富阳等九区。

《杭州市城市总体规划(2001—2020年)》(2016年修订)中对城市发展方向实施城市东扩,旅游西进,沿江开发,跨江发展,形成"东动、西进、南新、北秀、中兴"的城市格局。形成"一主三副、双心双轴、六大组团、六条生态带"开放式空间结构。以钱塘江为轴,跨江、沿江发展,采用点轴结合的拓展方式,组团之间保留必要的绿色生态开敞空间。

"后峰会、前亚运"时期,杭州围绕"三江两岸"实行拥江发展战略,建设独特韵味别样精彩的世界名城。城西科创大走廊,距杭州老城区约18.0 km,距钱江新城约22.0 km。

余杭组团(未来科技城)作为科创型组团,是杭州国际创新人才特区、全国科技创新创业基地、高端品质生态宜居新城。西部为居住生活区,南部为旅游休闲生态带。为避免城市连片发展影响生态、景观和城市整体环境水平,在主城、副城与各组团之间,利用自然山体、水体、绿地(农田)等设置六条生态带区。

3. 城西科创大走廊规划

依托"一带、三城、多镇"的走廊空间,围绕产业链强化创新链、围绕创新链部署资金链,推动科技与经济结合、技术与资本联姻、见物与见人并重,实现科技创新由"跟跑"、"并跑"向"领跑"跨越发展,打造形成一廊三链的科创大走廊创新创业生态圈。

5.4.2.2 综合交通规划

1. 杭州市综合交通规划

《杭州市城市综合交通专项规划(2007—2020年》(2018年修订)于2018年5月正式获批。规划涵盖了铁路、公路、轨道交通等多维度内容,明确了杭州新的交通框架与格局。近期规划时限为2017—2020年,围绕保障亚运会的要求来建设;远期规划时限为2020—2035年,目标是将杭州建设成为亚太地区重要国际门户枢纽。

远期将在杭州规划形成航空、铁路、公路、水运多种交通方式为一体,分工有序、客货分流,换乘联运便捷、内外交通衔接良好的综合交通网络,建成亚太门户枢纽和国家综合交通枢纽。

2. 城西科创大走廊综合交通规划

(1)部署互通互联的交通枢纽。

根据提升杭州铁路枢纽接入条件、扩大高铁配套建设空间、服务城西交通出

行的要求,按照全国铁路枢纽站标准,在仓前附近规划建设铁路杭州西站,进一步优化铁路线网、吸引区域客流、提升区位优势,打造互通互联、高效一体、功能完备的综合交通枢纽。铁路西站北接商合杭铁路,南接杭义温、杭黄铁路,东接沪杭城际铁路、沪乍杭铁路,形成温州沿海往南京、合肥等中西部地区,以及城西与上海地区衔接的新通道。同步推进区块内城市道路及地铁 3 号线、5 号线等轨道交通建设,实现与周边城市轨道交通、城市快速路、有轨电车、地面公交等多种运输方式的有效衔接,打造城西综合交通枢纽。

(2)构建多元便捷的对外交通格局。

积极打造立体、开放、多元、便捷的综合交通体系,重点完善高速铁路、高速公路等交通线网,增强科创大走廊对外联系和辐射力。

(3)打造"四纵四横"对内通道网络。

注重新建与改建相结合,优化内部路网体系,完善路网骨架,充分挖掘现有交通设施资源潜力,加快解除瓶颈路、打通断头路,全力提升道路通行能力,切实增强内部交通网络化程度。

①"四纵"线网。优化形成良睦路、东西大道(G320 国道)、G235 国道、青山大道四大南北向快速通道。

②"四横"线网。优化形成留祥路西延—留祥快速路、余杭塘路—海曙路、文一西路—科技大道、02 省道—天目山路四大东西向交通通道。重点推进留祥路西延工程,构建形成"留祥路西延—留祥路"双向六车道全线高架快速路。加快推进文一路地下通道工程、文一西路(绕城西线—紫金港路)提升改造工程,形成文一西路—科技大道快速路。加快推进天目山路提升改造工程,打通形成"文一西路—紫金港路—天目山路—主城区(武林门)"30 分钟快速通道。

综合交通规划布局图见图 5.23。

(4)推进公共交通设施网建设。

①构建城市轨道交通网。力争建成城市快速轨道交通 5 号线、轨道交通 3 号线以及市域轨道交通临安线,实现三线在仓前科技岛同台换乘,形成西联临安、东接主城的快速轨道交通客流走廊。力争建成两条有轨电车线路,提高接驳换乘效率。围绕高效便捷化发展导向,适时加密城西地区轨道交通线网。

②建设地面公交网。以未来科技城为核心,优化完善主干公交线,布局城西至主城区的公交专用道,开通至火车东站的商务专线。完善 BRT 系统,落实 B18 线,调整 B6 线至临安城区,新增 B4 线老余杭至青山街道线位,新增"横畈—青山湖管委会—青山街道"、"闲林埠—未来科技城核心区—临平主城"两条纵

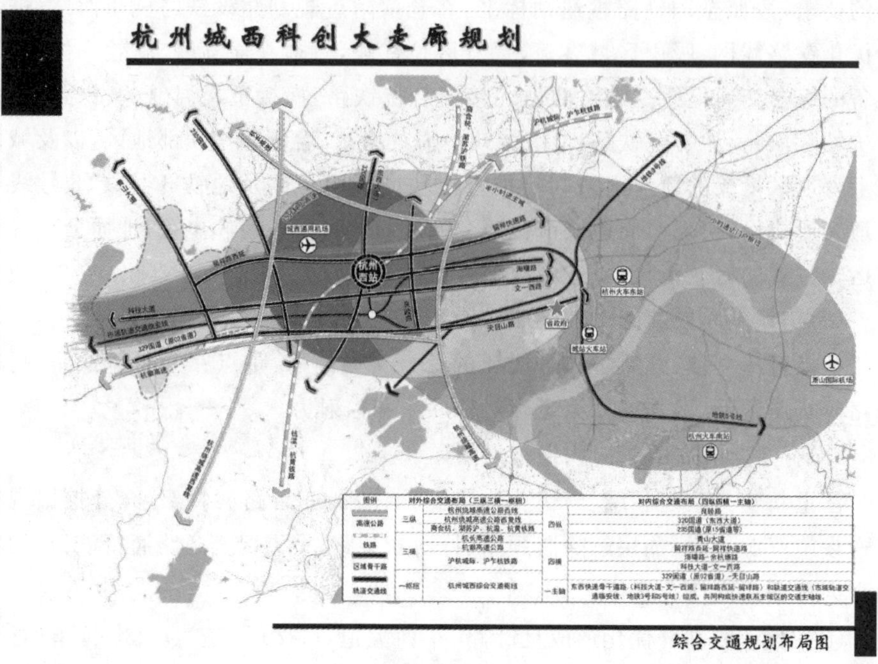

图 5.23　综合交通规划布局图

线，强化南北联系。同时，同步建设与轨道交通衔接的地面公交、P＋R 停车设施、慢行交通等配套交通设施，提高综合交通运行效率。

③推进水运互联互通。科创大走廊主要水上交通线为青山航道和余杭塘河。规划期内主要对青山航道等进行综合整治，以更好发挥其航运、防洪、绕水景观、旅游等综合功能，并根据科创大走廊湿地水资源开发情况和居民水上出行需求变化，适时开通水上巴士客运，联通西溪湿地和主城区。

3. 余杭区综合交通规划

《余杭分区规划(2017—2020 年)》(草案)指出，结合区域铁路建设以及城市轨道建设，加快杭州西站综合交通枢纽建设，强化交通枢纽带动作用，构建“强枢纽＋强网络”的综合运输枢纽体系，提高余杭区域融合度。在现有轨道交通 1 号线、2 号线的基础上，加快轨道交通 3 号线、4 号线、5 号线、9 号线、10 号线及机场轨道快线建设，进一步深入推进余杭与主城一体化。强化 TOD 引导，优化轨道交通站点周边用地功能与空间布局。

优化国省道规划、区域高快速路系统，加快推动杭州中环建设，加强东中西联动、主副城一体、片区网络化，强化与主城交通廊道连接，积极对接杭州都市圈

交通网络，推动与主城一体化发展。结合新的产业布局、道路交通规划，发展智慧物流，疏解城市核心区物流职能，优化货运枢纽布局，合理安排货运流线，提升货运集散效率。坚持公交优先，积极推进公交基础设施建设，构建公交客流走廊。

4. 高铁新城道路交通规划

《余杭组团 YH-18 单元(高铁枢纽中心)控制性详细规划》(草案)结合现有路网，依托铁路场站设施布局、河道水系等，形成以干道串联组团布局的方格网式路网系统。规划城市道路分为快速路、主干路、次干路及支路四级。

5. 杭州西站枢纽综合交通规划

该规划由杭州市城市规划设计研究院和广州市交通规划研究院整合近几年各规划、设计咨询单位关于杭州西站枢纽综合交通预测分析、东西通道规划疏解方案及区域综合交通规划的成果，涵盖交通发展目标及策略、科创新城(高铁新城)综合交通体系规划、交通需求预测，以及枢纽交通组织方案及设施布局分析等内容。

5.4.2.3　道路交通流量预测

1. 预测依据

①《杭州市城市总体规划(2001—2020 年)》(2016 年修订)。

②《杭州市城市综合交通专项规划(2007—2020》(2018 年修订)。

③《余杭分区规划(2017—2020 年)》。

④《余杭组团 YH-18 单元(高铁枢纽中心)控制性详细规划》(2019 年)。

⑤《杭州市西站枢纽核心区城市设计》(2019 年)。

⑥《杭州西站地区综合交通体系规划》(2019 年)。

⑦《杭州西站枢纽综合交通规划》(2019 年)。

2. 基础预测资料

(1)预测前提。

本次预测以《杭州西站枢纽综合交通规划》中，根据《新建湖州到杭州西到杭黄高铁连接线(含铁路杭州西站)的可行性研究报告》等设计文件确定的旅客发送量作为枢纽客运量的预测基础，以《杭州西站枢纽综合交通规划》客流预测、道路交通预测、停车需求预测等预测结果作为本次交通预测的基础参照，根据交通预测年限的不同和后期枢纽集疏运方案的局部调整对交通预测结果进行相应调整和验算。

考虑到高铁站旅客到发高峰日的旅客人数增加明显，而《杭州西站枢纽综合交通规划》中对此没有进行专项研究，因此对特殊时期枢纽的交通压力也需要进行预测分析。

(2)预测年限。

根据本项目计划通车年限，近期为2032年，远期为2042年。

3. 总体预测思路

参照《杭州西站枢纽综合交通规划》中的预测思路，结合本项目方案局部调整情况，进行交通预测分析。具体考虑以下方面。

以市域经济、人口以及机动车发展为基本依据，结合居民出行特征、规划用地布局特征等因素，以及《新建湖州到杭州西到杭黄高铁连接线(含铁路杭州西站)的可行性研究报告》等高铁设计文件中的铁路旅客发送量预测数据，采用四阶段预测法进行交通量预测。

旅客换乘矩阵预测了大型综合交通枢纽各类交通设施之间的换乘流向与流量，是枢纽地铁、公交、道路、停车库等集疏运系统以及枢纽主体各类行人通道、竖向交通设施、车道边等布局规划与设计的重要依据，是大型综合交通枢纽交通量预测主要成果，也为工程设计方案提供可靠的依据。

4. 区域及枢纽交通需求预测分析

根据《杭州西站地区综合交通体系规划》的交通预测，杭州西站及周边区域的交通需求可分为西站枢纽、枢纽核心区和高铁新城外围区域三大部分，详见图5.24。

(1)杭州西站。

杭州西站交通需求包括三部分，即铁路到发交通需求、公路旅客集散中心到发交通需求以及西站综合开发部分交通需求。其中，杭州西站远期铁路客流发送规模按5000万人次/年计算，全天客流单向18.08万人次/日，早高峰到达车站客流量为2.08万人次/小时；公路集散中心日均发送量10000人次/日，早高峰到达车站客流为1150人次/小时；枢纽综合体城市开发总量130万平方米，包括商业17万平方米、酒店14万平方米、办公49万平方米、公寓50万平方米，根据不同业态生成率及早高峰系数，枢纽综合体全天交通发生吸引总量约41.5万人次(单向20.7万人次)，早高峰小时吸引37361人次。杭州西站全天吸引客流约40万人次，其中早高峰单向吸引客流约6万人次/小时。早高峰时段各种交通方式吸引量分担比例及交通量详见表5.5。

图 5.24　交通需求区域划分

表 5.5　杭州西站早高峰时段各种交通方式吸引量分担比例及交通量

交通方式		地铁	公交	小汽车	出租车（含网约车）	慢行	长途	铁路	其他	合计
铁路站	比例	55%	17%	8%	10%	5%	2%	2%	1%	100%
	总量/人次	11438	3535	1664	2080	1040	416	416	208	20797
公路客运站	比例	20%	10%	3%	5%	1%	—	60%	1%	100%
	总量/人次	230	115	37	55	14	—	690	9	1150
城市开发	比例	40%	20%	12%	3%	20%	—	4%	1%	100%
	总量/人次	14945	7472	4483	1121	7472	—	1494	374	37361
合计	总量/人次	26613	11122	6184	3256	8526	416	2600	591	59308

预测早高峰时段，进杭州西站落客平台的交通量为 2100 pcu/h，其中西侧落客平台占比 40%，为 850 pcu/h；东侧落客平台占比 60%，为 1250 pcu/h。进综

合体的交通量为4000 pcu/h，包括90%的中长距离交通和10%区域交通，其中，通过良睦路（主线+辅道，以下同）、东西大道（主线+辅道，以下同）进入的交通量各为1700 pcu/h，通过其他区域道路进入的交通量为600 pcu/h。通过良睦路进综合体的交通量，80%通过高架匝道系统进入，20%通过地面道路系统进入。

(2)枢纽核心区。

枢纽核心区为振华西路—创远路—大蔡园路—景腾路围合的区域（不含杭州西站），该区域全天吸引客流约30万人次，其中早高峰单向吸引客流约5.2万人次/小时。早高峰时段各种交通方式吸引量分担比例及交通量详见表5.6。

表5.6　枢纽核心区早高峰时段各种交通方式吸引量分担比例及交通量

交通方式	地铁	慢行	地面公交	小汽车（含出租）	合计
比例	35%	28%	20%	17%	100%
总量/人次	18285	14628	10449	8881	52243

早高峰时段，进枢纽核心区的交通量为6350 pcu/h，东侧通过良睦路、西侧通过东西大道进入的交通量各占40%，为2540 pcu/h。

(3)高铁新城外围区域。

高铁新城外围区域（不含核心区）全天吸引客流约80万人次，其中早高峰单向吸引客流约11.6万人次/小时。早高峰时段各种交通方式吸引量分担比例及交通量详见表5.7。

表5.7　高铁新城外围区域早高峰时段各种交通方式吸引量分担比例及交通量

交通方式	地铁	慢行	地面公交	小汽车（含出租）	合计
比例	25%	30%	24%	21%	100%
总量/人次	29148	34978	27982	24485	116593

5.地区整体需求预测分析

(1)界面流量。

根据《杭州西站地区综合交通体系规划》，进入枢纽核心区的小汽车主要分为两类：一类为从远端进入枢纽核心区，主要经良睦路、东西大道两个界面通过东西疏解通道到达；第二类为近端进入枢纽核心区，主要通过南北向的地面道路进行组织，利用站南路、站北路、站中路直接到地面场站进行接送客。

进高架落客平台小汽车总量约2100 pcu/h，其中主城方向车流主要使用东落客平台，约1250 pcu/h，西侧约850 pcu/h。

站城综合体早高峰吸引小汽车交通总量约5600人次/时，合计交通量约4000 pcu/h。枢纽综合体从东西两侧都能直接到达，规划考虑从东侧进入综合

体地下车库的总量占 55%，西侧约为 45%。其中远距离到达的比例占 85%，高铁新城及邻近地区占比为 15%，主要通过其他地面道路网进入枢纽综合体。经过测算，通过东侧良睦路界面进入综合体车辆约 1900 pcu/h，通过西侧东西大道进入综合体车辆约 1700 pcu/h，通过其他地面道路到达的车辆约 400 pcu/h。

枢纽核心区早高峰吸引小汽车交通总量约 8880 人次/时，合计交通量约 6350 pcu/h。对于综合体而言，东西侧界面到达比例较为平衡。其中东西大道：良睦路：其他南北向道路＝40%：40%：20%。经过测算，通过良睦路和东西大道界面进入枢纽核心区的车辆为 2550 pcu/h，通过地面到达约 1250 pcu/h。

综上所述，高峰时段经东侧良睦路界面进入枢纽核心区范围的车辆约 5700 pcu/h，经过东西大道界面进入枢纽核心区范围的车辆约 5100 pcu/h。

(2)交通分区。

结合用地规划、自然条件和道路网络，对规划区进行交通小区划分，得到 41 个内部交通小区(图 5.25)和 13 个外部交通小区。

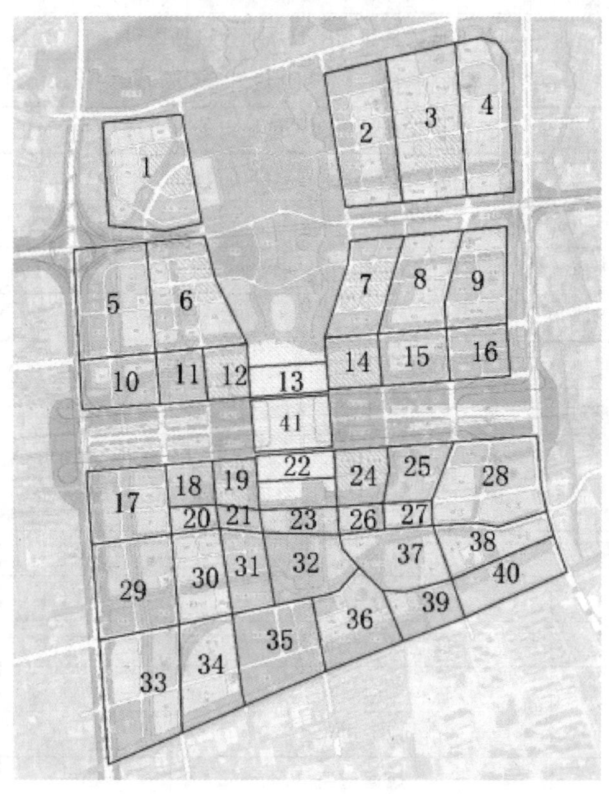

图 5.25　规划区内部交通小区划分图

6. 路段流量预测结果

参照《杭州西站地区综合交通体系规划》中的流量分配、建模方式和预测结果，结合最新道路规划设计方案对原交通预测结果进行调整，得到最新的交通预测结果。首先，采用内插和趋势外推的方法，将原来 2030 年和 2040 年的交通预测量换算至 2032 年和 2042 年；然后，参照规划中的交通分区方式和交通预测结果进行 OD 反推，再按最新方案调整路网，得到初步交通预测结果；最后在保持落客平台交通量、地下车库进出口、出租车回场匝道等断面交通量与规划预测结果基本一致的前提下对初步预测结果进行调整，得到最终的交通量预测结果。具体见表 5.8、表 5.9。

表 5.8　高架匝道早高峰时段交通量预测(pcu/高峰小时)

匝道	路段	2032 年	2042 年
进站匝道主线	留祥快速路—站城北街下匝道	2009	2240
	站城北街下匝道—站城北街进站匝道	935	1100
落客平台	站城北街进站匝道—站城南街出站匝道	1063	1250
出站匝道主线	站城南街出站匝道—站城南街上匝道	595	700
	站城南街上匝道—留祥快速路	1836	2160
站城北街下匝道	—	1074	1440
站城北街进站上匝道	—	166	195
站城南街出站下匝道	—	221	260
出租车回场匝道	—	298	350
站城南街上匝道	—	1241	1460

表 5.9　地面道路早高峰时段交通量预测(pcu/高峰小时)

道路	路段	2032 年	2042 年
站城南街	良睦路—良亭港路	1819	2140
站城北街	良睦路—杭创大道	1972	2320
杭创大道	地面道路	1033	1215
	地下道路	1292	1520
良亭港路	地面道路	740	870
	地下道路	927	1090

7. 车道规模

根据道路设计方案，高架匝道衔接段、地面道路、地下道路设计车速均为 40 km/h。根据《城市道路工程设计规范（2016 年版）》（CJJ37—2012），高架匝道一条车道基本通行能力为 1650 pcu/h，设计通行能力为 1300 pcu/h；地面道路一条车道基本通行能力为 1600 pcu/h，设计通行能力为 1300 pcu/h。

根据《城市快速路设计规程》（CJJ129—2009），快速路设计通行能力不需进行车道系数与交叉口折减。高架匝道参照快速路出入口控制标准进行设计，因此单向二车道、三车道设计通行能力分别为 2600 pcu/h、3900 pcu/h；地面道路考虑路段折减、交叉口折减、车道折减和方向不均匀系数等因素，双向六车道道路设计通行能力为 2400～2600 pcu/h，双向四车道道路设计通行能力为 1600～1900 pcu/h，双向二车道道路设计通行能力为 900 pcu/h。根据交通预测结果，高架匝道主线车道规模应为单向二车道，接地匝道车道规模为单向一车道-单向二车道；站城南街、站城北街应为双向六车道，杭创大道地面道路和地下道路均为双向四车道，良亭港路地面道路和地下道路均为双向四车道。考虑到站前区域交通组织复杂，地面道路和高架接地匝道一旦发生拥堵很容易影响高架匝道主线的畅通，因此建议适当增加地面道路和高架接地匝道的车道规模，以提高交通保障度和蓄车能力。

最终推荐的车道规模：高架匝道主线及接地匝道的车道规模均为单向二车道，站城南街、站城北街为双向六车道，杭创大道地面道路为双向六车道、地下道路为双向四车道，良亭港路地面道路和地下道路均为双向四车道。各车道设计通行能力满足交通预测目标年交通需求。

5.4.3　总体设计

5.4.3.1　设计思路

（1）以城市总体规划为指导，用系统眼光分析解决问题

该工程是西站周边交通路网的重要组成部分，沿线路网密集，情况复杂，交通源众多。以城市总体规划为指导，从城市系统的角度出发，摒弃单纯解决交通问题出发点，妥善处理各类矛盾，才能解决好区域交通问题，以促进杭州社会经济全面协调发展。

(2)节约资源、避免浪费,体现城市发展的可持续。

总体设计应最大限度地减少因考虑不周带来的重复建设和巨大浪费,近远期结合,充分利用现状构筑物,节约宝贵的资源,实现城市可持续发展的战略要求。

(3)尊重自然、保护环境,以景观、环保为主线贯穿设计全过程

尊重自然,保护环境,坚持人与自然相和谐,注重城市总体景观,充分体现以人为本。在满足交通功能的前提下全力提升道路的环境质量、空间功能及景观效果,展示杭州城市的风采。同时,在使用效果上应追求"低噪声、轻污染、低能耗"。

(4)以确保快速路交通功能为核心,树立安全至上的理念。

充分考虑影响快速路交通功能的各类因素,合理确定总体方案,充分体现连接线高标准、大容量、快速交通的特点,注重与沿线留祥快速路、既有城市道路的协调处理,设置功能匹配的立体交叉,并兼顾区域交通和沿线服务功能。树立安全至上的理念,采取主动安全措施,加强设计的前瞻性,确保交通安全。

(5)遵循全寿命周期成本理念,谋求潜在综合社会效益最大化。

中国经济发展正在面临能源问题的严峻挑战,能源问题已经成为中国未来经济和环境可持续发展的一个重要问题。当今,建筑和交通行业发展迅猛,节能重点已经从工业逐渐转向建筑和交通领域。所以,总体设计中必须树立和遵循项目全寿命周期成本核算的理念,坚持合理确定工程总体方案,注重结构耐久性设计,加强对高效节能技术和措施的研究,降低通车运营后期维护费用,谋求项目潜在的综合社会效益最大化。

5.4.3.2 设计原则

(1)总体设计应以安全、适用、经济、美观为原则,在满足交通功能的前提下,力求功能齐全、占地节省、造价经济、外形美观、环境协调、安全流畅。

(2)采取定性、定量等方法,综合全面分析东侧连接线、东侧落客平台、站城南街、站城北街、西站街等路网特点及交通特性,明确交通主要流向,满足交通功能。

(3)根据杭州市城市交通总体规划和路网规划,以及西站周边交通路网规划,合理布置断面,并针对不同的节点位置,选择适合的立交形式,合理布设出入口。

(4)要充分合理地利用既有构筑物,对既有构筑物改造要尽量使废弃工程量最小。

(5)坚持以人为本的原则,从安全通行和使用便利角度出发,完善慢行系统。

(6)设计应尽量减少拆迁占地;匝道布设应符合交通现状和规划路网中的主要流向要求。

(7)充分注重周围环境和景观要求,注重人文景观和绿化,把景观设计与工程设计有机结合,使建成后的高架连接线成为能够展现都市风采的景观带。

(8)处理好与沿线企业、居民住宅等的关系,保证城市公共设施的正常运营。

5.4.3.3　总体布置

通过路线选线方案比较,推荐良睦路节点路线从良睦路西侧下穿铁路方案。进站匝道主线起点接留祥快速路,高架线位基本按照规划良睦路、站城北街布设,依次上跨规划良睦路、留祥快速路、站城北街、杭创大道及良亭港路及良亭港河,最终接西站落客平台。全线设置 10 处平曲线,最小平曲线半径 100 m,位于上跨留祥快速路后汇入良睦路位置处,目的是避让规划河道,减少高架占用基本农田数量。平曲线半径小于 500 m 均设置满足规范要求的缓和曲线,缓和曲线长度最小值为 35 m。

出站高架主线接西站落客平台,高架线位基本按照站城南街、良睦路布设,依次上跨良亭港路、杭创大道于良睦路西侧下穿铁路高架,之后沿良睦路高架向北通过定向匝道汇入留祥快速路。全线设置 7 处平曲线,最小平曲线半径 100 m,位于下穿铁路高架处,目的是避让铁路桥墩,使高架桥墩与高速铁路桥墩之间的距离满足规范要求。平曲线半径小于 500 m 均设置满足规范要求的缓和曲线,缓和曲线长度最小值为 35 m。

站城北街进站匝道,起点接站城北街地面道路,沿站城北街向西布线,上跨良亭港路和良亭港河道后接西站落客平台。全线设置两处平曲线,平曲线半径为 2000 m,满足不设缓和曲线最小圆曲线半径要求。

站城北街下匝道,起点接进站匝道主线,终点接站城北街地面道路,距离杭创大道交叉口约 140 m。全线设置一处平曲线,圆曲线最小半径为 100 m,缓和曲线长度为 35 m,满足规范最小缓和曲线长度要求。

站城南街出站匝道,起点接落客平台,沿站城南街向东布设,上跨良亭港路,终点接站城南街地面道路。全线设置两处平曲线,平曲线半径为 2500 m,满足不设缓和曲线最小圆曲线半径要求。

站城南街上匝道,起点接站城南街,距离杭创大道交叉口约 80 m,终点接出站匝道主线，全线设置两处平曲线，最小半径为 100 m，缓和曲线长度为 35 m，满足规范最小缓和曲线长度要求。

出租车回车场匝道，因受高速铁路、控制标高等条件限制，设计速度取值 20 km/h，圆曲线半径最小值为 30 m。

5.4.4 智慧交通系统

1. 交通信号控制系统

交通信号控制系统是城市公安交通指挥控制系统的重要基础应用，是当前杭州市快速路智能交通系统的重要组成部分。

通过安装在道路上的地磁车辆检测器或视频车辆监测器，交通信号控制系统可以优化交通信号灯配时的交通方案，使其适应交通流变化条件，从而使在控路网中运行的车辆的延误和停车次数达到最小。

2. 交通流量采集系统

系统集成地磁、微波等多种检测技术，自动采集交通流量、车道占有率、平均车速等交通特性和拥挤程度信息，可以实时了解区域路网的运行全貌，并通过对数据进行分析，为指挥调度、交通信号控制、交通诱导等提供决策依据；同时可提高指挥中心对城市动态交通异常事件的快速反应能力。

3. 交通电子警察系统

交通电子警察系统实现对路口机动车闯红灯、压线、逆行、不按导向车道、违法停车、不系安全带等交通违法行为进行自动“检测”和“抓拍”，将违法车辆的图片、号牌、地点、时间等信息纪录，并传送到杭州市交通指挥中心。

4. 高清视频监控系统

视频监控系统所记录的图像具有很强的直观性、实时性和可逆性，能直观地反映道路交通信息与交通状况，便于交通管理指挥人员及时掌握交通动态。其在解决交通事故问题、预防和疏导交通拥堵、及时响应交通突发事件以及在治安维护、刑事案件侦破、为公安侦查破案提供线索等方面发挥重要的作用。

5. 交通诱导系统

交通诱导系统实时发布该区域及周边道路的交通信息，方便驾驶员选择行驶路径，为交通出行者提供交通诱导服务，并对该区域车辆进行合理分流，减轻

拥堵，提高道路通行效率。

6. 匝道控制系统

本工程入口匝道处设置信号灯设施，引导驶入快速路主线的车辆，通过控制进入主线的车流量，保障快速路主线的交通畅通，减少交通事故的发生频率，维持快速路主线较高的服务水平，改进快速路周边道路网的安全状况，并可对特定车辆给予特殊的管理措施。

7. 通信系统

针对智能交通系统对网络的需求，建设专用的智能交通管理系统专网，通过有线通信实现指挥中心与外场系统的数据和图像的交换，以及各种应用系统之间的信息交换和各相关部门的信息共享。

5.4.5　项目评价及研究结论

5.4.5.1　项目评价

1. 项目的社会效益分析

道路工程的建设将使交通分布更为合理，使各级道路功能得到充分发挥，既能进一步缓解目前部分道路交通日趋突出的矛盾，沟通杭州西站与周边的互联，又能为地块增值、招商引资创造有利的条件。

本项目的建设可以改善高铁站对外交通联系；完善区域路网，适应快速增长交通量；促进地块开发，助推高铁新城的发展。本工程作为杭州西站对外交通的重要组成部分，将承担西站主要客运进出需求，项目的建成是实现杭州总体规划，促进杭州市综合交通发展及实现“一带一路”国家战略的重要保障。

2. 项目的国民经济评价

该项目的建成可以较大程度地提高原有道路的通行条件，提高道路服务水平并可以在一定程度上吸引附近路网的交通量，减轻附近路网的压力，大大节约了车辆通行时间，从而获得车辆运输成本节约效益和时间节约效益；同时良好的通行条件可以减少交通事故的发生，并为附近百姓的出行带来方便，取得一定的社会效益。体的来说，本工程从国民经济评价角度看是可行的，对国家和地区的经济发展亦是十分有利的。

5.4.5.2 研究结论

(1)项目地理位置优越,联运交通优势明显,是理想的项目建设选址。

(2)项目符合杭州市城市总体规划、企业投资计划和杭州市城市现代化进程中完善基础设施建设的要求,项目具备启动条件。

(3)本项目是杭州市市政设施系统重要组成部分,经国民经济分析评价,本项目经济效益良好,在经济上是可行的。

(4)项目的建设对周边环境及社会影响较小,不会造成负面社会影响及对环境的破坏,其建设有利于改善杭州西部科创大走廊交通条件,加快开发建设进度,其绿化补充完善城市绿地系统,所以项目的建设对环境及社会影响较小,其建设方案是可行的。

综上所述,项目技术可行、经济合理,现状基础建设条件具备,满足项目建设技术条件。

第6章　市政工程造价

6.1　建设项目的分解及基本建设程序

6.1.1　建设项目的分解

建设项目是指具有设计任务书和总体设计、经济上实行独立核算、行政上具有独立机构或组织形式，实行统一管理的基本建设单位。在工业建筑中，一般是以一个工厂为建设项目；在民用建筑中，一般是以一个事业单位，如一所学校、一家医院等为建设项目。建设项目往往投资额巨大、建设周期长，按照工程计量以及工程造价的确定与控制的需要，通常将建设项目分解为单项工程、单位工程、分部工程和分项工程四个层次。

1. 单项工程

单项工程是指一个建设单位中，具有独立的设计文件、竣工后可以独立发挥生产能力或工程效益并有独立存在意义的工程，是建设项目的组成部分，也称为工程项目。在工业建筑中是指能够生产出设计所规定的主要产品的车间或生产线以及其他辅助或附属工程，如工厂的生产车间、办公楼、职工食堂等；在民用建筑中是指能够独立发挥设计规定的使用功能和使用效益的各种建筑单体或独立工程，如学校的教学楼、图书馆、学生宿舍等。

一个建设项目中，可以有几个单项工程，也可能只有一个单项工程，如大型钢铁联合企业，应按编制总体设计文件，将炼铁厂、炼焦厂、初轧厂、钢板厂等单项工程作为建设项目。

2. 单位工程

单位工程是指具有单独设计文件，可以独立组织施工的工程，是单项工程的组成部分。一个单项工程，可按照其专业构成分解为建筑工程和设备安装工程两类单位工程，其特点是完工后不能独立发挥生产能力或效益。例如，建筑工程中的一般土建工程、给排水工程、通风工程、电气照明工程等，设备安装工程中的机械设备及安装工程、电气设备及安装工程等，均可独立作为单位工程。

3. 分部工程

分部工程是指按照单位工程的不同结构、部位、施工工种、材料和设备种类所划分出来的中间产品，是单位工程的组成部分，是单位工程分解出来的结构更小的工程。如按建筑工程的不同结构、部位，一般土建单位工程可分为基础、墙体、梁柱、楼板、地面、门窗、装饰、屋面等分部工程；又可按材料和结构综合分为木结构工程、金属结构工程、楼地面工程、屋面工程、耐酸防腐工程、装饰工程、筑炉工程等分部工程。

4. 分项工程

分项工程是指按照分部工程中通过较为简单的施工过程就能完成的工程，并且可以采用适当的计量单位进行计算的建筑或设备安装工程，是工程造价计算的基本要素和计量单元。如砌筑分部工程可分为砖基础、实心砖墙、砌块墙等分项工程，混凝土及钢筋混凝土分部工程可分为模板、混凝土、钢筋等分项工程。

6.1.2 建设项目的基本建设程序

基本建设程序是指建设项目从设想、决策与规划、设计、施工、竣工验收直至投产交付使用以及后评价的过程中，各阶段、各环节的先后次序。

基本建设程序是经过长期的基本建设工作对基本建设程序经过凝练总结后所形成的管理程序，是建设项目科学决策和顺利进行的重要保障，主要包括项目建议书、可行性研究、设计、建设准备、施工、竣工验收和后评价 7 个阶段。

1. 项目建议书阶段

项目建议书阶段是由投资者结合自然资源和市场预测情况，向国家提出对拟建项目的设想和建议的阶段。

项目建议书的主要内容包括：①提出建设项目的必要性、可行性和建设依据；②对建设项目的拟建规模、建设地点、建设用途和功能的初步设想；③对建设项目所具备的建设条件、资源情况和协作关系等的初步分析；④编制建设项目的投资估算，并对资金的筹措作初步安排；⑤对建设项目总进度的安排及建设总工期的估算；⑥对建设项目经济效益、社会效益和环境效益的估算。

项目建议书的审批是按照建设总规模和限额划分的审核权限进行报批的。大中型项目或限额以上项目经主管部门初审通过后，由国家发展和改革委员会

审批;小型及限额以下项目,按投资隶属关系由部门或地方计委审批。

2. 可行性研究阶段

可行性研究阶段是对项目建设的必要性、技术上的先进性、经济上从微观效益和宏观效益两个角度衡量的合理性进行科学的分析和论证,从而得出建设项目是否可行的结论的阶段。

可行性研究阶段的最终成果是形成可行性研究报告,经批准的可行性研究报告是确定建设项目以及编制设计文件的依据。可行性研究的项目范围包括大中型项目、利用外资项目、引进技术和设备进口项目以及其他有条件进行可行性研究的项目,这些项目凡未经可行性研究确认的,不得编制向上报送的可行性研究报告和进行下一步工作。

可行性研究的审批也是按照建设总规模和限额划分的审核权限进行报批的,大中型项目或限额以上项目由国家发展和改革委员会审批;小型及限额以下项目,由各部门审批。可行性研究报告一经批准,项目的建设规模、建设方案、建设地点、投资限额以及主要的协作关系随即确定,不得随意修改和变更,如确需变动的,应经原审批机关同意。

3. 设计阶段

设计阶段是对项目建设实施的计划与安排的阶段,是项目建设的关键阶段。

设计阶段的主要工作是编制设计文件,设计文件包括文字规划说明和工程图纸设计,它决定建设项目的轮廓与功能,直接关系到工程质量和项目未来的使用效果。对于大型或技术复杂项目要进行如下三阶段设计:①初步设计阶段,编制拟建工程的各有关工程图纸;②技术设计阶段,是初步设计的进一步深化和完善化;③施工图设计阶段,是在前两阶段设计的基础上编制指导施工安装的正式蓝图。一般建设项目可只进行初步设计和施工图设计两阶段设计。

4. 建设准备阶段

建设准备阶段主要是申请建设项目列入固定资产投资计划,并开展各项施工准备工作以保证顺利开工的阶段。

建设准备阶段的主要内容包括:①进行征地拆迁,完成施工用水、电、路通、场地平整,准备必要的施工图纸;②申请贷款,签订贷款协议、合同等;②组织招投标,选定施工单位,签订施工合同,办理工程开工手续;③组织材料设备的订货、开工所需材料的进货、施工单位的进场准备工作;④施工单位完成施工组织设计，进行临时设施的建设。

在建设准备阶段项目报批开工之前，审计机关要对以下内容进行审计证明：①项目的建设资金来源是否正当，资金是否已落实；②项目开前的各项支出是否符合国家的相关规定；③建设资金是否按要求存入规定的银行。

5. 施工阶段

施工阶段是项目建设过程中周期最长、资金投入最大、占用和耗费资源最多的阶段，是项目建设形成工程实体的决定性阶段。

施工阶段参建各方的主要工作内容包括：①施工单位按设计要求和合理的施工顺序组织施工，编制年度的材料和成本计划，控制工程的进度、质量和费用；②设计单位根据设计文件向施工单位进行技术交底，在施工过程中接受合理建议，并根据实际情况按规定程序进行设计变更；③监理单位根据委托合同的内容对工程的进度、质量和费用进行有效控制，协助建设单位保障工程的顺利施工和项目目标的实现；④建设单位根据生产计划进行生产准备工作，如招聘、培训管理人员和员工、制定必要的管理制度等。

6. 竣工验收阶段

竣工验收阶段是检查竣工项目是否符合设计要求、考核项目建设成果、检验设计和施工质量的重要阶段，是工程建设过程的最后一个环节，是建设项目由建设阶段转入生产或使用阶段的一个重要标志。

竣工验收阶段的主要内容包括：①检验建设项目是否已按设计要求建成并满足生产要求；②检验主要的工艺设备是否经过联动负荷试车合格形成设计要求的生产能力；③检验职工宿舍等生活福利设施能否适应投产初期的需要；④检验生产准备工作是否能够适应生产初期的需要。

7. 后评价阶段

后评价阶段是建设项目经过一定阶段的生产运营后，由主管部门组织专家对项目的立项决策、设计、施工、竣工投产、生产运营全过程进行系统评价等技术经济活动的阶段。

后评价阶段是投资项目全过程管理的一项重要内容，也是固定资产投资管理的最后一个环节。后评价阶段的主要作用包括：①总结经验，解决遗留问题，提高工程项目的决策水平和投资效果；②实现生产运营目标，实现资金的回收与增值，从而实现项目建设的根本目标。

6.2　工程造价的基本概念

6.2.1　工程造价的含义

工程造价本质上属于价格范畴，通常是指工程建设预计或实际支出的费用，在市场经济条件下，由于所处的角度不同，工程造价有不同的含义。

1. 广义的工程造价

广义的工程造价是从投资者或业主的角度而言，建设一项工程预期开支或实际开支的全部固定资产投资费用，是建设项目的建设成本，包括从项目的决策开始到项目交付使用为止，完成一个工程项目建设所需费用的总和。

对投资者而言，工程造价是工程项目的投资费用，是购买工程项目所要付出的价格。

2. 狭义的工程造价

狭义的工程造价是从市场交易角度而言，通过招投标或其他交易方式，在进行多次预估的基础上，最终由市场形成的价格，是建设一项工程预计或实际在工程发承包交易活动中所形成的建筑安装工程费用或建设工程总费用。这里作为各方交易对象的工程，既可以包括建设项目，也可以是其中的一个或几个单项工程或单位工程，也可以是建设的某个阶段或某几个阶段的组合。

狭义的工程造价含义中，工程承发包价格是典型的价格交易形式，即建筑产品价格，是建筑产品价值的货币表现。对承包商而言，工程造价是出售商品和劳务的价格；对投资者而言，工程造价是出售工程项目时确定价格和衡量投资经济效益的尺度。

6.2.2　工程造价及其计价的特点

6.2.2.1　工程造价的特点

由于建筑产品本身具有实物体积庞大、建筑类型多样、建设地点固定以及建设周期长、消耗资源多、涉及面广、协作性强等特征，工程造价具有大额性、差异性和阶段性的特点。

1. 工程造价的大额性

与其他产品不同，建筑产品往往体积大、占地面积广且建设周期长，因此任何的建设项目或单项工程造价均具有大额性，少则几十万，多则几百万、几千万、几个亿甚至更高。工程造价的大额性，也决定了工程造价对宏观经济的重大影响，说明了工程造价的特殊地位。

2. 工程造价的差异性

不同性质的建设项目都有其特定的规模、功能和用途，在建筑外观造型、装修以及内部结构和分隔方面都会有差异，这些差异就形成了工程造价的差异性，即便同种类型的建设项目，如果处于不同的地区或地点，其工程造价也会有所差别。因此，工程造价具有绝对的差异性。

3. 工程造价的阶段性

在项目基本建设程序的不同阶段，同一工程的造价有不同的名称和内容，这就是工程造价的阶段性。如项目的决策阶段，因拟建工程的相关建设数据尚处估测阶段，所以形成的是投资估算，误差率较高；项目的设计阶段，随着设计资料的完善，形成的是设计概算，成为该项工程基本建设投资的最高限额；项目的施工阶段，随着工程变更、签证以及材料价格、计算费率等的变化，形成反映工程实际造价的结算文件等。

6.2.2.2　工程计价的特点

工程计价是指对工程建设项目及其对象建造费用的计算，即工程造价的计算，因此，与工程造价的特点相对应，工程计价具有组合性、单件性、多次性和复杂性的特点。

1. 工程计价的组合性

由于建设项目的组成复杂，且工程造价具有大额性，因此，在进行工程计价时，需要先将建设项目按其组成依次分解为单项工程、单位工程、分部工程和分项工程后，再逐级逆向组合汇总计价。即先由各分项工程造价组合汇总得到各分部工程造价，分项工程是工程计价的最小单元；再由各分部工程造价组合汇总形成各单位工程造价，单位工程是工程计价的基本对象，每一个单位工程都应编制独立的工程造价文件；然后再由各单位工程造价组合汇总形成各单项工程造价，最后由各单项工程造价组合汇总形成建设项目造价。

2. 工程计价的单件性

由于建设项目的性质和用途各异，且工程造价具有差异性，因此，在进行工程计价时，要根据建筑产品的差异以单件计价。如基本建设项目按功能分类，可划分为住宅建筑、公用建筑、工业建筑及基础设施四类，这些建筑产品在进行计价时必须以单件计价，而即便对于同一类型的建筑，也会因其建造过程中的时间、地点、施工企业、施工条件以及施工环境的不同而不完全相同，因此，对于每一个建设项目只能是进行单件性计价。

3. 工程计价的多次性

由于建设项目是按规定的基本建设程序进行建造的，且工程造价具有阶段性，在基本建设程序的各个阶段，根据工程建设过程由粗到细、由浅入深的渐进过程，要对应进行多次的工程计价，形成各阶段的工程造价文件，以适应工程建设过程中各方经济关系的建立，适应全方位项目管理的要求。

4. 工程计价的复杂性

由于基本建设程序的各个阶段，对于工程造价文件的内容和精确性的要求不同，工程计价的依据和方法也各不相同，这就是工程计价的复杂性。以建设项目投资决策阶段为例，在项目建议书阶段和可行性研究阶段，尽管要编制的工程造价文件均为投资估算，但由于精确度的要求不同，对于项目建议书中的投资估算可采用如生产能力指数法等简单的估算法，依据类似已建项目的生产规模及造价即可确定；而对于详细可行性研究阶段的投资估算则必须采用精确度比较高的指标估算法，依据投资估算指标进行计价。

6.2.3　工程造价的职能

工程造价及其计价的特点，决定了工程造价具有预测职能、控制职能、评价职能和调控职能。

1. 预测职能

在工程建设的每个阶段，投资者或承包商都必须对广义或狭义的工程造价进行预先测算，即工程造价具有预测职能，主要体现在以下两个方面。

(1)投资者预测的工程造价，作为建设项目投资决策的依据，一方面是项目得以审批的重要内容，另一方面也是项目筹集资金、控制总造价的依据。

(2)承包商预测的工程造价,作为建设项目投标决策的依据,既是建设准备阶段投标报价和中标合同价的依据,也是项目施工安装的价格标准,是承包商进行成本管理的依据。

2. 控制职能

工程建设每个阶段所形成的工程造价都要控制在其上一阶段的造价限额内,即工程造价具有控制职能,主要体现在纵向控制和横向控制两个方面。

(1)纵向控制是指对建设项目总投资的控制,即在基本建设程序的各个阶段,通过对工程造价的多次性预先测算,对工程造价进行全过程、多层次的控制,如投资估算控制设计概算、设计概算控制施工图预算等。

(2)横向控制是指对基本建设程序的某一阶段进行成本控制,如施工阶段,可以对以承包商为代表的商品和劳务供应企业的成本进行控制,在价格一定的条件下,成本越低盈利越高。如承包商通过施工预算对施工现场的生产要素进行成本控制,以获取好的盈利水平。

3. 评价职能

工程造价可用以评价投资的合理性和投资效益,以及企业的盈利能力和偿债能力,即工程造价具有评价职能,主要体现在以下四个方面。

(1)工程造价是国家和地方政府控制投资规模、评价建设项目经济效果、确定项目建设计划的重要依据。

(2)工程造价是金融部门评价建设项目的偿还能力,确定贷款计划、贷款偿还期以及贷款风险的重要经济评价参数。

(3)工程造价是建设单位考察建设项目经济效益、进行投资决策评价的基本依据。

(4)工程造价是施工企业评价自身技术、管理水平和经营成果的重要依据。

4. 调控职能

工程建设直接关系到国家的经济增长以及国家重要资源的分配和资金流向,对国家经济和人民生活都会产生至关重要的影响。因此,国家对于项目的功能、建设规模、标准等进行宏观调节是在任何条件下都必不可少的重要环节,尤其是对于政府投资项目的直接调控和管理。而工程造价作为经济杠杆,可对工程建设中的物质消耗水平、建设规模、投资方向等进行有效的调控和管理,即工程造价具有调控职能。

6.3　工程造价管理的基本概念

6.3.1　工程造价管理的含义

工程造价管理是指以建设项目为研究对象，综合运用工程技术、经济、法律法规、管理等方面的知识与技能，以效益为目标，对工程造价进行控制和确定的学科，是一门与技术、经济、管理相结合的交叉而独立的学科。

6.3.1.1　工程造价管理的两种含义

工程造价有两种含义，与之相对应的工程造价管理也是指两种意义上的管理：一是宏观的建设项目投资费用管理；二是微观的工程价格管理。

1. 宏观的工程造价管理

宏观的工程造价管理是指政府部门根据社会经济发展的实际需要，利用法律、经济和行政等手段，规范市场主体的价格行为，监控工程造价的系统活动。

具体来说，就是针对建设项目的建设中，全过程、全方位、多层次地运用技术、经济及法律等手段，通过对建设项目工程造价的预测、优化、控制、分析、监督等，以获得资源的最优配置和建设项目最大的投资效益。从这个意义上讲，工程造价管理是建筑市场管理的重要组成部分和核心内容，它与工程招投标、质量、施工安全有着密切关系，是保证工程质量和安全生产的前提和保障。

2. 微观的工程造价管理

微观的工程造价管理是指工程参建主体根据工程有关计价依据和市场价格信息等预测、计划、控制、核算工程造价的系统活动。

具体来说，微观的工程造价管理就是指以货币形态来研究完成一定建筑安装产品的费用构成以及如何运用各种经济规律和科学方法，对建设项目的立项、筹建、设计、施工、竣工交付使用的全过程的工程造价进行合理确定和有效控制。

6.3.1.2　工程造价管理两种含义的关系

工程造价管理的两种含义既是一个统一体，又是相互区别的，主要的区别包括以下两点。

1. 管理性质不同

宏观的工程造价管理属于投资管理范畴，微观的工程造价管理属于价格管理范畴。

2. 管理目标不同

作为项目投资费用管理，在进行项目决策和实施过程中，追求的是决策的正确性，关注的是项目功能、工程质量、投资费用、能否按期或提前交付使用。作为工程价格管理，关注的是工程的利润成本，追求的是较高的工程造价和实际利润。

6.3.2 工程造价管理的范围

国际造价工程联合会于 1998 年 4 月在专业大会上提出了全面工程造价管理的概念，明确了工程造价管理的范围。全面工程造价管理是指有效地利用专业知识和专门技术，对资源、成本、盈利和风险进行计划和控制，范围包括工程全过程造价管理、全要素造价管理、全风险造价管理和全团队造价管理。

1. 全过程造价管理

全过程造价管理是指对于基本建设程序中规定的各个阶段实施的造价管理，主要内容包括：决策阶段的项目策划、投融资方案分析、投资估算以及经济评价；设计阶段的方案比选、限额设计以及概预算编制；建设准备阶段的发承包模式及合同形式的选择、招标控制价和投标报价的编制；施工阶段的工程计量、工程变更控制与索赔管理、工程结算；竣工验收阶段的竣工决算。

全过程造价管理是通过对建设项目的决策阶段、设计阶段、施工阶段和竣工验收阶段的造价管理，将工程造价发生额控制在预期的限额之内，即投资估算控制设计概算，设计概算控制施工图预算，施工图预算控制工程结算，并对各阶段产生的造价偏差进行及时纠正，以确保工程项目投资目标的顺利实现。

2. 全要素造价管理

全要素造价管理是指对于项目基本建设过程中的主要影响因素进行集成管理，主要内容包括对建设项目的建造成本、工期成本、质量成本、环境与安全成本的管理。

工程的工期、质量、造价、安全是保证建设项目顺利完成、达到项目管理目标的重要因素。而工程的工期、质量、安全对工程项目的造价也有着显著的影响，

如保证或合理缩短工期、严格控制质量和安全，可以有效节约建造成本，达到项目的投资目标，因此，要实现全要素的造价管理，就要对各个要素的造价影响情况、影响程度以及影响的发展趋势进行分析预测，协调和平衡这些要素与造价之间的对立统一关系，以保证造价影响要素的有效控制。

3. 全风险造价管理

全风险造价管理是指对于各个建设阶段中影响造价的不确定性因素集合，增强主观防范风险意识，客观分析预见各种可能发生的风险，提前做好风险的预案评估，及时处理所发生的风险，并采取各种措施减少风险所造成的损失。主要内容包括：风险的识别、风险的评估、风险的处理以及风险的监控。

项目风险并不是一成不变的，最初识别并确定的风险事件及风险性造价可能会随着实施条件的变化而变化，因此，当项目的环境与条件发生急剧变化以后，需要进一步识别项目的新风险，并对风险性造价进行确定，这项工作需要反复进行多次，直至项目结束为止。

4. 全团队造价管理

全团队造价管理是指建设项目的参建各方均应对于工程实施有效的造价管理，即工程造价管理是政府建设主管部门、行业协会、建设单位、监理单位、设计单位、施工单位以及工程咨询机构的共同任务，又可称为全方位造价管理。

全团队造价管理主要是通过工程参建各方，如业主、监理方、设计方、施工方以及材料设备供应商等利益主体之间形成的合作关系，做到共同获利，实现双赢。要求各个利益集团的人员进行及时的信息交流，加强各个阶段的协作配合，才能最终实现有效控制工程造价的目标。

综上所述，在工程造价管理的范围中，全过程、全要素、全风险造价管理是从技术层面上开展的全面造价管理工作，全团队造价管理是从组织层面上对所有项目团队的成员进行管理的方法，为技术方面的实施提供了组织保障。

6.3.3　工程造价管理的内容

工程造价管理的核心内容就是合理确定和有效控制工程造价，二者存在着相互依存、相互制约的辩证关系。工程造价的确定是工程造价控制的基础和载体，工程造价的控制贯穿工程造价确定的全过程，只有通过建设各个阶段的层层控制才能最终合理地确定造价，确定和控制工程造价的最终目标是一致的，二者相辅相成。

6.3.3.1 合理确定工程造价

合理确定工程造价是指在建设过程的各个阶段，合理进行工程计价，也就是在基本建设程序各个阶段，合理确定投资估算、设计概算、施工图预算、施工预算、工程结算和竣工决算造价。

1.决策阶段合理确定投资估算价

投资估算的编制阶段是项目建议书及可行性研究阶段，编制单位是工程咨询单位，编制依据主要是投资估算指标。其作用是：在基本建设前期，建设单位向国家申请拟立建设项目或国家对拟立项目进行决策时，确定建设项目的相应投资总额而编制的经济文件，投资估算是作为资金筹措和申请贷款的主要依据。

2.设计阶段合理确定设计概算价

设计概算的编制阶段是设计阶段，编制单位是设计单位，编制依据主要是：初步设计图纸、概算定额或概算指标、各项费用定额或取费标准。其作用是：确定建设项目从筹建到竣工验收、交付使用的全部建设费用的文件；根据设计总概算确定的投资数额，经主管部门审批后，就成为该项工程基本建设投资的最高限额。

3.建设准备阶段合理确定施工图预算价

施工图预算的编制阶段是施工图设计完成后的建设准备阶段，编制单位是施工单位，编制依据主要是：施工图纸、施工组织设计和国家规定的现行工程预算定额、单位估价表及各项费用的取费标准、建筑材料预算价格、建设地区的自然和技术经济条件等资料。其作用是：由施工图预算可以确定招标控制价、投标报价和承包合同价；施工图预算是编制施工组织设计、进行成本核算的依据，也是拨付工程款和办理竣工结算的依据。

4.施工阶段合理确定施工预算价

施工预算的编制阶段是施工阶段，编制单位是施工项目经理部或施工队，编制依据主要是：施工图、施工定额（包括劳动定额、材料和机械台班消耗定额）、单位工程施工组织设计或分部（项）工程施工过程设计和降低工程成本技术组织措施等资料。其作用是：施工企业内部编制施工、材料、劳动力等计划和限额领料的依据，同时也是考核单位用工、进行经济核算的依据。

5.竣工验收阶段合理确定工程结算价和竣工决算价

工程结算的编制阶段是工程项目建设的收尾阶段，编制单位是施工单位，编

制依据主要是:施工过程中现场实际情况的记录、设计变更通知书、现场工程更改签证、预算定额、材料预算价格和各项费用标准等资料。其作用是:向建设单位办理结算工程价款,取得收入,用以补偿施工过程中的资金耗费,确定施工盈亏的经济文件。工程结算价是该结算工程的实际建造价格。

竣工决算的编制阶段是在竣工验收阶段,建设项目完工后,由建设单位编制建设项目从筹建到建成投产或使用的全部实际成本的技术经济文件。它反映了工程项目建成后交付使用的固定资产及流动资金的详细情况和实际价值,是建设项目的实际投资总额。

6.3.3.2　有效控制工程造价

有效控制工程造价就是在优化建设方案、设计方案的基础上,在基本建设程序的各个阶段,采用一定的科学有效的方法和措施把工程造价所发生的费用控制在核定的造价限额合理范围以内,随时纠正其发生的偏差,以保证工程造价管理目标的实现。

6.4　工程造价管理的发展

6.4.1　我国工程造价管理的发展

我国工程造价管理的发展大致经过了六个阶段。

1. 第一阶段:1950—1957 年,工程建设定额管理的建立阶段

随着第一个五年计划开始,国家进入大规模经济建设时期,这个时期主要是吸收了苏联的建设经验和管理方法,建立了“三性一静”的概预算制度,核心内容是定额的统一性、综合性、指令性及工、料、机价格的静态性,实行集中管理为主的分级管理,同时也要求加强施工企业内部的定额管理。这个阶段面对大规模的经济建设,缺乏工程估价经验,缺少专业人才,使定额的编制和执行受到影响。

2. 第二阶段:1958—1966 年,工程建设定额管理的弱化阶段

从 1958 年开始,国家放松了对定额的管理。1965 年,基建体制发生了巨大的变化,废除甲、乙双方制,国家有关文件明确规定不再编制施工图预算,废除甲、乙双方每月按预算办理工程价款的结算办法。1966 年 1 月,试行建设公司工程负责制,改变承发包制度,并规定一般工程由建设部门按年投资额或预算造价划拨给建设公司，工程决算时多退少补。这个阶段概预算与定额权限全部下放，各级概预算部门被精简，概预算控制投资的作用被削弱，造成的投资失控现象普遍存在。

3. 第三阶段:1966—1976 年，工程建设定额管理发展的倒退阶段

十年动乱时期，国民经济走到了崩溃的边缘，概预算和定额管理机构被撤销，预算人员纷纷改行，大量基础资料被销毁，造成设计无概算、施工无预算、竣工无决算的状况。1967 年，建工部直属企业实行了经常费用制度，即施工企业在工程完工后直接向建设单位实报实销，否定了施工企业的性质，使施工企业变成了行政事业单位。虽然此制度于 1973 年 1 月被迫停止，恢复了建设单位与施工单位的施工图预算及工程结算制度，但工程计价管理已经遭到了严重的破坏。

4. 第四阶段:1976—1990 年，工程造价管理工作恢复、整顿和发展阶段

1976 年 10 月，国家立即着手把全部经济工作转移到以提高经济效益为中心的轨道上来。1983 年 8 月成立了基本建设标准定额局，组织制定了工程建设概预算定额、费用标准及工作制度，概预算定额统一规格，1988 年划归建设部，成立了标准定额司，各省市、各部委建立了定额管理站。1990 年成立了中国建设工程造价管理协会，工程造价体制和管理得到了迅速恢复和发展。这个阶段全国颁布了一系列推动工程造价管理发展的文件，并颁布了多项概预算定额及投资估算指标，我国在工程造价管理理论的建立与方法的研究实践方面均有了长足的进步与发展。

5. 第五阶段:1990—2003 年，工程造价管理体制改革和深化阶段

1990 年开始，工程管理制度逐步实行，但传统的定额管理遏制了竞争发展，抑制了相关企业的积极性与创造性，因此我国对传统的概预算方法开始尝试改革，改革的具体内容是实行量、价分离，逐步建立起由工程定额作为指导，并通过市场竞争形成工程造价的机制。1992 年，建设部提出“控制量、指导价、竞争费”的改革措施，改革的具体内容包括:实行工程量清单计价模式;加强工程造价信息的收集、处理和发布工作;对政府投资工程和非政府投资工程，实行不同的定价方式;逐步建立工程造价的监督检查制度。2000 年起，建设部在广东、吉林、天津等地率先实施工程量清单计价，经过 3 年试点实践后，于 2003 年 2 月 17 日发布了《建设工程工程量清单计价规范》(GB50500—2003)，并规定于 2003 年 7 月 1 日起施行。

6. 第六阶段:2003 年至今,工程造价管理实现了以市场机制为主导的新模式阶段

2003 年 7 月,《建设工程工程量清单计价规范》(GB50500—2003)的正式实施,更好地规范了建设市场秩序,真正体现了建筑市场竞争的公开、公平、公正原则,基本实现了从计划经济下的传统概预算制度到以市场机制为主导,由政府职能部门实行协调监督,与国际惯例全面接轨的工程造价管理的新模式的转变。2008 年 7 月 9 日,建设部发布了《建设工程工程量清单计价规范》(GB50500—2008),并规定于 2008 年 12 月 1 日起施行,同时宣布 2003 清单计价规范废止。2008 清单计价规范在 2003 清单计价规范的基础上进行了补充和完善,不仅解决了清单计价从 2003 年执行以来存在的主要问题,同时也对清单计价的指导思想进行了进一步的深化,在"政府宏观调控、企业自主报价、市场形成价格"的基础上提出了"加强市场监管"的思路,以进一步强化清单计价的执行。2012 年 12 月 25 日,住房和城乡建设部发布了《建设工程工程量清单计价规范》(GB50500—2013),并规定于 2013 年 7 月 1 日起施行,同时宣布 2008 清单计价规范废止。2013 清单计价规范在 2008 清单计价规范的基础上,从计量计价方法、工程合同价款约定、承发包双方风险、措施费的计算细化、工程价款的调整与结算等方面都作出了重大的调整与改革,使得工程量清单计价体系更加完善,更加适应建筑市场和工程实际的需求。

6.4.2　我国工程造价管理体制改革的主要任务

随着我国经济发展水平的不断提高以及工程量清单计价模式的不断完善,建筑市场价格运行机制的核心已由计划经济时期的基本概预算定额管理体制向工程造价管理体制转换,工程造价管理体制成为基本建设管理制度的重要组成部分。工程造价管理体制是指为了合理确定和有效控制工程造价、保证整个工程造价管理工作正常进行,并取得良好的经济效益和社会效益,所制定的一系列工作程序、工作内容和工作方法。它包括各种计价定额的制定与管理,费用项目的组成,有关方针、政策、文件的制定与颁发,造价管理人员的资格培训与管理以及工程建设相关方在工程造价管理工作中的职责、权限和任务。

建立健全的工程造价管理体制对维持正常的基本建设秩序有着非常重要的意义,我国工程造价管理体制改革的目标是要在统一工程量计算规则和统一项目划分的基础上,遵循商品价值规律,建立以市场形成价格为主的价格机制,企业依据政府和社会咨询机构提供的市场价格信息和造价指数，结合企业自身实际情况，自主报价，通过市场价格机制的运行，形成统一、协调、有序的工程造价管理体系，达到合理使用投资、有效控制工程造价、取得最佳投资效益的目的，并逐步建立起适应社会主义市场经济体制，符合中国国情并与国际惯例接轨的工程造价管理体制。

我国工程造价管理体制改革的主要任务如下。

(1)建立健全工程造价管理计价依据。通过加强对建设各阶段计价依据的编制工作，完善定额体系，适时加以动态调整，使其专业涵盖面广、涉及功能完备、应用方便简捷。

(2)健全法律法规体系并规范工程造价行为。在已有法律法规的基础上进一步完善，把工程造价管理以适当的法律文本予以确认，形成政府通过市场来调控企业，通过法规来规范建设各方行为的体系，实行“以法治价”。

(3)用动态的方法研究和管理工程造价。通过各地区造价管理机构定期公布人工、设备材料、机械台班的价格指数及各类工程价格指数，建立工程造价管理信息系统，体现项目工程投资的时间价值，动态地进行建设全过程工程造价管理。

(4)健全工程造价管理机构，充分发挥引导、管理、监督和服务的职能。通过构建以政府管理部门实施政策指导和宏观调控、以造价管理协会实施信息服务和监督检查、以合法的造价中介机构进行客观计价的体系，实现从政府直接管理到间接管理、从政府行政管理到法规管理、从造价事后管理到全过程管理的科学体系。

(5)健全工程造价管理人员的资格与考核认证，加强培训，提高人员素质。造价工程师的执业资格制度是工程造价管理的一项基本制度，工程造价工作牵涉技术、经济、法律法规及管理知识，因此只有通过了造价工程师的执业资格考试并在造价相关单位注册的人员，方可以专业造价管理人员的身份从事工程造价管理工作。

(6)全方位适应工程造价管理的国际化、信息化和专业化发展趋势。国内市场国际化以及国内外市场的全面融合，使得我国工程造价管理的国际化成为一种趋势，同时伴随着计算机和互联网技术的普及，全国性的工程造价管理信息化已成必然趋势，而经过长期的市场细分和行业分化，未来工程造价咨询企业应向更加适合自身特长的专业方向发展，因此，我国工程造价咨询企业必须通过提高国际化、信息化和专业化水平来适应这些发展要求。

6.4.3　工程造价管理专业人员管理制度

在我国,工程造价管理专业人员主要是指注册造价工程师和助理造价工程师。造价工程师是指通过全国造价工程师统一执业资格考试,或者通过资格认定或资格互认,取得中华人民共和国造价工程师执业资格,按有关规定进行注册并取得中华人民共和国造价工程师注册证书和执业印章,从事工程造价活动的专业人员。《住房城乡建设部标准定额司 2016 年工作要点》中明确提出的,“会同人力资源和社会保障部完成造价员制度取消后转为助理造价工程师工作,做好制度转换的平稳过渡。完善造价工程师考试和注册制度”。在造价员升级为助理造价工程师后,原造价员资格考试、注册将与造价工程师考试、注册并轨,改变过去同一岗位系列实行不同管理模式的做法,以便于国家对造价行业的统一管理。

6.4.3.1　造价工程师执业资格制度

为了提高造价管理人员的素质,加强对工程造价的管理,确保工程造价管理工作质量的提高,维护国家和社会公共利益,1996 年,人事部和建设部颁布了《造价工程师执业资格制度暂行规定》,国家开始实施造价工程师执业资格制度。

1. 造价工程师执业资格考试

1997 年,人事部和建设部在全国部分省市设立了造价工程师考试试点,在总结试点经验的基础上,1998 年 1 月,人事部和建设部下发了《关于实施造价工程师执业资格考试有关问题的通知》,并于当年开始在全国实施造价工程师执业资格考试。

(1)报考条件。凡中华人民共和国公民,遵纪守法并具备以下条件之一者,均可申请参加造价工程师执业资格考试。①工程造价专业大专毕业,从事工程造价业务工作满 5 年;工程或工程经济类大专毕业,从事工程造价业务工作满 6 年。②工程造价专业本科毕业,从事工程造价业务工作满 4 年;工程或工程经济类本科毕业,从事工程造价业务工作满 5 年。③获上述专业第二学士学位或研究生班毕业和获硕士学位,从事工程造价业务工作满 3 年。④获上述专业博士学位,从事工程造价业务工作满 2 年。

(2)考试科目。造价工程师执业资格考试分四个科目:“建设工程造价管理”“建设工程计价”“建设工程技术与计量”“建设工程造价案例分析”。其中“建设

工程技术与计量”分为“土木建筑工程”与“安装工程”两个子专业，报考人员可根据工作实际选报其一。

(3)执业资格证书取得。全国造价工程师执业资格考试每年举行一次，全国统一组织、统一命题，采用滚动管理，共设 4 个科目，单科滚动的周期为 2 年，即报考 4 个科目考试的人员，必须在连续 2 个考试年度内通过应试科目，方可获得造价工程师执业资格证书。

2. 造价工程师执业资格注册

造价工程师执业资格实行注册执业管理制度，取得执业资格的人员，经过注册方能以注册造价工程师的名义执业。

(1)注册管理部门。住房和城乡建设部及省、自治区、直辖市和国务院有关部门的建设行政主管部门为造价工程师的注册管理机构。①国务院建设主管部门作为造价工程师注册机关，负责全国注册造价工程师的注册和执业活动，实施统一的监督管理工作。②各省、自治区、直辖市人民政府建设主管部门对本行政区域内作为造价工程师的省级注册、执业活动初审机关，对其行政区域内造价工程师的注册、执业活动实施监督管理。③国务院铁道、交通、水利、信息产业等相关专业部门作为造价工程师的注册初审机关，负责对其管辖范围内造价工程师的注册、执业活动实施监督管理。

(2)注册条件。造价工程师注册必须具备的条件包括：①取得造价工程师执业资格；②受聘于一个工程造价咨询企业或者工程建设领域的建设、勘察设计、施工、招标代理、工程监理、工程造价管理等单位；③没有不予以注册的情形。

(3)注册程序。①初始注册。取得造价工程师执业资格证书的人员，可自资格证书签发之日起 1 年内申请初始注册，逾期未申请者，须符合继续教育的要求后方可申请初始注册，初始注册的有效期为 4 年。②延续注册。注册造价工程师注册有效期满需要继续执业的，应当在注册有效期满 30 日前，按照规定的程序申请延续注册，延续注册的有效期为 4 年。③变更注册。在注册有效期内，注册造价工程师变更执业单位的，应当与原聘用单位解除劳动合同，并按照规定的程序办理变更注册手续，变更注册后延续原注册有效期。

(4)注册证书和执业印章。注册证书和执业印章是由注册机关核发的注册造价工程师执业凭证，应当由注册造价工程师本人保管、使用。注册造价工程师遗失注册证书、执业印章的，应当在公众媒体上声明作废后，按照规定的程序申请补发。

3. 注册造价工程师执业

(1)执业范围。①建设项目建议书和可行性研究阶段投资估算的编制和审核以及项目的经济评价。②工程概预算和竣工结算的编制与审核。③工程量清单、标底、招标控制价、投标报价的编制与审核,工程合同价款的签订及变更、调整工程款支付与工程索赔费用的计算。④建设项目管理过程中设计方案的优化、限额设计等工程造价分析与控制,工程保险理赔的核查以及工程经济纠纷的鉴定。

(2)执业权利。①使用注册造价工程师名称。②依法独立执行工程造价业务。③在本人执业活动中形成的工程造价成果文件上签字并加盖执业印章。④发起设立工程造价咨询企业。⑤保管和使用本人的注册证书和执业印章。⑥参加继续教育。

(3)执业义务。①遵守法律、法规、有关规定,恪守职业道德。②保证执业活动成果的质量。③接受继续教育,提高执业水平。④执行工程造价计价标准和计价方法。⑤与当事人有利害关系的,应当主动回避。⑥保守在执业活动中知悉的国家秘密和他人的商业、技术秘密。

4. 注册造价工程师继续教育

继续教育是注册造价工程师持续执业资格的必备条件之一,应贯穿于造价工程师的整个执业过程,注册造价工程师有义务接受并按要求完成继续教育。

(1)继续教育的要求。注册造价工程师在每一注册有效期内应接受必修课和选修课各为 60 学时的继续教育,继续教育达到合格标准的,颁发继续教育合格证明。注册造价工程师的继续教育由中国建设工程造价管理协会负责组织、管理、监督和检查。

(2)继续教育的内容。与工程造价有关的方针政策、法律法规和标准规范,工程造价管理的新理论、新方法、新技术等。

(3)继续教育的形式。①参加中国建设工程造价管理协会或各省级和部门管理机构组织的注册造价工程师网络继续教育学习,按在线学习课件记录的时间计算学时。②参加中国建设工程造价管理协会或各省级和部门管理机构组织的注册造价工程师集中面授培训及各种类型的培训班、研讨会等,每半天可认定 4 个学时。③中国建设工程造价协会认可的其他形式,由协会认定学时。

6.4.3.2　造价工程师的管理制度

1. 造价工程师的素质要求

造价工程师应具备良好的专业和身体素质,具体要求主要包括以下几个方面。

(1)造价工程师应是具备工程、经济和管理知识与实践经验的高素质复合型工程造价专业管理人才。

(2)造价工程师应具备应用专业知识、实践经验、工作方法和技能解决造价管理问题的技术技能。

(3)造价工程师具有面对机遇与挑战积极进取、勇于开拓的精神,了解自己在组织中的作用与地位,使自己能按整个组织的目标行事,具备一定的组织管理能力。

(4)造价工程师应具有适应紧张繁忙的造价管理工作所需的健康的心理和良好的身体素质。

2.造价工程师的职业道德

职业道德,又称作职业操守,是指在职业活动中所遵守的行为规范的总称,是专业人士必须遵从的道德标准和行业规范,造价工程师职业道德行为准则的具体要求包括以下几个方面。

(1)遵守国家法律、法规和政策,执行行业自律性规定,珍惜职业声誉,自觉维护国家和社会公共利益。

(2)遵循“诚信、公正、敬业、进取”的原则,以高质量的服务和优秀的业绩,赢得社会和客户对造价工程师职业的尊重。

(3)勤奋工作,独立、客观、公正、正确地出具工程造价成果文件,使客户满意。

(4)诚实守信,尽职尽责,不得有欺诈、伪造、作假等行为。

(5)尊重同行,公平竞争,搞好同行之间的关系,不得采取不正当的手段损害、侵犯同行的权益。

(6)廉洁自律,不得索取、收受委托合同约定以外的礼金和其他财物,不得利用职务之便谋取其他不正当的利益。

(7)造价工程师与委托方有利害关系的应当回避,委托方有权要求其回避。

(8)知悉客户的技术和商务秘密,负有保密义务。

(9)接受国家和行业自律性组织对其职业道德行为的监督检查。

3.注册造价工程师的违规行为

(1)擅自从事工程造价业务的行为,即未经注册,以注册造价工程师的名义从事工程造价业务活动的行为。

(2)违规注册的行为。①隐瞒有关情况或者提供虚假材料申请造价工程师注册的。②聘用单位为申请人提供虚假注册材料的。③以欺骗、贿赂等不正当

手段取得造价工程师注册的。④未按照规定办理变更注册仍继续执业的行为。

(3)违规执业的行为。①不履行注册造价工程师的义务。②在执业过程中索贿、受贿或者谋取合同约定费用外的其他利益;在执业过程中实施商业贿赂。③签署有虚假记载、误导性陈述的工程造价成果文件。④以个人名义承接工程造价业务或者允许他人以自己名义从事工程造价业务;同时在两个或者两个以上单位执业。⑤涂改、倒卖、出租、出借或以其他形式非法转让注册证书或执业印章。⑥法律、法规、规章禁止的其他行为。

(4)注册造价工程师或者其聘用单位未按照要求提供造价工程师信用档案信息的行为。

6.4.3.3　助理造价工程师管理制度

1. 助理造价工程师制度的建立

(1)2005 年 9 月 16 日,由地方概预算员转变为全国造价员;2005 年 9 月 16 日,建设部发布了《关于统一换发概预算人员资格证书事宜的通知》(建办标函[2005]558 号文),要求为了进一步理顺和规范工程造价专业人才队伍结构,将各省市概预算人员资格命名为"全国建设工程造价员资格"。

(2)2011 年 11 月 8 日,赋予了造价员全国从业资格的地位。2011 年 11 月 8 日,中国建设工程造价管理协会发布了《全国建设工程造价员管理办法》(中价协[2011]021 号文),其中明确提出全国建设工程造价员是指通过造价员资格考试,取得全国建设工程造价员资格证书,并经登记注册取得从业印章,从事工程造价活动的专业人员,并明确提出资格证书和从业印章是造价员从事工程造价活动的资格证明和工作经历证明,造价员资格证书在全国范围内有效。

(3)2016 年 1 月 20 日,取消全国建设工程造价员资格。2016 年 1 月 20 日,《国务院关于取消一批职业资格许可和认定事项的决定》(国发[2016]5 号文),明确取消了全国建设工程造价员资格。本次变革旨在整顿造价行业市场,去除市场紊乱秩序,合并发证单位,并提高造价行业从业人员素质。

(4)造价员职业资格制度的实施,对建筑造价人员准入质量的把关确实起到了一些积极的作用,但也显现出原考试管理制度存在着发证机构过多、管理不严格的缺陷,使得造价员证书失去公信力,影响了业内生态,淡化了证书价值。因此,全国工程造价管理工作会议提出了造价员拟转助理造价工程师方案。

2. 助理造价工程师制度建立的意义

助理造价工程师执业资格制度的建立,一方面是简政放权、深化行政审批制度改革的体现。改革完善职业资格制度，进一步规范造价专业人员职业资格管理，通过完善造价工程师执业资格制度，调整和优化等级设置、报考条件、专业划分等内容，健全人才培养机制，是推动职业资格制度健康发展的必然要求。另一方面也是提升门槛，严格管理行业准入制度的体现。升级为助理造价工程师后，将会有更为健全的考试管理办法，统一考试，统一管理，证书的价值得到保障，考试也将更为正规、严格、有序。

3.助理造价工程师考试制度

(1)报考条件及免试条件。①凡遵守国家法律、法规，恪守职业道德，且具备下列条件之一者，可申请参加全国建设工程造价员资格考试:工程造价专业，中专及以上学历;其他专业，中专及以上学历并在工程造价岗位上工作满一年。②部分科目免试条件:工程造价专业大专及以上学历者和申请第二专业考试者，可申请免试“工程造价相关法规、计价与控制”。

(2)考试科目及专业方向。①考试科目为“工程造价相关法规、计价与控制”(原“建设工程造价管理基础知识”)和“工程计量与计价实务”。②造价员转为助理造价工程师后，专业方向往造价工程师科目靠拢。原来的建筑工程、装饰装修工程、安装工程、市政工程、园林绿化工程、矿山工程等多方向，简化为土木建筑工程和安装工程两个方向。

(3)考试成绩管理。①参加造价员考试已经通过的考生颁发“全国建设工程造价员资格证书”，通过继续教育后直接转为助理工程师。②没有通过造价员考试或只有一科通过的考生，根据个人情况去各地区进行过渡考试。③2016 年助理造价工程师资格考试成绩为滚动管理，参加考试的人员须在连续两个考试年度内通过所选专业的全部应试科目方为合格。

6.4.4 工程造价咨询企业管理制度

工程造价咨询企业，是指接受委托，对建设项目投资、工程造价的确定与控制提供专业咨询服务的企业。

6.4.4.1 工程造价咨询企业资质等级标准

工程造价咨询企业应当依法取得工程造价咨询企业资质，并在其资质等级许可的范围内从事工程造价咨询活动。任何单位和个人不得非法干预依法进行的工程造价咨询活动，工程造价咨询企业资质等级分为甲级、乙级。

1. 甲级工程造价咨询企业资质标准

(1)已取得乙级工程造价咨询企业资质证书满 3 年。

(2)企业出资人中,注册造价工程师人数不低于出资人总人数的 60%,且其出资额不低于企业注册资本总额的 60%。

(3)技术负责人已取得造价工程师注册证书,并具有工程或工程经济类高级专业技术职称,且从事工程造价专业工作 15 年以上。

(4)专职从事工程造价专业工作的人员(以下简称专职专业人员)不少于 20 人,其中,具有工程或者工程经济类中级以上专业技术职称的人员不少于 16 人;取得造价工程师注册证书的人员不少于 10 人,其他人员具有从事工程造价专业工作的经历。

(5)企业与专职专业人员签订劳动合同,且专职专业人员符合国家规定的职业年龄(出资人除外)。

(6)专职专业人员人事档案关系由国家认可的人事代理机构代为管理。

(7)企业注册资本不少于人民币 100 万元。

(8)企业近 3 年工程造价咨询营业收入累计不低于人民币 500 万元。

(9)具有固定的办公场所,人均办公建筑面积不少于 10 m^2。

(10)技术档案管理制度、质量控制制度、财务管理制度齐全。

(11)企业为本单位专职专业人员办理的社会基本养老保险手续齐全。

(12)在申请核定资质等级之日前 3 年内无相关规定禁止的行为。

2. 乙级工程造价咨询企业资质标准

(1)企业出资人中,注册造价工程师人数不低于出资人总人数的 60%,且其出资额不低于注册资本总额的 60%。

(2)技术负责人已取得造价工程师注册证书,并具有工程或工程经济类高级专业技术职称,且从事工程造价专业工作 10 年以上。

(3)专职专业人员不少于 12 人,其中,具有工程或者工程经济类中级以上专业技术职称的人员不少于 8 人;取得造价工程师注册证书的人员不少于 6 人,其他人员具有从事工程造价专业工作的经历。

(4)企业与专职专业人员签订劳动合同,且专职专业人员符合国家规定的职业年龄(出资人除外)。

(5)专职专业人员人事档案关系由国家认可的人事代理机构代为管理。

(6)企业注册资本不少于人民币 50 万元。

(7)具有固定的办公场所,人均办公建筑面积不少于 10 m^2。

(8)技术档案管理制度、质量控制制度、财务管理制度齐全。

(9)企业为本单位专职专业人员办理的社会基本养老保险手续齐全。

(10)暂定期内工程造价咨询营业收入累计不低于人民币 50 万元。

6.4.4.2 工程造价咨询企业管理

1. 工程造价咨询企业资质有效期

有效期为 3 年,资质有效期届满,需要继续从事工程造价咨询活动的,应当在资质有效期届满 30 日前向资质许可机关提出资质延续申请,资质许可机关应当根据申请作出是否准予延续的决定,准予延续的,资质有效期延续 3 年。

2. 工程造价咨询企业的业务范围

工程造价咨询企业可以对建设项目的组织实施进行全过程或者若干阶段的管理和服务。甲级工程造价咨询企业可以从事各类建设项目的工程造价咨询业务,乙级工程造价咨询企业可以从事工程造价 5000 万元人民币以下的各类建设项目的工程造价咨询业务。

3. 工程造价咨询企业的业务内容

工程造价咨询企业可从事的业务内容包括:①建设项目建议书及可行性研究投资估算、项目经济评价报告的编制和审核;②建设项目概预算的编制与审核,并配合设计方案比选、优化设计、限额设计等工作进行工程造价分析与控制;③建设项目合同价款的确定(包括招标工程工程量清单和标底、投标报价的编制和审核);④合同价款的签订与调整(包括工程变更、工程洽商和索赔费用的计算)及工程款支付、工程结算及竣工结(决)算报告的编制与审核等;⑤工程造价经济纠纷的鉴定和仲裁的咨询;⑥提供工程造价信息服务等。

4. 工程造价咨询企业的违规行为

工程造价咨询企业从事工程造价咨询活动,应当遵循独立、客观、公正、诚实信用的原则,不得损害社会公共利益和他人的合法权益,不得有下列行为。

(1)涂改、倒卖、出租、出借资质证书,或者以其他形式非法转让资质证书。

(2)超越资质等级业务范围承接工程造价咨询业务。

(3)同时接受招标人和投标人或两个以上投标人对同一工程项目的工程造价咨询业务。

(4)以给予回扣、恶意压低收费等方式进行不正当竞争。

(5)转包承接的工程造价咨询业务。

(6)法律、法规禁止的其他行为。

6.5　工程造价的构成

建设项目投资包括固定资产投资和流动资产投资(流动资金)两部分。建设项目总投资中的固定资产投资与建设项目的工程造价在量上相等。固定资产投资一般是指在建设工程项目时构成固定资产的那部分资产;流动资金指生产性经营项目投产后,用于购买原材料、燃料、备品备件,保证生产经营和产品销售所需要的周转资金,主要用于项目的经营费用。

我国现行工程造价由设备及工器具购置费用、建筑安装工程费用、工程建设其他费用、预备费和建设期贷款利息、固定资产投资方向调节税等构成。

6.5.1　国产设备原价的构成及计算

国产设备原价一般指的是设备制造厂的交货价或订货合同价。国产设备原价分为国产标准设备原价和国产非标准设备原价。

(1)国产标准设备原价。国产标准设备是指按照主管部门颁布的标准图纸和技术要求,由我国设备生产厂批量生产的,符合国家质量检测标准的设备。一般情况下国产标准设备原价有两种,即带有备件的原价和不带有备件的原价。在计算时一般采用带有备件的原价。

(2)国产非标准设备原价。国产非标准设备是指国家尚无定型标准厂,各设备生产厂不可能在工艺过程中采用批量生产,只能按一次订货,并根据具体的设计图纸制造的设备。非标准设备原价有多种不同的计算方法,如成本计算估价法、系列设备插入估价法、分部组合估价法及定额估价法等。

国产非标准设备原价一般按成本计算估价法来计算,非标准设备的原价由以下各项组成。

(1)材料费。其计算公式如下:

材料费=材料净重(吨)×(1+加工损耗系数)×每吨材料综合价

(2)加工费。包括生产工人工资和工资附加费、燃料动力费、设备折旧费和车间经费等。其计算公式如下:

加工费=设备总重量(吨)×设备每吨加工费

(3)辅助材料费。如焊条、焊丝、氧气、氩气、氮气、油漆、电石等费用,其计算公式如下:

辅助材料费=设备总重量×辅助材料费指标

(4)专用工具费。按(1)～(3)项之和乘以一定百分比计算。

(5)废品损失费。按(1)～(4)项之和乘以一定百分比计算。

(6)外购配套件费。按设备设计图纸所列的外购配套件的名称、型号、规格、数量和重量等,根据相应的价格加运杂费计算。

(7)包装费。按以上(1)～(6)项之和乘以一定百分比计算。

(8)利润。可按(1)～(5)项加第(7)项之和乘以一定利润率计算。

(9)税金。税金主要指增值税。其计算公式为:

增值税=当期销项税额-进项税额

当期销项税额=销售额×适用增值税率

式中,销售额为(1)～(8)项之和。

(10)非标准设备设计费。按国家规定的设计费收费标准计算。

6.5.2 进口设备原价的构成及计算

进口设备的原价是指进口设备的抵岸价,即抵达买方边境港口或边境车站,且交完关税等税费后形成的价格。进口设备抵岸价的构成与进口设备的交货类别有关。

1. 进口设备的交货类别

进口设备的交货类别可分为内陆交货类、目的地交货类、装运港交货类。

(1)内陆交货类。内陆交货类即卖方在出口国内陆的某个地点交货。在交货地点,卖方需及时提交合同规定的货物和有关凭证,并负担交货前的一切费用和风险;买方按时接受货物,交付货款,负担接货后的一切费用和风险,并自行办理出口手续和装运出口。货物的所有权也在交货后由卖方转移给买方。

(2)目的地交货类。目的地交货类即卖方在进口国的港口或内地交货,有目的港船上交货价、目的港船边交货价(FOS)和目的港码头交货价(关税已付)及完税后交货价(进口国的指定地点)等几种交货价。目的地交货类的特点是:买卖双方承担的责任、费用和风险是以目的地约定交货点为分界线,只有当卖方在交货点将货物置于买方控制下才算交货,才能向买方收取货款。这种交货类别对卖方来说承担的风险较大,在国际贸易中卖方一般不愿采用。

(3)装运港交货类。装运港交货类即卖方在出口国装运港交货，主要有装运港船上交货价(FOB)(习惯称离岸价格)，运费在内价(C&F)和运费、保险费在内价(CIF，习惯称到岸价格)。装运港交货类的特点是：卖方按照约定的时间在装运港交货，只要卖方把合同规定的货物装船后提供货运单据便完成交货任务，可凭单据收回货款。

2. 进口设备抵岸价的构成及计算

在一般情况下，进口设备采用最多的是装运港船上交货价，即 FOB 价，其抵岸价的构成用公式表示为：

进口设备抵岸价＝货价＋国际运费＋运输保险费＋银行财务费＋外贸手续费＋关税＋增值税＋消费税＋海关监管手续费＋车辆购置附加费

(1)货价。货价一般指装运港船上交货价。

(2)国际运费。国际运费即从装运港(站)到达我国抵达港(站)的运费。进口设备国际运费计算公式为：

国际运费(海、陆、空)＝原币货价(FOB)×运费费率

国际运费(海、陆、空)＝运量×单位运价

(3)运输保险费。对外贸易货物运输保险是由保险人(保险公司)与被保险人(出口人或进口人)订立保险契约，在被保险人交付议定的保险费后，保险人根据保险契约的规定对货物在运输过程中发生的承保责任范围内的损失给予经济上的补偿。这是一种财产保险。其计算公式为：

运输保险费＝(原币货价(FOB)＋国外运费)/(1－保险费费率)×保险费费率

式中，保险费率按保险公司规定的进口货物保险费费率计算。

(4)银行财务费。银行财务费一般是指中国银行手续费，可按下式简化计算：

银行财务费＝人民币货价(FOB)×银行财务费费率

(5)外贸手续费。外贸手续费是指按商务部规定的外贸手续费率计取的费用，外贸手续费费率一般取 1.5%。计算公式为：

外贸手续费＝(装运港船上交货价(FOB)＋国际运费＋运输保险费)×外贸手续费费率

(6)关税。由海关对进出国境或关境的货物和物品征收的一种税。计算公式为：

关税＝到岸价格(CIF)×进口关税税率

式中，到岸价格(CIF)包括离岸价格(FOB)、国际运费、运输保险费等费用，它是

关税完税价格；进口关税税率分为优惠和普通两种。

(7)增值税。增值税是对从事进口贸易的单位和个人，在进口商品报关进口后征收的税种。我国增值税条例规定，进口应税产品均按组成计税价格和增值税税率直接计算应纳税额。即：

进口产品增值税额＝组成计税价格×增值税税率

组成计税价格＝关税完税价格＋关税＋消费税

(8)消费税。对部分进口设备(如轿车、摩托车等)征收消费税，一般计算公式为：

应纳消费税额＝(到岸价＋关税)/(1－消费税税率)×消费税税率

式中，消费税税率根据规定的税率计算。

(9)海关监管手续费。海关监管手续费指海关对进口减税、免税、保税货物实施监督、管理、提供服务的手续费。其公式如下：

海关监管手续费＝到岸价×海关监管手续费费率

(10)车辆购置附加费。进口车辆需缴进口车辆购置附加费。其公式如下：

进口车辆购置附加费＝(到岸价＋关税＋消费税＋增值税)×进口车辆购置附加费费率

6.5.3 设备运杂费的构成及计算

1.设备运杂费的构成

设备运杂费通常由下列各项构成。

(1)运费和装卸费。国产设备由设备制造厂交货地点起至工地仓库(或施工组织设计指定的需要安装设备的堆放地点)止所发生的运费和装卸费；进口设备则由我国到岸港口或边境车站起至工地仓库止所发生的运费和装卸费。

(2)包装费。在设备原价中没有包含的、为运输而进行的包装支出的各种费用。

(3)设备供销部门的手续费。按有关部门规定的统一费率计算。

(4)采购与仓库保管费。这是指采购、验收、保管和收发设备所发生的各种费用，包括设备采购人员、保管人员和管理人员的工资、工资附加费、办公费、差旅交通费，设备供应部门办公和仓库所占固定资产使用费、工具用具使用费、劳动保护费、检验试验费等。这些费用可按主管部门规定的采购与保管费费率计算。

2. 设备运杂费的计算

设备运杂费按设备原价乘以设备运杂费费率计算，其计算公式为：

设备运杂费=设备原价×设备运杂费费率

式中，设备运杂费费率按各部门及省、市等的规定计取。

6.5.4　工具、器具购置费的构成及计算

工具、器具及生产家具购置费，是指新建或扩建项目初步设计规定的，保证初期正常生产必须购置且没有达到固定资产标准的设备、仪器、工卡模具、器具、生产家具和备品备件等的购置费用。其计算公式为：

工具、器具及生产家具购置费=设备购置费×定额费费率

6.6　工程造价的计价依据与计价模式

6.6.1　工程造价计价依据与计价模式概述

确定合理的工程造价，要有科学的工程造价计价依据与计价模式。在市场经济条件下，工程造价的计价依据与计价模式会变得越来越复杂，但其必须具有信息性，定性描述清晰，便于计算，符合实际。掌握和收集大量的工程造价计价依据与计价模式资料，将有利于更好地进行工程造价管理，从而提高投资的经济效益。

1. 计价依据的概念和要求

计价依据是用以计算工程造价的各类基础资料的总称，是进行工程造价科学管理的基础。它主要包括工程定额、《建设工程工程量清单计价规范》(GB 50500—2013)、工程单价、造价指数、造价资料以及工程造价主管部门发布的法规、政策等。其中，工程定额和《建设工程工程量清单计价规范》(GB 50500—2013)是工程计价的核心依据。

影响工程造价的因素很多，每一项工程的造价都要根据工程的用途、类别、结构特征、建设标准、所在地区和坐落地点、市场价格信息，以及政府的产业政策、税收政策和金融政策等作具体计算。因此就需要把确定上述各项因素相关的各种量化的定额或指标等作为计价的基础。计价依据除国家或地方法律规定

的以外，一般以合同形式加以确定。计价依据必须满足以下要求。

①准确可靠，符合实际。

②可信度高，有权威性。

③数据化表达，便于计算。

④定性描述清晰，便于正确利用。

2. 计价依据的作用

工程造价计价依据是确定和控制工程造价的基础资料，它依照不同的建设管理主体，在不同的工程建设阶段，针对不同的管理对象具有不同的作用。

(1)计价依据是编制计划的基本依据。无论是国家建设计划、业主投资计划、资金使用计划，还是施工企业的施工进度计划、年度计划、月旬作业计划以及下达生产任务单等，都是以计价依据来计算人工、材料、机械、资金等的需要数量，合理地平衡和调配人力、物力、财力等各项资源，以保证提高投资与企业经济效益，落实各种建设计划。

(2)计价依据是计算和确定工程造价的依据。工程造价的计算和确定必须依赖定额等计价依据，如估算指标用来计算和确定投资估算，概算定额用于计算和确定设计概算，预算定额用于计算和确定施工图预算，施工定额用于计算确定施工项目成本。

(3)计价依据是企业实行经济核算的依据。经济核算制是企业管理的重要经济制度，它可以促使企业以尽可能少的资源消耗，取得最大的经济效益。定额等计价依据是考核资源消耗的主要标准。如对资源消耗和生产成果进行计算、对比和分析，就可以发现改进的途径，以便采取措施加以改进。

(4)计价依据有利于建筑市场的良好发育。计价依据既是投资决策的依据，又是价格决策的依据。对于投资者来说，可以利用定额等计价依据有效地提高其项目决策的科学性，优化其投资行为；对于施工企业来说，定额等计价依据是施工企业适应市场投标竞争和企业进行科学管理的重要工具。

(5)计价依据是编制投资估算、设计概算、施工图预算、招标标底、竣工结算、调解处理工程造价纠纷及鉴定工程造价的依据，是衡量投标报价合理性的基础。

3. 计价依据的分类

(1)按用途分类。

工程造价的计价依据按用途可以分为 7 大类、18 小类。

第一类，规范工程计价的依据。

①国家标准《建设工程工程量清单计价规范》(GB 50500—2013)。

第二类,计算设备数量和工作量的依据。

②可行性研究资料。

③初步设计、扩大初步设计、施工图设计图纸和资料。

④工程变更及施工现场签证。

第三类,计算分部分项工程人工、材料、机械台班消耗量及费用的依据。

⑤概算指标、概算定额、预算定额。

⑥人工单价。

⑦材料预算单价。

⑧机械台班单价。

⑨工程造价信息。

第四类,计算建筑安装工程费用的依据。

⑩间接费定额。

⑪价格指数。

第五类,计算设备费的依据。

⑫设备价格、运杂费率等。

第六类,计算工程建设其他费用的依据。

⑬用地指标。

⑭各项工程建设其他费用定额等。

第七类,和计算造价相关的法规和政策。

⑮包含在工程造价内的税种、税率。

⑯与产业政策、能源政策、环境政策、技术政策和土地等资源利用政策有关的取费标准。

⑰利率和汇率。

⑱其他计价依据。

(2)按使用对象分类。

第一类,规范建设单位(业主)计价行为的依据:国家标准《建设工程工程量清单计价规范》(GB 50500—2013)。

第二类,规范建设单位(业主)和承包商双方计价行为的依据:包括国家标准《建设工程工程量清单计价规范》(GB 50500—2013);初步设计、扩大初步设计、施工图设计图纸和资料;工程变更及施工现场签证;概算指标、概算定额、预算定额;人工单价;材料预算单价;机械台班单价;工程造价信息;间接费定额;设备价格、运杂费率等;包含在工程造价内的税种、税率;利率和汇率;其他计价依据。

4. 我国现行工程造价计价依据体系

按照我国工程计价依据的编制和管理权限的规定,目前我国已经形成了由国家、各省、直辖市、自治区和行业部门的法律法规、部门规章相关政策文件以及标准、定额等相互支持、互为补充的工程计价依据体系。

6.6.2 计价模式概述

工程造价的计价模式是指根据计价依据计算工程造价的程序和方法,具体包括建设工程定额计价模式和工程量清单计价模式两种。

1. 建设工程定额计价模式

建设工程定额计价是我国长期以来在工程价格形成中采用的计价模式,是国家通过颁布统一的估价指标、概算指标、概算定额、预算定额和相应的费用定额,对建筑产品价格有计划管理的一种方式。在计价中以定额为依据,按定额规定的分部分项子目,逐项计算工程量,套用定额单价或单位估价表(计价)确定直接费(定额直接费),然后按规定取费标准确定构成工程价格的其他费用和利税,获得建筑安装工程造价。建设工程概预算书就是根据不同设计阶段设计图纸和国家规定的定额、指标及各项费用取费标准等资料,预先计算的新建、扩建、改建工程的投资额的技术经济文件。由建设工程概预算书所确定的每一个建设项目、单项工程或单位工程的建设费用,实质上就是相应工程的计划价格。

长期以来,我国发承包计价以工程概预算定额为主要依据。因为工程概预算定额是我国几十年计价实践的总结,具有一定的科学性和实践性,所以用这种方法计算和确定工程造价过程简单、快速、比较准确,也有利于工程造价管理部门的管理。工程概预算定额是按照计划经济的要求制定、发布、贯彻执行的,定额中人工、材料、机械的消耗量是根据“社会平均水平”综合测定的,费用标准是根据不同地区平均测算的,因此企业采用这种模式报价就会表现出平均主义,企业不能结合项目具体情况、自身技术优势、管理水平和材料采购渠道价格进行自主报价,不能充分调动企业加强管理的积极性,也不能充分体现公平竞争的基本原则,体现不出企业的竞争优势。

2. 工程量清单计价模式

工程量清单计价模式是建设工程招投标中,按照国家统一的工程量清单计价规范,招标人或其委托的有资质的咨询机构编制反映工程实体消耗和措施消

耗的工程量清单，并作为招标文件的一部分提供给投标人，由投标人依据工程量清单，根据各种渠道所获得的工程造价信息和经验数据，结合企业定额自主报价的计价方式。

我国现行建设行政主管部门发布的工程预算定额消耗量和有关费用及相应价格是按照社会平均水平编制的，以此为依据形成的工程造价基本上属于社会平均价格。这种平均价格可作为市场竞争的参考价格，但不能充分反映参与竞争企业的实际消耗和技术管理水平，在一定程度上限制了企业的公平竞争。采用工程量清单计价，能够反映出承建企业的工程个别成本，有利于企业自主报价；同时，实行工程量清单计价，工程量清单作为招标文件和合同文件的重要组成部分，对于规范招标人计价行为，在技术上避免招标中弄虚作假和暗箱操作及保证工程款的支付结算都会起到重要作用。

目前我国建设工程造价计价实行“双轨制”管理办法，即定额计价法和工程量清单计价法同时实行。工程量清单计价作为一种市场价格的形成机制，主要在工程招投标和结算阶段使用。全部使用国有资金投资或国有资金投资为主（简称“国有资金投资”）的工程建设项目，必须采用工程量清单计价。

6.6.3　工程造价计价依据

6.6.3.1　工程定额

定额就是一种规定的额度，或称数量标准。工程定额就是国家颁发的用于规定完成某一工程产品所需消耗的人力、物力和财力的数量标准。定额是企业科学管理的产物，工程定额反映了在一定社会生产力水平的条件下，建设工程施工的管理和技术水平。

在建筑安装施工生产中，会根据需要而采用不同的定额。例如用于企业内部管理的有劳动定额、材料消耗定额和施工定额。又如为了计算工程造价，要使用估算指标、概算定额、预算定额（包括基础定额）、费用定额，等等。因此，工程定额可以从不同的角度进行分类。

（1）按定额反映的生产要素消耗内容分为劳动定额、材料消耗定额、机械台班定额。

（2）按定额的不同用途分为施工定额、预算定额、概算定额、概算指标及投资估算指标。

（3）按照投资的费用性质分为建筑工程定额、设备安装工程定额、建筑安装工程费用定额、工程建设其他费用定额。

(4)按定额的编制单位和执行范围分为全国统一定额、地区统一定额、行业定额、企业定额、补充定额。

6.6.3.2 施工定额与企业定额

1.施工定额

施工定额是施工企业为组织生产和加强管理在企业内部使用的一种定额,属于企业生产定额的性质。它是建筑安装工人在合理的劳动组织或工人小组在正常施工条件下,为完成单位合格产品,所需消耗的人工、材料、机械台班的数量标准。它由人工定额、材料消耗定额和机械台班定额组成。施工定额是施工企业内部经济核算的依据,是编制施工预算的依据,也是编制预算定额的基础。

为了适应组织生产和管理的需要,施工定额的项目划分很细,是工程建设定额中分项最细、定额子目最多的一种定额,也是工程建设定额中的基础性定额。在预算定额的编制过程中,施工定额的人工、机械、材料消耗的数量标准,是计算预算定额中人工、机械、材料消耗数量标准的重要依据。

施工定额在企业管理工作中的作用如下。

①企业计划管理的依据。

②组织和指挥施工生产的有效工具。

③计算工人劳动报酬的依据。

④利于推广先进技术。

⑤编制施工预算的依据。

施工定额的编制原则:编制水平平均先进、结构形式简明实用。施工定额是以人工定额、材料消耗定额、机械台班定额的形式来表现,它是工程计价最基础的定额,是编制地方和行业部门预算定额的基础,也是个别企业依据其自身的消耗水平编制企业定额的基础。

(1)人工定额。

①人工定额的概念。

人工定额,亦称劳动定额,是指正常施工条件下,某等级工人在单位时间内完成合格产品的数量或完成单位合格产品所需的劳动时间。按其表现形式的不同,可分为时间定额和产量定额。它是确定工程建设定额人工消耗量的主要依据。

②人工定额的分类。

a.时间定额。时间定额是指某工种某一等级的工人或工人小组在合理的劳

动组织等施工条件下，完成单位合格产品所必须消耗的工作时间。以“工日”为单位，每个工日现行规定工作时间为 8 h。

b. 产量定额。产量定额是指某工种等级工人或工人小组在合理的劳动组织等施工条件下，在单位时间内完成合格产品的数量。

(2)材料消耗定额。

①材料消耗定额的概念。

材料消耗定额是指在先进合理的施工条件和合理使用材料的情况下，生产质量合格的单位产品所必需的建筑安装材料的数量标准。

②材料消耗定额包括净用量定额和损耗量定额，主要涉及如下材料。

a. 直接用于建筑安装工程上的材料。

b. 不可避免产生的施工废料。

c. 不可避免的材料施工操作损耗。

③编制材料消耗定额的基本方法。

a. 现场技术测定法。用该方法主要是为了取得编制材料损耗定额的资料。材料消耗中的净用量比较容易确定，但材料消耗中的损耗量不能随意确定，需通过现场技术测定来区分哪些属于难以避免的损耗，哪些属于可以避免的损耗，从而确定出比较准确的材料损耗量。

b. 试验法。试验法是在试验室内采用专用的仪器设备，通过试验的方法来确定材料消耗定额的一种方法，用这种方法提供的数据，虽然精确度高，但容易脱离现场实际情况。

c. 统计法。统计法是依据现场用料的大量统计资料进行分析计算的一种方法。用该方法可获得材料消耗的各种数据，用来编制材料消耗定额。

d. 理论计算法。理论计算法是运用一定的计算公式计算材料消耗量，确定材料消耗定额的一种方法。这种方法较适合计算块状、板状、卷状等材料消耗量。

(3)机械台班定额。

机械台班定额是施工机械生产率的反映，编制高质量的施工机械台班定额是合理组织机械化施工，有效地利用施工机械，进一步提高机械生产率的必备条件。编制施工机械台班定额，主要包括以下内容。

①拟定正常的施工条件。机械操作与人工操作相比，劳动的生产率在更大的程度上受施工条件的影响，所以更要重视拟定正常的施工条件。

②确定机械纯工作 1 h 的正常生产率。确定机械正常生产率必须先确定机

械纯工作 1 h 的劳动生产率。因为只有先取得机械纯工作 1 h 正常生产率,才能根据机械利用系数计算出施工机械台班定额。

机械纯工作时间,就是指机械必须消耗的净工作时间,它包括正常工作负荷下,有根据降低负荷、不可避免的无负荷时间和不可避免的中断时间。机械纯工作 1 h 的正常生产率,就是在正常施工条件下,由具备一定技能的技术工人操作施工机械净工作 1 h 的劳动生产率。

确定机械纯工作 1 h 正常劳动生产率可以分为如下三步进行:

第一步,计算机械一次循环的正常延续时间;

第二步,计算施工机械纯工作 1 h 的循环次数;

第三步,求机械纯工作 1 h 正常生产率。

③确定机械的正常利用系数。机械的正常利用系数,是指机械在工作班内工作时间的利用率。机械正常利用系数与工作班内的工作状况有着密切的关系。

确定机械正常利用系数,首先要计算工作班在正常状况下,准备与结束工作、机械开动、机械维护等工作必须消耗的时间,以及机械有效工作的开始与结束时间;然后再计算机械工作班的纯工作时间;最后确定机械正常利用系数。

④计算机械台班定额。计算机械台班定额是编制机械台班定额的最后一步。在确定了机械工作正常条件、机械纯工作 1 h 的正常生产率和机械的正常利用系数后,就可以确定机械台班的定额指标了。

2. 企业定额

(1)企业定额的概念。

施工企业定额是施工企业直接用于施工管理的一种定额。它是指由合理劳动组织的建筑安装工人小组在正常施工条件下,以同一性质的施工过程或工序为测定对象,为完成单位合格产品所需人工、机械、材料消耗的数量标准。施工企业定额反映了企业的施工水平、装备水平和管理水平,可作为考核施工单位劳动生产率水平、管理水平的标尺和确定工程成本、投标报价的依据。《建设工程工程量清单计价规范》(GB 50500—2013)出台以后,施工企业定额在投标报价中的地位和作用明显提高。

在工程量清单计价模式下,每个企业均应拥有反映自己企业能力的企业定额。从一定意义上讲,企业定额是企业的商业秘密,是企业参与市场竞争的核心竞争能力的具体表现。要实现工程造价管理的市场化,由市场形成价格是关键。以各企业的企业定额为基础进行报价,能真实地反映出企业成本的差异,能在施

工企业之间形成实力的竞争，从而真正达到市场形成价格的目的。

单位应根据本企业的具体条件和可挖掘的潜力，根据市场的需求和竞争环境，根据国家有关政策、法律、规范、制度，自己编制定额，自行决定定额的水平。同类企业和同一地区的企业之间存在施工定额水平的差距，这样在市场上才能具有竞争能力。同时，施工单位应将施工企业定额的水平对外作为商业秘密进行保密。

在市场经济条件下，对于施工企业定额，国家定额和地区定额也不再是强加于施工单位的约束和指令，而是对企业的施工定额管理进行引导，为企业提供有关参数和指导，从而实现对工程造价的宏观调控。施工企业定额不同于工料机消耗定额，全国统一、地区统一定额中的工料机消耗量标准采用的是社会平均水平，而施工定额中的工料机消耗标准，应根据本企业的技术管理水平，采用平均先进水平。

(2)企业定额的作用。

施工企业定额是施工企业管理工作的基础，也是工程定额体系中的基础。

①施工企业定额是企业投标报价的依据。建设部颁发的《建筑工程施工发包与承包计价管理办法》(建设部令第 107 号文)规定：投标报价应当依据企业定额和市场价格信息，并按照国务院和省、自治区、直辖市人民政府建设行政主管部门发布的工程造价计价办法进行编制。为了适应投标报价的要求，施工企业必须根据自身管理水平和技术装备水平编制企业定额。

②施工企业定额是施工单位编制施工组织设计和施工作业计划的依据。各类施工组织设计一般包括三部分内容，即所建工程的资源需要量、使用这些资源的最佳时间安排和施工现场平面规划。确定所建工程的资源需要量，要以施工定额为依据；施工中实物工程量的计算，要以施工定额的分项和计量单位为依据；甚至排列施工进度计划也要根据施工定额对施工力量(劳动力和施工机械)进行计算。

③施工企业定额是组织和指挥施工生产的有效工具。施工单位组织和指挥施工，应按照作业计划下达施工任务书和限额领料单。

a. 施工任务书列明应完成的施工任务，也记录班组实际完成任务的情况，并且进行班组工人的工资结算。施工任务书上的工程计量单位、产量定额和计件单位，均取自施工的劳动定额，工资结算也要根据劳动定额的完成情况计算。

b. 限额领料单是施工队随施工任务书同时签发的领取材料的凭证，根据施工任务和材料定额填写。其中领料的数量，是班组为完成规定的工程任务消耗材料的最高限额。

④施工企业定额是计算工人劳动报酬的依据。社会主义的分配原则是按劳分配。所谓"劳"主要是指劳动的数量和质量,劳动的成果和效益。施工企业定额是衡量工人劳动数量和质量的标准,是计算工人计件工资的基础,也是计算奖励工资的依据。完成定额好,工资报酬就多;达不到定额,工资报酬就少,真正实现多劳多得,少劳少得。

⑤施工企业定额有利于推广先进技术。施工企业定额的水平中包含着一些已成熟的先进的施工技术和经验,工人要达到和超过定额,就必须掌握和运用这些先进技术,注意改进工具和技术操作方法,注意原材料的节约,避免浪费。当施工企业定额明确要求采用某些较先进的施工工具和施工方法时,贯彻施工定额就意味着推广先进技术。

由此可见,施工企业定额在施工单位企业管理的各个环节中都是不可缺少的,施工企业定额管理是企业管理的基础性工作,具有不容忽视的作用。

6.6.3.3 预算定额

1.预算定额的概念

预算定额是建筑工程预算定额和安装工程预算定额的总称。随着我国推行工程量清单计价,一些地方出现了综合定额、工程量清单计价定额和工程消耗量定额等定额类型,但其本质上仍应归于预算定额一类,它是编制施工图预算的重要依据。

预算定额是计算和确定一个规定计量单位的分项工程或结构构件的人工、材料和施工机械台班消耗的数量标准。

2.预算定额的作用

①预算定额是编制施工图预算、确定工程造价的依据。

②预算定额是建筑安装工程在工程招投标中确定标底和标价的依据。

③预算定额是建筑单位拨付工程价款、建设资金和编制竣工结算的依据。

④预算定额是施工企业编制施工计划,确定人工、材料、机械台班需用量计划和统计完成工程量的依据。

⑤预算定额是施工企业实施经济核算制、考核工程成本的参考依据。

⑥预算定额是对设计方案和施工方案进行技术经济评价的依据。

⑦预算定额是编制概算定额的基础。

3. 预算定额的编制原则

①社会平均水平的原则。预算定额理应遵循价值规律的要求，按生产该产品的社会平均必要劳动时间来确定其价值。这就是说，在正常施工条件下，以平均的劳动强度、平均的技术熟练程度，在平均的技术装备条件下，完成单位合格产品所需的劳动消耗量就是预算定额的消耗量水平。这种以社会平均劳动时间来确定的定额水平，就是通常所说的社会平均水平。

②简明适用的原则。定额的简明与适用是统一体中的两个方面，如果只强调简明，适用性就差；如果只强调适用，简明性就差。因此预算定额要在适用的基础上力求简明。

4. 预算定额的编制依据

①全国统一劳动定额、全国统一基础定额。

②现行的设计规范、施工验收规范、质量评定标准和安全操作规程。

③通用的标准图和已选定的典型工程施工图纸。

④推广的新技术、新结构、新材料、新工艺。

⑤施工现场测定资料、试验资料和统计资料。

⑥现行预算定额及基础资料和地区资料预算价格、工资标准及机械台班单价。

5. 预算定额的编制步骤

预算定额的编制一般分为以下 3 个阶段进行。

(1)准备工作阶段。

①根据国家或授权机关关于编制预算定额的指示，由工程建设定额管理部门主持，组织编制预算定额的领导机构和各专业小组。

②拟定编制预算定额的工作方案，提出编制预算定额的基本要求，确定预算定额的编制原则、适用范围，确定项目划分以及预算定额表格形式等。

③调查研究、收集各种编制依据和资料。

(2)编制初稿阶段。

①对调查和收集的资料进行深入细致的分析研究。

②按编制方案中项目划分的规定和所选定的典型施工图纸计算出工程量，并根据确定的各项消耗指标和有关编制依据，计算分项定额中的人工、材料和机械台班消耗量，编制出预算定额项目表。

③测算预算定额水平。预算定额征求意见稿编出后，应将新编预算定额与

原预算定额进行比较，测算新预算定额水平是提高还是降低，并分析预算定额水平提高或降低的原因。

(3)修改和审查计价定额阶段。

组织基本建设有关部门讨论预算定额征求意见稿，将征求的意见交编制小组重新修改定额，并写出预算定额编制说明和送审报告，连同预算定额送审稿报送主管机关审批。

6.预算定额各消耗量指标的确定

(1)预算定额计量单位的确定。预算定额计量单位的选择，与预算定额的准确性、简明适用性及预算工作的简洁性有着密切的关系。因此，在计算预算定额各种消耗量之前，应首先确定其计量单位。

在确定预算定额计量单位时，首先应考虑该单位能否反映单位产品的人工、材料消耗量，保证预算定额的准确性；其次，要有利于减少定额项目，保证定额的综合性；最后，要有利于简化工程量计算和整个预算定额的编制工作，保证预算定额编制的准确性和及时性。由于各分项工程的形体不同，预算定额的计量单位应根据上述原则和要求，按照分项工程的形体特征和变化规律来确定。当物体的长、宽、高三个度量都在变化时，应采用 m^3 为计量单位。当物体有一固定的不同厚度，而它的长和宽两个度量所决定的面积不固定时，宜采用 m^2 为计量单位。如果物体截面形状大小固定，但长度不固定时，应以“延长米”为计量单位。有的分部分项工程体积、面积相同，但质量和价格差异很大(如金属结构的制作、运输、安装等)，应当以质量为单位(kg 或 t)计算。有的分项工程还可以按“个”“组”“座”“套”等自然计量单位。

预算定额单位确定以后，在预算定额项目表中，常采用所取单位的 10 倍、100 倍等倍数的计量单位来制定预算定额。

(2)预算定额各消耗量指标的确定。根据劳动定额、材料消耗定额、机械台班定额来确定消耗量指标。

①按选定的典型工程施工图及有关资料计算工程量。计算工程量的目的是综合组成分项工程各实物量的比重，以便采用人工定额、材料消耗定额计算出综合后的消耗量。

②人工消耗指标的确定。预算定额中的人工消耗指标是完成该分项工程必须消耗的各种用工，包括基本用工、材料超运距用工、辅助用工和人工幅度差。

a.基本用工。基本用工指完成该分项工程的主要用工。如砌砖工程中的砌砖、调制砂浆、运砖等用工。将人工定额综合成预算定额的过程中，还要增加砌

附墙烟囱孔、垃圾道等的用工。

b.材料超运距用工。预算定额中的材料、半成品的平均运距要比劳动定额的平均运距远,因此超过劳动定额运距的材料要计算超运距用工。

c.辅助用工。辅助用工指施工现场发生的加工材料等的用工,如筛砂子、淋石灰膏的用工。

d.人工幅度差。人工幅度差主要指正常施工条件下,人工定额中没有包含的用工因素。例如各工种交叉作业配合工作的停歇时间,工程质量检查和隐蔽工程验收等所占的时间。

③材料消耗指标的确定。预算定额是在基础定额的基础上综合而成的,所以其材料用量也要综合计算。

④施工机械台班消耗指标的确定。预算定额的施工机械台班消耗指标的计量单位是台班。按现行规定,每个工作台班按机械工作 8 h 计算。

预算定额中的机械台班消耗指标应按全国统一劳动定额中各种机械施工项目所规定的台班产量进行计算。

预算定额中以使用机械为主的项目(如机械挖土、空心板吊装等),其工人组织和台班产量应按劳动定额中的机械施工项目综合而成。此外,还要相应增加机械幅度差。

预算定额项目中的施工机械是配合工人班组工作的,所以施工机械要按工人小组配置使用。例如砌墙是按工人小组配置塔吊、卷扬机和砂浆搅拌机等。配合工人小组施工的机械不增加机械幅度差。

7.预算定额项目表的编制

当分项工程的人工、材料和机械台班消耗量指标确定后,就可以着手编制定额项目表。

在项目表中,工程内容可以按各综合分项内容填写;人工消耗量指标可按工种分别填写工数;材料消耗量指标应列出主要材料名称、单位和实物消耗量;机械台班使用量指标应列出主要施工机械的名称和台班数。人工和中小型施工机械也可按"人工费和中小型机械费"表示。

8.预算定额的编排

预算定额项目表编制完成后,对分项工程的人工、材料和机械台班消耗量列出单价(基期价格),从而形成以货币形式表示的有量有价的预算定额。各分部分项所汇总的价称为计价。在具体应用中,预算定额要按工程所在地的市场价格进行价差调整，体现量、价分离的原则，即定额量、市场价原则。预算定额主要包括文字说明、分项工程定额消耗量指标和附录。

(1)预算定额文字说明包括总说明、分部说明和分节说明。

①总说明。

a. 编制预算定额各项依据。

b. 预算定额的适用范围。

c. 预算定额的使用规定及说明。

②分部说明。

a. 分部工程包括的子目内容。

b. 有关系数的使用说明。

c. 工程量计算规则。

d. 特殊问题处理方法的说明。

③分节说明。分节说明主要包括本节定额的工程内容说明。

(2)分项工程定额消耗量指标。各分项工程定额的消耗量指标是预算定额的基本内容。

(3)附录。

①建筑安装施工机械台班单价表。

②砂浆、混凝土配合比表。

③材料、半成品、成品损耗率表。

④建筑工程材料基价。

附录的主要作用是对预算定额进行分析、换算和补充。

6.6.3.4 概算定额和概算指标

1. 概算定额

(1)概算定额的概念。

概算定额又称扩大结构定额，规定了完成单位扩大分项工程或结构构件所必须消耗的人工、材料和机械台班的数量标准。

概算定额是由预算定额综合而成的。按照《建设工程工程量清单计价规范》(GB 50500—2013)的要求，为适应工程招标投标的需要，有的地方的预算定额项目的综合有些已与概算定额项目一致，如挖土方只有一个项目，不再划分一、二、三、四类土；砖墙也只有一个项目，综合了外墙、半砖、一砖、一砖半、二砖、二砖半墙等；化粪池、水池等按座计算，综合了土方、砌筑或结构配件等全部项目。

(2)概算定额的主要作用。

①概算定额是扩大初步设计阶段编制设计概算和技术设计阶段编制修正概算的依据。

②概算定额是对设计项目进行技术经济分析和比较的基础资料之一。

③概算定额是编制项目主要材料计划的参考依据。

④概算定额是编制概算指标的依据。

⑤概算定额是编制概算阶段招标标底和投标报价的依据。

(3)概算定额的编制依据。

①现行的预算定额。

②选择的典型工程施工图和其他有关资料。

③人工工资标准、材料预算价格和机械台班预算价格。

(4)概算定额的编制步骤。

①准备工作阶段。该阶段的主要工作是确定编制机械和人员组成,进行调查研究,了解现行概算定额的执行情况和存在问题,明确编制定额的项目。在此基础上,制定出编制方案和确定概算定额项目。

②编制初稿阶段。该阶段根据制定的编制方案和确定的定额项目,收集和整理各种数据,对各种资料进行深入细致的测算分析,确定各项目的消耗指标,最后编制出定额初稿。

该阶段要测算概算定额水平。内容包括两个方面:新编概算定额与原概算定额的水平测算;概算定额和预算定额的水平测算。

③审查定稿阶段。该阶段要组织有关部门讨论定额初稿,在听取合理意见的基础上进行修改。最后将修改稿报请上级主管部门审批。

2. 概算指标

(1)概算指标的概念。

概算指标是以整个建筑物或构筑物为对象,规定了人工、材料和机械台班的消耗指标的一种标准。

(2)概算指标的主要作用。

①概算指标是基本建设管理部门编制投资估算和基本建设计划,也是估算主要材料用量计划的依据。

②概算指标是设计单位编制初步设计概算、选择设计方案的依据。

③概算指标是考核基本建设投资效果的依据。

(3)概算指标的主要内容和形式。

概算指标的内容和形式没有统一的格式,一般包括以下内容。

①工程概况。包括建筑面积、建筑层数、建筑地点、时间、工程各部位的结构及做法等。

②工程造价及费用组成。

③每平方米建筑面积的工程量指标。

④每平方米建筑面积的工料消耗指标。

6.6.4 工程造价指数

6.6.4.1 工程造价指数的概念

工程造价指数是反映一定时期内价格变化对工程造价影响程度的一种指标。它反映了工程造价报告期与基期相比的价格变动程度与趋势,是分析价格变动趋势及其原因、估计工程造价变化对宏观经济的影响、承发包双方进行工程估价和结算的重要依据。

工程造价指数一般按照工程的范围不同划分为单项价格指数和综合价格指数两类。单项价格指数是分别反映各类工程的人工、材料、施工机械及主要设备等单项费用报告期对基期价格的变化程度指标,如人工费价格指数、主要材料价格指数、施工机械台班价格指数和主要设备价格指数等;综合价格指数是综合反映不同范围的工程项目中各类综合费用报告期对基期价格的变化程度指标,如建筑安装工程直接费造价指数、其他直接费及间接费价格指数、建筑安装工程造价指数、工程建设其他费用指数、单项工程或建设项目造价指数等。工程造价指数还可根据不同基期划分为定基指数和环比指数。定基指数是各时期价格与某固定时期的价格对比后编制的指数;环比指数是各时期价格都以其前一期价格为基础编制的指数,工程造价指数一般以定基指数为主。

6.6.4.2 工程造价指数的编制

在市场价格水平经常发生波动的情况下,建设工程造价及其各组成部分也处于不断变化之中。这不仅使不同时期的工程在“量”与“价”上都失去了可比性,而且给合理确定和有效控制造价造成了困难。根据工程建设的特点,编制工程造价指数是解决这些问题的最佳途径。

以合理方法编制的工程造价指数,不仅能够较好地反映工程造价的变化趋

势和变化幅度，而且可以剔除价格水平变化对造价的影响，正确反映建筑市场的供求关系和生产力发展水平。

工程造价指数主要包括建筑安装工程造价指数、设备工器具价格指数和工程建设其他费用指数等。其中建筑安装工程造价指数的作用最为广泛。

1. 建筑安装工程造价指数

①建筑安装工程造价指数的编制特点。建筑安装工程作为一种特殊商品，其价格指数的编制也较一般商品具有独特之处。首先，由于建筑产品采用的是分部组合计价方法，其价格指数也必定要按照一定的层次结构计算，即先要编制投入品价格指数（包括各类人工、材料和机械台班价格指数），接着在投入品价格指数的基础上计算工料机费用指数（即包括人工费指数、材料费指数和机械使用费指数），并进一步汇总出成本指数（包括直接工程费指数和间接费指数等），在上述指数基础上编制建筑安装工程造价指数。其次，建筑安装工程单件性计价的特点决定了工程造价指数应是对造价发展趋势的综合反映，而不仅仅是对某一特定工程的造价分析，即建筑安装工程造价指数计算有很强的综合性。建筑安装工程造价指数的准确性和实用性在很大程度上受到指数结构的合理性和指数编制综合技巧的制约。

②投入品价格指数的编制。建筑安装工程的投入品包括人工、材料、机械三大类及几百个品种、上千种规格，只能从中选出一定的代表投入品编制价格指数。代表投入品的选择一般基于以下原则：一是实际消耗量较大；二是市场价格变动趋势有代表性；三是价格变动有独立的发展趋势；四是市场价格信息准确、及时；五是生产供应稳定。

代表投入品确定后，还要对投入品市场进行调查。由于市场的广泛性和不确定性，同时期的投入品市场价格在有形市场中存在差异，应按投入产品的耗用量或成交量对投入品价格进行加权。

③建筑安装工程造价指数的编制。建筑安装工程造价指数编制通常采用如下方法：根据工料机费用指数和成本指数的计算结果，分别考虑基期和报告期的利税水平，可得到范例工程报告期和基期造价的比值，即建筑安装工程造价指数。我国各地区、部门大多采用这种编制方法。

2. 工程造价指数的应用

工程造价指数反映了报告期与基期相比的价格变动趋势，可以利用它来研究实际工作中的以下问题。

①可以利用工程造价指数来分析价格上涨或下跌的原因。

②可以利用工程造价指数来估计工程造价变化对宏观经济的影响。

③工程造价指数是工程承发包双方进行工程估价和结算的重要依据。由于建筑市场供求关系的变化以及物价水平的不断上涨,单靠原有定额编制概预算、标底及投标报价已不能适应形势发展的需要。而合理编制的工程造价指数正是对传统定额的重要补充。

第 7 章　投资决策阶段的工程造价管理

7.1　投资决策阶段的造价管理概述

7.1.1　建设项目决策

1. 建设项目决策的概念

项目投资决策是选择和决定投资方案的过程，是对拟建项目的必要性和可行性进行技术及经济论证，对不同建设方案进行技术和经济比较，以及做出判断和决定的过程。项目决策正确与否，直接关系到项目建设及运行的成败，关系到建设项目工程造价的高低及投资效果的好坏，正确决策是合理确定与控制项目投资的前提。

2. 建设项目决策与项目投资的关系

(1)项目决策的正确性是项目投资合理性的前提。对项目做出正确决策，意味着对项目建设作出了科学的决断，它包括投资决定和投资方案的选择，即在投资决定基础上优选出最佳的投资方案，达到资源的合理配置与利用。这样才能合理地估计和计算项目投资，并且在实施最优投资方案过程中，有效地控制建设项目投资和工程造价。

(2)项目决策是决定项目投资和确定建设项目工程造价的基础。项目投资和建设工程造价控制贯穿项目建设的全过程，但是，这些都是以决策阶段确定的项目投资决策和技术方案为中心实现的。项目决策对该项目的投资和建设项目工程造价控制有重大影响，特别是决策阶段确定的项目规模、建设标准、建设地点、产品方案、工艺水平及设备选型等，直接关系到投资和工程造价的水平。

(3)项目投资和建设项目工程造价水平影响项目决策。在决策阶段，投资和工程造价水平直接影响决策结果。一是影响项目的投资效益，这是决定项目是否可行的一个重要条件；二是影响项目融资方案和投资能力，这是有关部门进行项目审批(包括融资方案)的参考依据；同时，估算投资和工程造价水平是进行投资方案选择的重要依据之一。

(4)投资估算的精确度和工程造价的控制水平依赖于项目决策阶段对项目的理解深度。投资决策过程是一个由浅入深、不断深化的过程,依次分为若干工作阶段。不同决策阶段对项目理解深度的不同,造成投资估算精确度也不同,工程造价的控制水平也不同。

7.1.2 投资估算及其作用

1. 投资估算的概念

投资估算是指在工程项目决策过程中,依据现有的资料和特定的方法,对建设项目的投资数额进行的预测和估计。投资估算是项目决策前期编制项目建议书和可行性研究报告的重要组成部分,是项目决策的重要经济指标之一。

2. 投资估算的作用

投资估算既是拟建工程项目及投资决策的重要依据,又是该项目实施阶段投资控制的目标值。它对于建设工程的前期决策、价格控制及资金筹集等各方面的作用举足轻重。

(1)投资估算是建设项目前期决策的重要依据。任何一个拟建项目,都要通过全面的技术经济论证后,才能决定是否正式立项。在拟建项目的全面论证过程中,除考虑在技术上可行外,还要考虑经济上的合理性。而建设项目的投资估算在拟建项目前期各阶段工作中,作为论证拟建项目的重要经济文件,有着极其重要的作用。

项目建议书阶段的投资估算是项目主管部门审批项目建议书的依据之一,并对项目的规划、规模起参考作用;项目可行性研究阶段的投资估算是项目投资决策的重要依据,也是研究、分析、计算项目投资经济效果的重要条件。

(2)投资估算是建设工程造价控制的重要依据。项目投资估算对工程设计概算起控制作用,它为设计提供了经济依据和投资限额。设计概算不得突破批准的投资估算额,并应控制在投资估算总额以内。国家规定概算突破估算的10%,则项目必须重新论证。投资估算一经确定,即成为限额设计的依据,用以对各设计专业实行投资的切块分配,作为控制和指导设计的尺度。

(3)投资估算是建设工程设计招标的重要依据。投资估算是进行工程设计招标、优选设计单位和设计方案的重要依据。在进行工程设计招标时,投标单位报送的投标书中除设计方案之外,还包括项目的投资估算和经济性分析。招标

单位根据投资估算对各项设计方案的经济合理性进行分析、衡量、比较，在此基础上选择出最优的设计单位和设计方案。

(4)投资估算是项目资金筹措及制订建设贷款计划的依据。建设单位可根据批准的项目投资估算额，进行资金筹措和向银行申请贷款。

此外，项目投资估算也是核算建设项目固定资产投资需要额和编制固定资产投资计划的重要依据。

3. 投资估算阶段的划分

我国建设项目的投资估算一般可分为以下几个阶段。

(1)项目规划阶段的投资估算。建设项目规划阶段是指有关部门根据国民经济发展规划、地区发展规划和行业发展规划的要求，编制该建设项目的建设规划。对投资估算精度要求为允许误差不超过±30%。

(2)项目建议书阶段的投资估算。在项目建议书阶段，需按项目建议书中的产品方案、项目建设规模、产品主要生产工艺、企业车间组成和初选建厂地点等，估算建设项目所需要的投资额。对投资估算精度要求为误差幅度在±30%以内。

(3)初步可行性研究阶段的投资估算。初步可行性研究阶段的投资估算，是在掌握了更详细、更深入的资料条件下，估算建设项目所需的投资额。对投资估算精度要求为误差幅度在±20%以内。

(4)详细可行性研究阶段的投资估算。详细可行性研究阶段的投资估算至关重要，由于这个阶段的投资估算经审查批准之后，便是工程设计任务书中规定的项目投资限额，并可据此列入项目年度基本建设计划。因此对投资估算的精度要求较高，误差幅度需控制在±10%以内。

4. 投资估算的内容

根据国家规定，从满足建设项目投资计划和投资规模的角度，根据我国现行工程造价的构成，建设项目投资估算的内容包括固定资产投资估算和铺底流动资金估算。

固定资产投资估算内容包括：建筑安装工程费用、设备及工器具购置费用、工程建设其他费用(此时不含铺底流动资金)、预备费用(基本预备费和涨价预备费)、建设期贷款利息等。

铺底流动资金的估算是项目总投资估算中流动资金的一部分，它按项目投产后所需流动资金的30%计算。理论上，铺底流动资金不属于工程造价的组成部分，但为了反映建设项目总的投资规模，国家规定将铺底流动资金一并计入投资估算中，以便全面评价建设项目的可行性；并严格规定新建、扩建和技术改造项目，必须将项目建成投产后必需的铺底流动资金列入投资计划。铺底流动资金不落实的，国家不予批准立项，银行不予贷款。

7.1.3 投资估算编制的原则、依据和要求

1. 投资估算编制的原则

投资估算的质量将影响项目决策的正确性以及拟建项目能否纳入固定资产投资计划。因此，在编制投资估算时应遵循下列原则。

(1)求实原则。进行投资估算时，应加强责任感，要认真负责地、实事求是地、科学地进行投资估算。从实际出发，深入开展调查研究，掌握第一手资料，绝不能弄虚作假。

(2)效益原则。投资估算是计算、分析项目投资经济效益，做出项目决策的重要依据。因此，投资估算的编制一定要体现效益最大化的原则，从而合理地配置有限的建设资源，促进拟建项目投资效益的提高。

(3)准确性原则。投资估算计算出的投资额，既是投资决策必需的重要依据，又是该项目实施阶段投资控制的目标值，同时还关系着国家建设资源的合理配置，必须力求准确。准确性原则要求各个不同阶段投资估算的误差率一定要严格控制在规定允许的范围以内，不得有任何突破。

此外，投资估算的编制程序和编制方法等方面，都要尽量反映现代科技的发展，逐步实现电算化、网络化。

2. 投资估算编制的依据

建设项目投资估算应做到方法科学、依据充分。投资估算编制的主要依据如下。

(1)拟建工程的项目特征。主要包括拟建工程的项目类型、建设规模、建设地点、建设期限、建设标准、产品方案、主要单项工程、主要设备类型和总体建筑结构等。

(2)类似工程的价格资料。经济、合理的同类工程竣工决算资料及其他相关的价格资料，为拟建项目投资估算提供了较为真实、客观的可比基础，是正确进行拟建工程项目投资估算必需的重要参考资料。

(3)项目所在地区状况。拟建项目所在地区的气候、气象、地质、地貌、民俗、民风、基础设施、技术及经济发展水平、市场化程度和物价波动幅度等，都将对投

资估算产生重大的直接影响。

(4)有关法规、政策规定。国家的经济发展战略、货币政策、财政政策及产业政策等有关政策规定，都会影响项目建设的投资额，是进行投资估算的必要依据。

3. 投资估算编制的要求

(1)严格执行国家的方针、政策和有关制度。投资估算的编制必须严格执行国家的方针、政策和有关制度，符合相关技术标准和设计施工技术规范的规定。估算文件的质量应达到符合规定、结合实际、提交及时、工程内容和费用构成齐全、计算合理、不重复计算，不提高或者降低估算标准，不漏项、不少算。

(2)必须选用真实可靠的估算资料。要认真收集各种建设项目的竣工决算实际造价资料，资料的真实可靠性越高，投资估算的准确性就越高。选择可靠的估价资料，是提高投资估算准确性的前提和基础。

(3)必须进行充分的调研、分析工作。选择使用投资估算的各种数据时，不论是自己积累的数据，还是来源于其他方面的数据，都要求估算人员在使用前要结合时间、物价、现场条件和装备水平等因素，进行充分的分析和调查研究工作；对工程所在地的交通、能源、材料供应等条件进行周密的调查研究；进行细致的市场调查和预测，绝不能生搬硬套，确保选用造价指标的工程特征与拟建工程尽量相符。

(4)必须留有足够的预备费投资的估算。必须考虑建设期物价、工资等方面的动态因素变化，在调查研究的基础上依据估算人员所掌握的情况加以分析、判断和预测，选定适合的系数。一般来说，对于建设工期长、工程复杂的项目或新工艺流程，预备费所占比例可高一些；对于建设工期短、工程结构简单，或在很大程度上带有非开发并在国内已有建成的工艺生产项目和已定型的项目，预备费所占的比例可相对降低。

(5)注意项目投资总额的综合平衡。投资估算中应处理好局部与总体的关系。进行项目投资估算时，常有从各单位工程投资估算的局部上看似合理的，但从建设项目所需投资额估算的总体来看并不合理的情况。因此，必须从总体上衡量工程的性质、项目所包括的内容和建筑标准等，是否与当前同类工程的投资额相称。还需检查各单位工程的经济指标是否合适，进行必要的调整、使整个建设项目所需的投资估算额更为合理。

对于那些进口设备、引进国外先进技术的建设项目和涉外建设项目，其建设投资的估算额与外汇兑换率的关系密切，还需在投资估算时充分考虑汇率的变化。

7.1.4 投资估算的程序

不同类型的工程项目可选用不同的投资估算方法，不同的投资估算方法也有不同的投资估算编制程序。依据《投资项目可行性研究指南》，介绍一般常见的投资估算编制程序。

1. 建筑工程投资估算

根据项目总体构思和描述报告中的建筑方案构思、机电设备构思、建筑面积分配计划和分部分项工程的描述，列出土建工程的分项工程表，计算各分项工程量，再套用与之相适应的综合单价，计算出各分项工程的投资额，汇总得出建筑工程的投资额；或根据工程的建筑面积，套用相似工程的平方米估算指标，计算出建筑工程的投资额。

2. 设备及其安装工程投资估算

根据报告中对设备购置及安装工程的构思描述，列出设备购置清单，参照、套用设备安装工程投资估算指标，计算设备购置及安装工程的投资额。

3. 其他费用投资估算

根据项目建设期中涉及的其他费用投资构思和前期工作设想，并按照国家和地方的有关法规，编制工程建设其他费用投资估算。

4. 预备费估算

根据项目涉及的预备费用投资构思和前期工作设想，并按国家和地方的有关法规，估算拟建项目所需的基本预备费和涨价预备费。

5. 建设用贷款利息估算

根据项目所涉及的贷款额度，以及银行的贷款利率，利用相应的方法计算项目建设期的贷款利息。

6. 铺底流动资金估算

铺底流动资金是保证项目投产后，能正常生产经营所需要的最基本的周转资金。铺底流动资金按照流动资金的30%计算。

7. 项目总投资估算

拟建项目的总投资估算通过汇总固定资产投资估算和铺底流动资金估算得到。其中固定资产投资估算包括静态投资（建筑工程投资估算、设备及安装工程

投资估算、建设工程其他费用投资估算、基本预备费）和动态投资（涨价预备费、建设期贷款利息）两部分。

7.2　投资估算的方法

建设项目投资估算应按静态投资和动态投资进行估算。由于编制投资估算的方法很多，在具体编制某个项目的投资估算时，应根据项目的性质、技术资料和数据等具体情况的差异，有针对性地选用适宜的方法。

首先进行静态投资部分的估算，需要强调的是，对于静态投资部分的估算，要按照某一确定的时间来进行，一般是以开工前一年作为基准年，以这一年的价格为依据计算，否则就失去基准作用，影响投资估算的准确性。另外，因为民用项目与工业生产项目的特点及具体方法有显著的区别，一般情况下，工业生产项目的投资估算从设备费用入手，而民用项目则往往从建筑工程投资估算入手。然后进行动态投资部分的估算，建设项目的动态投资包括价格变动可能增加的投资额、建设期利息等，如果是涉外工程项目，还应考虑汇率的影响。在实际估算时，主要考虑涨价预备费、建设期利息、流动资金和汇率变化 4 个方面。

7.2.1　工程静态投资估算的方法

1. 工业生产项目静态投资估算方法

(1)资金周转率法。资金周转率法，是用已建项目的资金周转率来估算拟建项目所需投资额的方法。

(2)生产规模指数法。生产规模指数法是基于已建工程和拟建工程生产能力与投资额或生产装置投资额的相关性进行投资估算的一种方法，其特点是生产能力与投资额呈比较稳定的指数函数关系。

(3)比例估算法。比例估算法是指用工程造价构成中某类已知费用及其他费用稳定的比例关系来求投资估算额的方法。比例估算法又可分为以下三种。

①分项比例估算法。该法是将项目的固定资产投资分为设备投资、建筑物与构筑物投资和其他投资三部分，先估算出设备的投资额，然后再按一定比例估算出建筑物与构筑物的投资及其他投资，最后将三部分投资加在一起。

②费用比例估算法。其计算步骤如下。

a. 根据拟建项目设备清单按当时当地价格计算设备费用的总和。

b. 收集已建类似项目造价资料，并分析设备费用与建筑工程、安装工程和工程建设其他费用之间的比例关系。

c. 分析和确定由于时间因素引起的定额、物价、费用标准以及国家政策法规等变化导致的建筑工程、安装工程、工程建设其他费用的综合调整系数。

d. 计算拟建项目的建筑工程、安装工程、工程建设其他费用以及其他费用。

③专业工程比例估算法。其计算步骤如下。

a. 计算拟建项目主要工艺设备的投资(包括运杂费及安装费)。

b. 根据同类型的已建项目的有关造价统计资料，计算各专业工程(如土建、暖通、给排水、管道、电气及电信、自控及其他工程费用等)与工艺设备投资的比例关系。

c. 根据上述资料分析确定各专业工程的综合调整系数。

d. 计算各专业工程(包括主要工艺设备)的费用之和。

e. 计算其他费用。

f. 累计汇总投资估算额。

(4)系数估算法。系数估算法也称为因子估算法，这种方法简单易行，但是精度较低，一般用于项目建议书阶段。

2. 民用项目静态投资估算方法

指标估算法是民用项目静态投资估算方法中常用的方法。这种方法是把建设项目划分为建筑工程、设备安装工程、设备购置费及其他基本建设费等费用项目或单位工程，再根据各种具体的投资估算指标，进行各项费用项目或单位工程投资的估算，在此基础上计算每一单项工程的投资额，然后再估算工程建设其他费用及预备费，汇总求得建设项目总投资。

使用估算指标法应根据不同地区、年代进行调整，因为地区、年代不同，设备与材料的价格均有差异，调整时可以主要材料消耗量或“工程量”为计算依据；也可以按不同的工程项目的“万元工料消耗定额”而采用不同的系数；如果有关部门已颁布了有关定额或材料价差系数(物价指数)，也可以根据其调整使用估算指标法。进行投资估算决不能生搬硬套，必须对工艺流程、定额、价格及费用标准进行分析，经过实事求是的调整与换算后，才能提高其精确度。

7.2.2 工程动态投资估算的方法

工程动态投资部分主要包括价格变动可能增加的投资额、建设期利息两部

分内容，如果是涉外项目，还应该计算汇率的影响。动态部分的估算应以基准年静态投资的资金使用计划为基础来计算，而不是以编制的年静态投资为基础计算。

1. 涨价预备费的估算

涨价预备费是对建设工期较长的项目，由于在建设期内可能发生材料、设备、人工等价格上涨引起投资增加，需要预留的费用。涨价预备费一般按照国家规定的投资综合价格指数（没有规定的由可行性研究人员预测），依据工程分年度估算投资额，采用复利法计算。

2. 建设期利息的估算

建设期利息是指项目借款在建设期内发生并计入建设项目总投资的利息，一般按照复利法计算。为了简化计算，通常假定借款均在每年的年中支用，计算公式为：

各年应计利息＝（年初借款本息累计＋本年借款额/2）×年利率

3. 流动资金的估算

流动资金是指生产经营性项目投产后，为进行正常生产运营，用于购买原材料、燃料，支付工资及其他经营费用等所需的周转资金。流动资金估算一般采用分项详细估算法，个别情况或者小型项目可采用扩大指标估算法。

（1）分项详细估算法。

分项详细估算法是目前国际上常用的流动资金的估算方法。其计算公式为：

流动资金＝流动资产－流动负债

其中，流动资产＝应收（或预付）账款＋现金＋存货；

流动负债＝应付（或预收）账款；

流动资金本年增加额＝本年流动资金－上年流动资金。

分项详细估算法估算的具体步骤为：首先计算各类流动资产和流动负债的年周转次数，然后再分项估算占用资金额。

①周转次数的计算。周转次数是指流动资金的各个构成项目在一年内完成多少个生产过程，即周转次数＝360天/最低周转天数。

②各分项资金占用额的估算。其计算公式分别为：

应收账款＝年销售收入/应收账款年周转次数

现金＝（年工资福利费＋年其他费）/现金年周转次数

存货＝外购原材料、燃料动力费＋在产品＋产成品

其中，外购原材料、燃料动力费＝年外购原材料、燃料动力费/年周转次数；

在产品＝(年工资福利费＋年其他制造费＋年外购原材料、燃料动力费＋年修理费)/在产品年周转次数；

产成品＝年经营成本/产成品年周转次数。

(2)扩大指标估算法。

扩大指标估算法是一种简化的流动资金估算方法，一般可参照同类企业流动资金占销售收入、经营成本的比例，或者单位产量占用流动资金的数额估算。扩大指标估算法简便易行，但准确度不高，适用于项目建议书阶段的估算。扩大指标估算法计算流动资金的公式为：

年流动资金额＝年销售收入(或年经营成本)×销售收入(或经营成本)资金率

年流动资金额＝年产量×单位产量占用流动资金额

(3)估算流动资金应注意的问题。

①在采用分项详细估算法时，应根据项目实际情况分别确定现金、应收账款、存货和应付账款的最低周转天数，并考虑一定的风险系数。最低周转天数减少，将增加周转次数，从而减少流动资金需要量，因此，必须切合实际地选用最低周转天数。对于存货中的外购原材料和燃料，要分品种和来源，考虑运输方式和运输距离，以及占用流动资金的比重大小等因素确定。

②在不同生产负荷下的流动资金，应按不同生产负荷所需的各项费用金额，分别按照上述的计算公式进行估算，而不能直接按照100%生产负荷下的流动资金乘以生产负荷百分比求得。

③流动资金属于长期性(永久性)流动资产，流动资金筹措可通过长期负债和资本金(一般要求占30%)的方式解决。流动资金一般要求在投产前一年开始筹措，为简化计算，可规定在投产的第一年开始按生产负荷安排流动资金需要量。其借款部分按全年计算利息，流动资金利息应计入生产期间财务费用，项目计算期末收回全部流动资金(不含利息)。

4.汇率变化对涉外建设项目动态投资的影响及计算方法

(1)外币对人民币升值项目。从国外市场购买设备材料所支付的外币金额不变，但换算成人民币的金额增加；从国外借款，本息所支付的外币金额不变，但换算成人民币的金额增加。

(2)外币对人民币贬值项目。从国外市场购买设备材料所支付的外币金额不变，但换算成人民币的金额减少；从国外借款，本息所支付的外币金额不变，但

换算成人民币的金额减少。

估计汇率变化对建设项目投资的影响，是通过预测汇率在项目建设期内的变动程度，以估算年份的投资额为基数，计算求得。

7.3　工程投资决策阶段投资估算的管理

投资估算的管理是工程决策阶段的关键。它就是对投资估算的编制方法、数据测算、估算指标选择运用、影响估算的因素等进行全过程的分析控制与管理。其目的是保证投资估算的科学性和可靠性，保证各种资料和数据的时效性、准确性和适用性，为项目决策提供科学依据。

7.3.1　影响投资估算的相关因素

工程投资及工程造价的多少取决于多种因素，其中主要因素有建设规模、建设地点及其占地面积、工艺流程及设备选型、建筑标准、配套工程规模及标准、劳动定员等。建设项目投资估算是一项很复杂的工作，有很多因素会影响项目投资估算的准确性，其主要影响因素有以下 4 种。

1. 项目投资估算所需资料的可靠性

项目投资估算所选用的已运行项目的实际投资额、有关单元指标、物价指数、项目建设规模、建筑材料、设备价格等数据和资料的可靠性都直接影响投资估算的准确性。

2. 项目本身的具体情况

项目本身的内容和复杂程度、设计深度和详细程度、建设工期等也必然对项目投资估算的准确性产生重大影响。若项目本身包括的内容繁多、技术要求比较复杂、建设工期较长，那么在估算项目所需投资额时，就容易发生漏项和重复，导致投资估算的失真。

3. 项目所在地的相关条件

项目所在地的相关条件主要是指项目所在地的自然条件、市场条件、基础设施条件等。项目所在地的自然条件，如建设场地条件、工程地质条件、水文地质、地震烈度等情况和有关数据的可靠性；项目所在地的市场条件，如建筑材料供应情况、价格水平、物价波动幅度、施工协作条件等情况；基础设施条件，如给水排水、供电、通信、燃气供应、热力供应、公共交通及消防等相关条件的具体情况，都会影响投资估算的准确性。

4. 项目投资估算人员的水平

项目投资估算人员业务水平、经验、职业道德等主观因素都会影响投资估算的准确性。

7.3.2 投资估算的审查

1. 投资估算审查的意义

(1)投资估算审查是保障项目决策正确性的前提之一。投资估算、资金筹措、建设地点、资源利用等都影响项目是否可行，由于投资估算的正确与否关系到项目财务评价和经济分析是否正确，从而影响到项目在经济上是否可行。因此必须对投资估算编制的正确性(误差范围)进行审查。

(2)投资估算审查为工程造价的控制奠定了基础。在项目建设各阶段中，通过工程造价的确定与控制，相应形成了投资估算、设计概算、施工图预算、承包合同价、结算价及竣工决算。这些造价形成之间存在着前者控制后者，后者补充前者的相互作用关系，只有合理地计算投资估算，采用科学的估算方法和可靠的数据资料，保证投资估算的正确性，才能保证其他阶段的造价控制在合理的范围内，使投资控制目标能够实现。

2. 投资估算审查的内容

(1)审查投资估算的编制依据。

投资估算所采用的依据必须具有合法性和有效性。

①合法性。首先必须对投资估算编制依据的合法性进行鉴定。投资估算所采用的各种编制依据必须经过国家和主管部门的批准，符合国家有关编制政策规定，未经批准的不能采用。

②有效性。即对编制依据的有效性进行鉴定。各种编制依据都应根据国家有关部门的现行规定进行，不能脱离现行的国家各种财务规定去做投资估算，如有新的管理规定和办法应按新的规定和办法执行。

(2)审查投资估算的构成内容。

根据工程造价的构成，建设项目投资估算包括固定资产投资估算和铺底流动资金在内的流动资金估算，具体的构成内容已在本书前面进行了介绍。审查投资估算的构成内容，主要是审查项目投资估算内容的完整性和构成的合理性。

(3)审查投资估算的估算方法和计算的正确性。

根据投资项目的特点和行业类别,计算投资估算可选用的具体方法很多。一般说来,供决策用的投资估算,不宜使用单一的投资估算方法,而是综合使用几种投资估算方法,互相补充,相互校核;对于投资额不大、一般规模的工程项目,适宜使用类似比较法或系数估算法。此外,还应对建设前期阶段不同的工程项目,选用不同的投资估算方法。因此审查投资估算时,应对投资估算采用的方法所适用的条件、范围、计算是否正确进行评价;对投资估算采用的工作量,设备、材料和价格等是否正确、合理进行评价;对投资比例是否合理,费用或费率是否有漏项、少算,是否有意压价、高估冒算或提高标准等进行评价;对必须进口的国外设备的数量是否经过核实,价格是否合理(是否经过三家以上供应厂商的询价和对比),是否考虑了汇率、税金、利息和物价上涨指数等进行评价。

(4)审查投资估算的费用划分及投资数额。

①审查投资估算中费用项目的划分是否正确。主要应审查费用项目与规定要求、实际情况是否相符:是否有多项、重项和漏项的情况;是否符合国家有关政策规定;是否针对具体情况进行了适当增减。

②投资额的估算是否考虑了物价变化、费率变动、现行标准和规范、已建项目当时的标准和规范的变化等对总投资的影响,所用的调整系数是否适当。

③投资估算中是否考虑了项目将采用的高新技术、材料、设备以及新结构、新工艺等导致的投资额的变化。

总之,在进行项目投资估算审查时,应在项目评估的基础上,将审查内容联系起来综合考虑,既要防止漏项少算,又要防止重复计算和高估冒算,保证投资估算的精确性,使项目投资估算真正能起到促进正确决策、控制投资的重要作用。

第 8 章　设计阶段的工程造价管理

8.1　概　　述

8.1.1　建设项目设计阶段工程造价管理的内容

1. 设计的概念

设计是指在建设项目立项以后，按照设计任务书的要求，对建设项目的各项内容进行设计，并以一定载体（图纸、文件等）表现出建设项目决策阶段主旨的过程。一般以设计成果作为备料、施工组织工作和各工种在制作、建造工作中互相配合协作的共同依据，便于整个建设项目在预定的投资限额范围内，按照周密考虑的预定方案顺利进行，充分满足各方所期望的要求。

2. 设计阶段的划分

为保证建设项目设计和施工工作有机地配合和衔接，需要将建设项目设计阶段进行划分。国家规定，一般工业与民用建设项目设计按初步设计和施工图设计两个阶段进行，即“两阶段设计”；对于技术上复杂而又缺乏设计经验的项目，可按初步设计、扩大初步设计（技术设计）和施工图设计三个阶段进行，即“三阶段设计”。对于技术要求简单的民用建筑工程，经有关主管部门同意，并且合同中有不做初步设计的约定，可在方案设计审批后直接进入施工图设计。

3. 设计阶段的内容及深度

根据《建筑工程设计文件编制深度规定》（2016 年版）的规定，各阶段设计文件编制的内容及深度应符合相关要求。

（1）方案设计文件。其应满足编制初步设计文件的需要和方案审批或报批的需要，主要内容如下。

①设计说明书，包括各专业设计说明以及投资估算等内容。对于涉及建筑节能、环保、绿色建筑、人防等设计的专业，其设计说明应有建筑节能设计专门内容。

②总平面图以及相关建筑设计图样。

③设计委托或设计合同中规定的透视图、鸟瞰图、模型等。

各项内容编制完成后，应按照封面（写明项目名称、编制单位、编制年月）、扉页（写明编制单位法定代表人、技术总负责人、项目总负责人及各专业负责人的姓名，并经上述人员签字或授权盖章）、设计文件目录、设计说明书（含设计依据、设计要求以及主要技术经济指标、总平面设计说明、建筑设计说明、结构设计说明、建筑电气设计说明、给水排水设计说明、供暖通风与空气调节设计说明、热能动力设计说明和投资估算文件）和设计图样（含总平面设计图样、建筑设计图样和热能动力设计图样）的顺序进行编排。

（2）初步设计文件。其应满足编制施工图设计文件的需要和初步设计审批的需要，主要的内容如下。

①设计说明书，包括设计总说明、各专业设计说明，对于涉及建筑节能、环保、绿色建筑、人防、装配式建筑等，其设计说明应有相应的专项内容。

②有关专业的设计图样。

③主要设备或材料表。

④工程概算书。

⑤有关专业计算书（不属于必须交付的设计文件）。

各项内容编制完成后，应按照封面（写明项目名称、编制单位、编制年月）、扉页（写明编制单位法定代表人、技术总负责人、项目总负责人和各专业负责人的姓名，并经上述人员签字或授权盖章）、设计文件目录、设计说明书、设计图样（可单独成册）和概算书（应单独成册）的顺序进行编排。

其中，在初步设计阶段，设计总说明含工程设计依据、工程建设的规模和设计范围、总指标、设计要点综述、提请在设计审批时需解决或确定的主要问题；总平面专业和建筑专业的设计文件分别含设计说明书和设计图样；结构专业的设计文件含设计说明书、结构布置图和计算书；建筑电气专业设计文件含设计说明书、设计图样、主要电气设备表和计算书：给水排水专业设计文件含设计说明书、设计图样、设备及主要材料表和计算书：供暖通风与空气调节和热能动力的设计文件含设计说明书，除小型、简单工程外，还含设计图样、设备表和计算书。

（3）施工图设计文件。其应满足设备材料采购、非标准设备制作和施工的需要。对于将项目分别发包给几个设计单位或实施设计分包的情况，设计文件相互关联处的深度应满足各承包或分包单位设计的需要，主要内容如下。

①合同要求所涉及的所有专业的设计图样（含图样目录、说明和必要的设备、材料表）以及图样总封面，对于涉及建筑节能设计的专业，其设计说明应有建

筑节能设计的专项内容；涉及装配式建筑设计的专业，其设计说明及图样应有装配式建筑专项设计内容。

②合同要求的工程预算书（对于方案设计后直接进入施工图设计的项目，若合同未要求编制工程预算书，则施工图设计文件应包括工程概算书）。

③各专业计算书（不属于必须交付的设计文件，但应编制并归档保存）。

总封面的内容包括项目名称、设计单位名称、项目的设计编号、设计阶段、编制单位法定代表人、技术总负责人和项目总负责人的姓名及其签字或授权盖章和设计日期（即设计文件交付日期）。

其中，在施工图设计阶段，总平面专业、建筑专业、结构专业的设计文件含图样目录、设计说明、设计图样和计算书；建筑电气专业的设计文件含图样目录、设计说明、设计图样、主要设备表和电气计算部分计算书；给水排水专业的设计文件含图样目录、施工图设计说明、设计图样、设备及主要材料表和计算书；供暖通风与空气调节专业的设计文件含图样目录、设计与施工说明、设备表、设计图样和计算书；热能动力专业的设计文件含图样目录、设计说明和施工说明、设备及主要材料表、设计图样和计算书。

4. 设计阶段工程造价管理的内容

设计阶段是分析处理建设项目技术和经济的关键环节，也是有效控制工程造价的重要阶段，其对工程造价的影响程度见图 8.1。在建设项目设计阶段，工

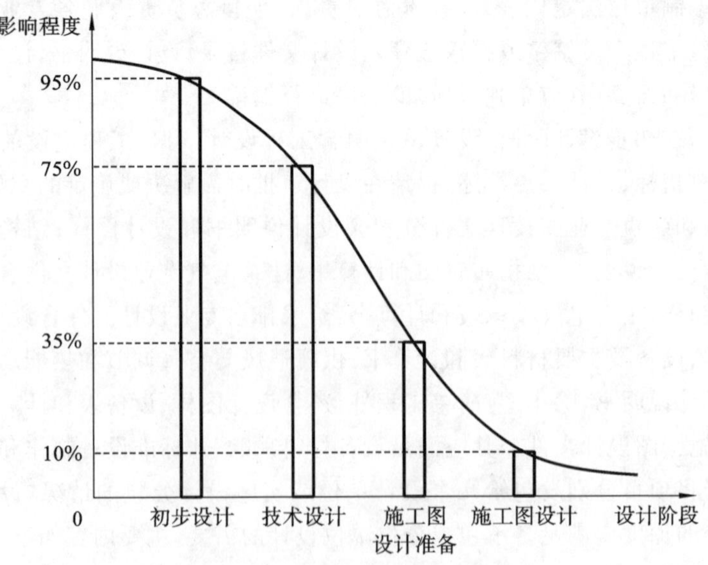

图 8.1　设计阶段对工程造价的影响程度

程造价管理人员需要密切配合设计人员，协助其处理好项目技术先进性与经济合理性之间的关系。在初步设计阶段，要按照可行性研究报告及投资估算进行多方案的技术经济比较，确定初步设计方案。在施工图设计阶段，要按照审批的初步设计内容、范围和概算造价进行技术经济评价与分析，确定施工图设计方案。

除此之外，要通过推行限额设计和标准化设计等，在采用多方案技术经济分析的基础上，优化设计方案，科学编制设计概算和施工图预算及相关内容(表8.1)，有效地控制工程造价。

表 8.1　设计阶段工程造价管理的内容

设计阶段	造价体系及形式	计价依据	工作内容与编制人
初步设计	设计概算(投资控制额)	概算定额、预算定额、造价部门发布的有关价格信息	设计概算编制(设计单位或造价咨询企业)
施工图设计	施工图预算(平均价格)	预算定额、造价部门发布的有关价格信息	施工图预算编制(设计单位或造价咨询企业)

8.1.2　建设项目设计阶段影响工程造价的主要因素

国内外相关资料研究表明，设计阶段的费用仅占工程总费用的 1%～2%，但在建设项目决策正确的前提下，该阶段对工程造价的影响程度高达 75%以上。

1. 影响工业建设项目工程造价的主要因素

(1)总平面设计。总平面设计主要是指总图运输设计和总平面配置，主要包括：①厂址方案、占地面积、土地利用情况；②总图运输、主要建筑物和构筑物及公用设施的配置；③外部运输、水、电、气及其他外部协作条件等。

总平面设计对整个设计方案的经济合理性有重大影响，正确合理的总平面设计可大幅度缩减项目工程量，减少建设用地，节约建设投资，加快建设进度，降低程造价和建设项目运营后的使用成本，并为企业创造良好的生产组织、经营条件和生产环境，还可以为城市建设或工业区创造完美的建筑艺术整体效果。总平面设计中影响工程造价的主要因素如下。

①占地面积。占地面积的大小一方面影响征地费用的高低，另一方面也影

响管线布置成本和项目运营的运输成本。因此在满足建设项目基本使用功能的基础上,应尽可能节约用地。

②功能分区。合理的功能分区既可以使建筑物的各项功能充分发挥,又可以使总平面布置紧凑、安全,对于工业建设项目,合理的功能分区还可以使生产工艺流程顺畅,从全生命周期造价管理考虑还可以使运输简便,降低项目建成后的运营成本。

③现场条件。现场条件是制约设计方案的重要因素之一,对工程造价的影响主要体现在:a.地质、水文、气象条件等影响基础形式的选择、基础的埋深(持力层、冻土线);b.地形地貌影响平面及室外标高的确定;c.场地大小、邻近建筑物地上附着物等影响平面布置、建筑层数、基础形式及埋深。

④运输方式。运输方式决定运输效率及成本。例如,有轨运输的运量大,运输安全,但是需要一次性投入大量资金;无轨运输无须一次性大规模投资,但运量小、安全性较差。因此,要综合考虑建设项目生产工艺流程和功能区的要求以及建设场地等具体情况,选择经济合理的运输方式。

(2)建筑设计。在进行建筑设计时,设计人员应首先考虑建设单位所要求的建筑标准,根据建筑物、构筑物的使用性质、功能及其经济实力等因素确定;其次应在考虑施工条件和施工过程的合理组织的基础上,决定工程的立体平面设计和结构方案的工艺要求。建筑设计阶段影响工程造价的主要因素如下。

①平面形状。一般来说,建筑物平面形状越简单,单位面积造价就越低;在同样的建筑面积下,建筑平面形状不同,建筑周长系数也不同。通常情况下建筑周长系数越小,设计越经济。施工难易程度及建筑物美观和使用要求也影响工程造价。因此,建筑物平面形状的设计应在满足建筑物使用功能的前提下,降低建筑周长系数,充分注意建筑平面形状的简洁、布局的合理,从而降低工程造价。

②流通空间。由于门厅、走廊、过道、楼梯以及电梯井等的流通空间并非为了获利而设置,且采光、采暖、装饰、清扫等方面的费用很高,因此在满足建筑物使用要求的前提下,应尽量减小流通空间,以控制工程造价。

③空间组合。空间组合包括建筑物的层高、层数、室内外高差等因素。a.在建筑面积不变的情况下,建筑层高的增加会引起各项费用的增加,如基础造价的增加、楼梯造价和电梯设备造价的增加及屋面造价的增加等。b.建筑物层数对造价的影响,因建筑类型、结构和形式的不同而不同。层数不同,则荷载不同,对基础的要求也不同,同时也影响占地面积和单位面积造价。如果增加一个楼层不影响建筑物的结构形式,则单位建筑面积的造价可能会降低。但是当建筑物

超过一定层数时，结构形式就要改变，单位造价通常会增加。c.室内外高差过大，则建筑物的工程造价提高；高差过小又影响使用及卫生要求等，因此应选择合适的高差。

④建筑物的体积与面积。建筑物尺寸的增加，一般会引起单位面积造价的降低。对于同一项目，固定费用不一定会随着建筑体积和面积的扩大而有明显的变化，一般情况下，单位面积固定费用会相应减少。

⑤建筑结构。建筑结构的选择既要满足力学要求，又要考虑其经济性。对于五层以下的建筑物一般选用砌体结构；对于大中型工业厂房一般选用钢筋混凝土结构；对于多层房屋或大跨度结构，选用钢结构明显优于钢筋混凝土结构；对于高层或者超高层结构，框架结构和剪力墙结构比较经济。由于各种建筑体系的结构各有利弊，在选用结构类型时应结合实际，因地制宜，就地取材，采用经济合理的结构形式。

⑥柱网布置。对于工业建设项目，柱网布置对结构的梁板配筋及基础的大小会产生较大的影响，从而对工程造价和厂房面积的利用效率都有较大的影响。柱网布置是确定柱子的跨度和间距的依据。柱网的选择与厂房中有无吊车、吊车的类型及吨位、屋顶的承重结构以及厂房的高度等因素有关。对于单跨厂房，当柱间距不变时，跨度越大单位面积造价越低，因为除屋架外，其他结构架分摊在单位面积上的平均造价随跨度的增大而减小。对于多跨厂房，当跨度不变时，中跨数目越多越经济，这是因为柱子和基础分摊在单位面积上的造价减少。

(3)工艺设计。工艺设计中影响工程造价的主要因素包括：①建设规模、标准和产品方案；②工艺流程和主要设备的选型；③主要原材料、燃料供应情况；④生产组织及生产过程中的劳动定员情况；⑤“三废”治理及环保措施等。

(4)材料选用。建筑材料的选择是否合理，不仅直接影响到工程质量、使用寿命、耐火抗震性能，而且对施工费用、工程造价有很大的影响。建筑材料一般占人工费、材料费、施工机具使用费及措施费之和的70%左右，降低材料费用，不仅可以降低此四项费用，而且也可以降低规费和企业管理费。因此，设计阶段合理选择建筑材料，控制材料单价或工程量，是控制工程造价的有效途径。

(5)设备选用。现代建筑功能的实现越来越依赖于设备，一般楼层越多，设备系统越庞大，如建筑物内部空间的“交通工具”(电梯等)、室内环境的调节设备(空调、通风、采暖等)等，各个系统的分布占用空间都在考虑之列，既有面积、高度的限制，又有位置的优选和规范的要求。因此，设备配置是否得当，直接影响建筑产品整个寿命周期的成本。

设备选用的重点因设计形式的不同而不同，应选择能满足生产工艺和生产能力要求的最适用的设备和机械，还应充分考虑自然环境对能源节约的有利条件。

2.影响民用建设项目工程造价的主要因素

民用建设项目设计是根据建筑物的使用功能要求，确定建筑标准、结构形式、建筑物空间与平面布置以及建筑群体的配置等。民用建筑设计包括住宅设计、公共建筑设计以及住宅小区设计。住宅建筑是民用建筑中的主要建筑形式。

(1)住宅小区建设规划中影响工程造价的主要因素。

在进行住宅小区建设规划时，要根据小区的基本功能和要求，确定各构成部分的合理层次与关系，据此安排住宅建筑、公共建筑、管网、道路及绿地的布局，确定合理人口与建筑密度、房屋间距和建筑层数，布置公共设施项目、规模及服务半径，以及水、电、热、煤气的供应等，并划分包括土地开发在内的上述各部分的投资比例。小区规划设计的核心问题是提高土地利用率。

①占地面积。住宅小区的占地面积不仅直接决定着土地费用的高低，而且影响着小区内道路、工程管线长度和公共设备的多少，而这些费用对小区建设投资的影响通常很大。

②建筑群体的布置形式。建筑群体的布置形式对用地的影响不容忽视，通过采取高低搭配、点条结合、前后错列以及局部东西向布置、斜向布置或拐角单元等手法，节省用地。在保证小区居住功能的前提下，适当集中公共设施，提高公共建筑的层数，合理布置道路，充分利用小区内的边角用地，有利于提高建筑密度，降低小区的总造价。或者通过合理压缩建筑的间距、适当提高住宅层数或高低层搭配以及适当增加房屋长度等方式，节约用地。

(2)民用住宅建筑设计中影响工程造价的主要因素。

①建筑物平面形状和周长系数。一般都建造矩形住宅，既有利于施工，又能降低造价和方便使用。在矩形住宅建筑中，又以长宽比等于2为佳。一般住宅单元以3～4个住宅单元、房屋长度60～80 m较为经济。在满足住宅功能和质量的前提下，适当加大住宅宽度，这是由于宽度加大，墙体面积系数相应减少，有利于降低造价。

②住宅的层高和净高。根据不同性质的工程综合测算，住宅层高每降低10 cm，可降低造价1.2%～1.5%。层高降低还可提高住宅区的建筑密度，节约土地成本及市政设施费。但是，层高设计中还需要考虑采光与通风问题，层高过低不利于采光及通风，因此，民用住宅的层高一般不宜低于2.8 m。

③住宅的层数。民用建筑中，在一定幅度内，住宅层数的增加具有降低造价和使用费用，以及节约用地的优点。一般情况下，随着住宅层数的增加，单方造价系数逐渐降低，即层数越多越经济。

④住宅单元组成、户型和住户面积。衡量单元组成、户型设计的指标是结构面积系数，系数越小设计方案越经济。结构面积系数除与房屋结构有关外，还与房屋外形及其长度和宽度有关，同时也与房间平均面积大小和户型组成有关。房间平均面积越大，内墙、隔墙在建筑面积中所占比重就越小。

⑤住宅建筑结构的选择。随着我国工业化水平的提高，住宅工业化建筑体系的结构形式多种多样，考虑工程造价时应根据实际情况，因地制宜、就地取材，采用适合本地区的经济合理的结构形式。

3. 设计阶段其他影响工程造价的因素

除以上因素之外，在设计阶段影响工程造价的因素还包括以下几方面。

(1)项目利益相关者。设计单位和人员在设计过程中要综合考虑业主、承包商、建设单位、施工单位、监管机构、咨询企业、运营单位等利益相关者的要求和利益，并通过利益诉求的均衡以达到和谐的目的，避免后期出现频繁的设计变更而导致工程造价的增加。

(2)设计单位和设计人员的知识水平。设计单位和设计人员的知识水平对工程造价的影响是客观存在的。为了有效地降低工程造价，设计单位和设计人员首先要能够充分利用现代设计理念，运用科学的设计方法优化设计成果；其次要善于将技术与经济相结合，运用价值工程理论优化设计方案；最后，设计单位和设计人员应及时与造价咨询单位进行沟通，使得造价咨询人员能够在前期设计阶段就参与项目，并推广使用 EPC 模式，达到技术与经济的完美结合。

(3)风险因素。设计阶段承担着重大的风险，它对后面的工程招标和施工有着重要的影响。要预测建设项目可能遇到的各类风险并提供相应的应对措施，依据“风险识别、风险评估、风险响应、风险控制”的流程为项目的后续阶段选择规避、转移、减轻或接受风险。该阶段是确定建设工程总造价的一个重要阶段，决定着项目的总体造价水平。

8.1.3　建设项目设计阶段控制工程造价的意义

设计阶段是建设项目最关键的阶段，它对工程造价影响最深。国内外大量实践经验表明：在初步设计阶段，影响工程造价的可能性为 75%～95%；而至施工图设计结束阶段，影响工程造价的可能性为35%～75%；当施工开始后，通过技术措施及施工组织节约工程造价的可能性为5%～10%。由此可见，控制工程造价的关键在于施工以前的决策及设计阶段，而项目在做出决策后，控制造价的关键就在设计阶段。

(1)设计阶段的工程造价分析可以使造价构成更合理。

(2)可以了解工程各组成部分的投资比例，对于投资比例较大的部分应作为投资控制的重点，这样就可以提高投资控制的效率。

(3)在设计阶段进行工程造价控制，可以使控制工作更加主动。

(4)在设计阶段进行工程造价控制，可以使控制工作更能实现技术与经济相结合。

由于工程设计往往是由建筑师等专业技术人员完成，在设计时往往更关注项目的使用功能，力求采用比较先进的技术方法实现项目所需功能，相对而言对经济因素的考虑会少一些。如果在设计阶段造价工程师参与全过程设计，使设计工作一开始就实现技术与经济的有机结合，在作出设计的重要决定时，都通过充分的经济论证知道其造价结果，这无论是对优化设计还是限额设计的实现都有好处。因此，技术与经济相结合的手段更能保证设计方案经济合理。

8.2 限额设计

限额设计是工程造价控制系统中的一个重要环节，是设计阶段进行技术经济分析，实施工程造价控制的一项重要措施。

8.2.1 限额设计的概念、要求及意义

1.限额设计的概念

限额设计是指按照批准的可行性研究报告及其中的投资估算控制初步设计，按照批准的初步设计概算控制技术设计和施工图设计，按照施工图预算造价对施工图设计的各专业设计进行限额分配设计的过程。限额设计的控制对象是影响建设项目设计的静态投资或基础项目。

限额设计中，要使各专业在分配的投资限额内进行设计，并保证各专业满足使用功能的要求，严格控制不合理变更，保证总的投资额不被突破。同时建设项目技术标准不能降低，建设规模也不能削减，即限额设计需要在投资额度不变的

情况下，实现使用功能和建设规模的最大化。

2. 限额设计的要求

①根据批准的可行性报告及其投资估算的数额来确定限额设计的目标。由总设计师提出，经设计负责人审批下达，其总额度一般按人工费、材料费及施工机具使用费之和的 90％左右下达，以便各专业设计留有一定的机动调节指标，限额设计指标用完后，必须经过批准才能调整。

②采用优化设计，保证限额目标的实现。优化设计是保证投资限额及控制造价的重要手段。优化设计必须根据实际问题的性质，选择不同的优化方法。对于一些确定性的问题，如投资额、资源消耗、时间等有关条件已经确定的，可采用线性规划、非线性规划、动态规划等理论和方法进行优化；对于一些非确定性的问题，可以采用排队论、对策论等方法进行优化；对于涉及流量大、路途最短、费用不多的问题，可以采用图形和网络理论进行优化。

③严格按照建设程序办事。

④重视设计的多方案优选。

⑤认真控制每一个设计环节及每项专业设计。

⑥建立设计单位的经济责任制度。在分解目标的基础上，科学地确定造价限额，责任落实到人。审查时，既要审技术，又要审造价，把审查作为造价动态控制的一项重要措施。

3. 限额设计的意义

①限额设计是按上一阶段批准的投资或造价控制下一阶段的设计，而且在设计中以控制工程量为主要手段，抓住了控制工程造价的核心，从而克服了“三超”问题。

②限额设计有利于处理好技术与经济的对立统一关系，提高设计质量。限额设计并不是一味考虑节约投资，也绝不是简单地将设计孤立，而是在“尊重科学、尊重实际、实事求是、精心设计”的原则指导下进行的。限额设计可促使设计单位加强设计与经济的对立统一，克服长期以来重设计、轻经济的思想，树立设计人员的高度责任感。

③限额设计能扭转设计概预算本身的失控现象。限额设计可促使设计单位内部使设计和概预算形成有机的整体，克服相互脱节现象，使设计人员增强经济观念。在设计中，各自检查本专业的工程费用，切实做好工程造价控制工作，改变了设计过程不算账，设计完了见分晓的现象，由“画了算”变成“算着画”。

8.2.2 限额设计的内容及全过程

1. 限额设计的内容

根据限额设计的概念可知，限额设计的内容主要体现在可行性研究中的投资估算、初步设计和施工图设计三个阶段中。同时，在 BIM 技术并未全面普及，仍存在大量变更的现状下，还应考虑设计变更的限额设计内容。

(1)投资估算阶段。投资估算阶段是限额设计的关键。对政府投资项目而言，决策阶段的可行性研究报告是政府部门核准投资总额的主要依据，而批准的投资总额则是进行限额设计的重要依据。为此，应在多方案技术经济分析和评价后确定最终方案，提高投资估算的准确度，合理确定设计限额目标。

(2)初步设计阶段。初步设计阶段需要依据最终确定的可行性研究报告及其投资估算，对影响投资的因素按照专业进行分解，并将规定的投资限额下达到各专业设计人员。设计人员应用价值工程的基本原理，通过多方案技术经济比选，创造出价值较高、技术经济性较为合理的初步设计方案，并将设计概算控制在批准的投资估算内。

(3)施工图设计阶段。施工图是设计单位的最终成果文件之一，应按照批准的初步设计方案进行限额设计，施工图预算需控制在批准的设计概算范围内。

(4)设计变更。在初步设计阶段，设计外部条件制约及主观认识局限性，往往会造成施工图设计阶段及施工过程中的局部修改和变更，这会导致工程造价发生变化。

设计变更损失费变化见图 8.2。设计变更应尽量提前，变更发生得越早，损失越小；反之就越大。如在设计阶段变更，则只是修改图样，其他费用尚未发生，

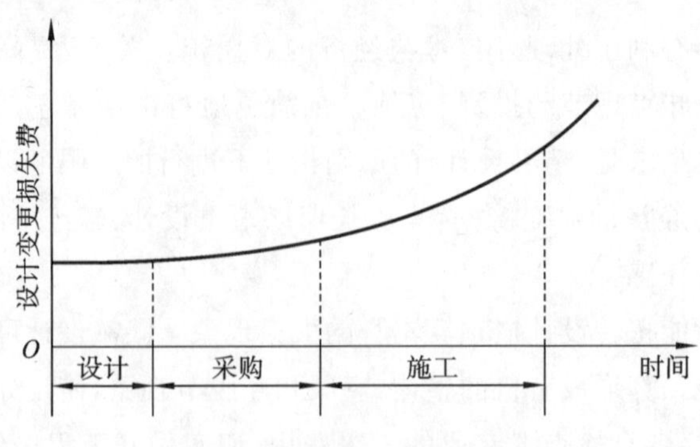

图 8.2 设计变更损失费变化

损失有限；如果在采购阶段变更，则不仅要修改图样，而且设备、材料还需要重新采购；如在施工阶段变更，则除上述费用外，已经施工的工程还需要拆除，势必造成重大损失。因此，必须加强设计变更管理，尽可能把设计变更控制在设计阶段初期，对于非发生不可的设计变更，应尽量事前预计，以减少变更对工程造成的损失。尤其对于影响造价权重较大的变更，应采取先计算造价，再进行变更的办法解决，使工程造价得以事前有效控制。

限额设计控制工程造价可以从两方面着手：①按照限额设计的过程从前往后依次进行控制，称为纵向控制；②对设计单位及内部各专业设计人员进行设计考核，进而保证设计质量的控制，称为横向控制。横向控制首先必须明确各设计单位内部对限额设计所负的责任，将项目投资按专业进行分配，并分段考核，下段指标不得突破上段指标，责任落实越明细，效果就越明显。其次要建立健全奖惩制度，设计单位在保证设计功能及安全的前提下，采用“四新”措施节约了造价的，应根据节约的额度大小给予奖励；因设计单位设计错误、漏项或改变标准及规模而导致工程投资超支的，要视其比例扣减设计费。

2. 限额设计的全过程

限额设计的程序是建设工程造价目标的动态反馈和管理过程，可分为目标制定、目标分解、目标推进和成果评价四个阶段。各阶段实施的主要过程如下。

①用投资估算的限额控制各单项或单位工程的设计限额。

②根据各单项或单位工程的分配限额进行初步设计。

③用初步设计的设计概算（或修正概算）判定设计方案的造价是否符合限额要求，如果发现超过限额，就修正初步设计。

④当初步设计符合限额要求后，就进行初步设计决策并确定各单位工程的施工图设计限额。

⑤根据各单位工程的施工图预算并判定是否在概算或限额控制内，若不满足就修正限额或修正各专业施工图设计。

⑥当施工图预算造价满足限额要求时，施工图设计的经济论证就通过，限额设计的目标就得以实现，从而可以进行正式的施工图设计及归档。

8.2.3　限额设计的不足与完善

1. 限额设计的不足

推行限额设计也有不足的一面，应在实际设计工作中不断加以改正。

①当考虑建设工程全寿命周期成本时，按照限额要求设计出的方案可能不一定具有最佳的经济性，此时亦可考虑突破原有限额，重新选择设计方案。

②限额设计的本质特征是投资控制的主动性，如果在设计完成后才发现概算或预算超过了限额，再进行变更设计使之满足原限额要求，则会使投资控制处于被动地位，同时，也会降低设计的合理性。

③限额设计的另一特征是强调了设计限额的重要性，从而有可能降低项目的功能水平，使以后运营维护成本增加，或者在投资限额内没有达到最佳功能水平。这样就限制了设计人员的创造性，一些新颖别致的设计难以实现。

2. 限额设计的完善

限额设计中的关键是要正确处理好投资限额与项目功能水平之间对立统一关系。

(1)正确理解限额设计的含义。限额设计的本质特征虽然是投资控制的主动性，但是限额设计也同样包括对建设项目的全寿命费用的充分考虑。

(2)合理确定设计限额。在各设计阶段运用价值工程的原理进行设计，尤其在限额设计目标值确定之前的可行性研究及方案设计时，认真选择工程造价与功能的最佳匹配设计方案。当然，任何限额也不是绝对不变的，当有更好的设计方案时，其限额是可以调整及重新确定的。

(3)合理分解及使用投资限额。限额设计的投资限额通常是以可行性研究的投资估算为最高限额的，并按直接工程费的 90%下达分解的，留下 10%作为调节使用，因此，提高投资估算的科学性也就非常必要。同时，为了克服投资限额的不足，也可以根据项目具体情况适当增加调节使用比例，以保证设计者的创造性及设计方案的实现，也为可能的设计变更提供前提，从而更好地解决限额设计不足的一面。

8.3 设计方案的优化与选择

设计方案的优化与选择，是指通过技术比较、经济分析和效益评价，正确处理技术先进与经济合理之间的关系，力求达到技术先进与经济合理的和谐统一，它是设计过程的重要环节。

设计方案的优化与选择是同一事物的两个方面，相互依存而又相互转化。一方面，要在众多优化了的设计方案中选出最佳的设计方案；另一方面，设计方

案选择后还需结合项目实际进一步优化。如果方案不优化即进行选择，则选不出最优的方案，即使选出方案也需进行优化后重新选择；如果选择之后不进一步优化设计方案，则在项目的后续实施阶段会面临更大的问题，还需更耗时耗力地优化。因此，必须将优化与选择结合起来，才能以最小的投入获得最大的产出。

8.3.1 设计方案优化与选择的过程

一般情况下，建设项目设计方案优化与选择的过程见图 8.3。

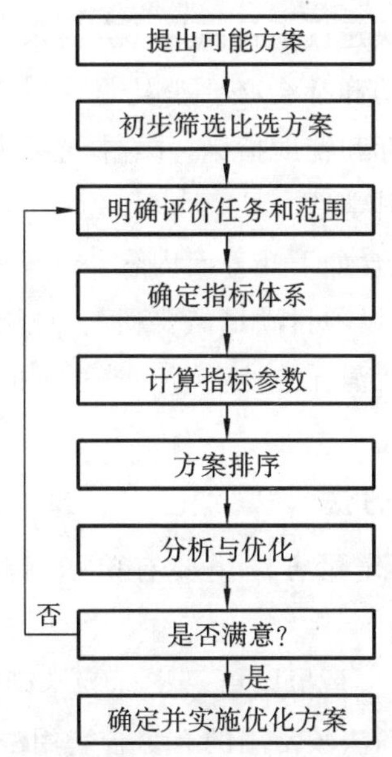

图 8.3　设计方案优化与选择的过程

①按照使用功能、技术标准、投资限额的要求，结合建设项目所在地实际情况，探讨和提出可能的设计方案。

②从所有可能的设计方案中初步筛选出各方面都较为满意的方案作为比选方案。

③根据设计方案的评价目的，明确评价的任务和范围。

④确定能反映方案特征并能满足评价目的的指标体系。

⑤根据设计方案计算各项指标及对比参数。

⑥根据方案评价的目的，将方案的分析评价指标分为基本指标和主要指标，通过评价指标的分析计算，排出方案的优劣次序，并提出推荐方案。

⑦综合分析，进行方案选择或提出技术优化建议。

⑧对技术优化建议进行组合搭配，确定优化方案。

⑨实施优化方案并总结备案。

其中，过程⑤⑦⑧是设计方案优化与选择的过程中最基本和最重要的内容。

8.3.2 设计方案优化与选择的要求及方法

1. 优化与选择的要求

对设计方案进行优化与选择，首先要有内容严谨、标准明确的指标体系，其次该指标体系应能充分反映建设项目满足社会需求的程度，以及为取得使用价值所需投入的社会必要劳动和社会必要消耗量。对于建立的指标体系，可按指标的重要程度设置主要指标和辅助指标，并选择主要指标进行分析比较，这样才能反映该过程的准确性和科学性。

一般地，指标体系应包含如下几方面内容。

①使用价值指标，即建设项目满足需要程度(功能)的指标。

②反映创造使用价值所消耗的社会劳动消耗量的指标。

③其他指标。

2. 优化与选择的定量方法

常用的优化与选择的定量方法主要有单指标法、多指标法、多因素评分法等。

(1)单指标法。单指标法是指以单一指标为基础对建设项目设计方案进行选择与优化的方法。单指标法较常用的有综合费用法和全寿命周期费用法。

①综合费用法。综合费用包括方案投产后的年度使用费、方案的建设投资以及由于工期提前或延误而产生的收益或亏损等。该方法的基本出发点在于将建设投资和使用费结合起来考虑，同时考虑建设周期对投资效益的影响，以综合费用最小为最佳方案。

综合费用法是一种静态指标评价方法，没有考虑资金的时间价值，只适用于建设周期较短的工程。此外，由于综合费用法只考虑费用，未能反映功能、质量、安全、环保等方面的差异，因而只有在方案的功能、建设标准等条件相同或基本相同时才能采用。

②全寿命周期费用法。全寿命周期费用包括建设项目总投资和后期运营的使用成本两部分，即该建设项目在其确定的寿命周期内或在预定的时间内花费的各项费用之和。

全寿命周期费用法考虑了资金的时间价值，是一种动态指标评价方法。不同设计方案的寿命周期不同，因此，应用全寿命周期费用法计算费用时，不用净现值法，而用年度等值法，以年度费用最小者为最优方案。

(2)多指标法。多指标法就是采用多个指标，将各个对比方案的相应指标值逐一进行分析比较，按照各种指标数值的高低对其做出评价，主要包括工程造价、工期、主要材料消耗和劳动消耗 4 类指标。

①工程造价指标。它是指反映建设项目一次性投资的综合货币指标，根据分析和评价建设项目所处的时间段，可依据设计概算和施工图预算予以确定。例如，每平方米建筑造价、给水排水工程造价、采暖工程造价、通风工程造价、安装工程造价等。

②工期指标。它是指建设工程从开工到竣工所耗费的时间，可用来评价不同方案对工期的影响。

③主要材料消耗指标。该指标从实物形态的角度反映主要材料的消耗数量，如钢材消耗量指标、水泥消耗量指标、木材消耗量指标等。

④劳动消耗指标。该指标所反映的劳动消耗量，包括现场施工和预制加工厂的劳动消耗。

以上四类指标，可以根据建设项目的具体特点来选择。从建设项目全面工程造价管理的角度考虑，仅利用这四类指标还不能完全满足设计方案的评价，还需要考虑建设项目全寿命周期成本，并考虑质量成本、安全成本以及环保成本等诸多因素。

在采用多指标法对不同设计方案进行优化与选择时，如果某一方案的所有指标都优于其他方案，则为最佳方案；如果各个方案的其他指标都相同，只有一个指标相互之间有差异，则该指标最优的方案就是最佳方案。但实际中很少有这种情况，在大多数情况下，不同方案之间往往是各有所长，有些指标较优，有些指标较差，而且各种指标对方案经济效果的影响也不相同。这时，可考虑采用单指标法或多因素评分法。

(3)多因素评分法。多因素评分法是指多指标法与单指标法相结合的一种方法。对需要进行分析评价的设计方案设定若干个评价指标，按其重要程度分配权重，然后按照评价标准给各指标打分，将各项指标所得分数与其权重采用综合方法整合，得出各设计方案的评价总分，以获总分最高者为最佳方案，计算方法见式(8.1)。多因素评分法综合了定量分析评价与定性分析评价的优点，可靠性高，应用较广泛。

$$W = \sum_{i=l}^{n} q_i W_i \tag{8.1}$$

式中，W 为设计方案总得分；q_i 为第 i 个指标权重；W_i 为第 i 个指标的得分；n 为指标数。

3. 优化与选择的定性方法

(1)设计招标和设计方案竞选。建设单位首先就拟建工程的设计任务通过报刊、信息网络或其他媒介发布公告，吸引设计单位参加设计招标或设计方案竞选，以获得众多的设计方案；然后组织技术专家人数占 2/3 以上的 7～11 人的专家评定小组，由专家评定小组采用科学的方法，按照经济、适用、美观的原则，以及技术先进、功能全面、结构合理、安全适用、满足建设节能及环境等要求，综合评定各设计方案优劣，从中选择最优的设计方案，或将各方案的可取之处重新组合，提出最佳方案。

专家评价法有利于多种设计方案的比较与选择，能集思广益，吸收众多设计方案的优点，使设计更完美。同时这种方法有利于控制建设工程造价，因为选中的项目投资概算一般能控制在投资者限定的投资范围内。

(2)限额设计。限额设计是在资金一定的情况下，尽可能提高建设项目水平的一种优化与选择的手段。

(3)标准化设计。标准化设计是指在一定时期内，采用共性条件制定统一的标准和模式，适用范围比较广泛的设计，适用于技术上成熟、经济上合理、市场容量充裕的项目设计。即在建设项目的设计中要严格遵守各项设计标准规范，如全国、省市、自治区、直辖市统一的设计规范及标准，有条件的设计单位和工程造价咨询企业，可在此基础上建立更加先进的设计规范及标准。

采用标准化设计，可以改进设计质量，加快实现建筑工业化；可以提高劳动生产率，加快项目建设进度；可以节约建筑材料，降低工程造价。标准化设计是经过多次反复实践检验和补充完善的，较好地结合了技术和经济两个方面，合理利用了资源，充分考虑了施工及运营的要求，因而可以作为设计方案优化与选择的方法。

(4)德尔菲法(Delphi Method)。德尔菲法是指采用背对背的通信方式征询专家小组成员的预测意见，经过几轮征询，专家小组的预测意见趋于集中，最后作出符合市场未来发展趋势的预测结论的方法。

德尔菲法又名专家意见法或专家函询调查法，是依据系统的程序，采用匿名发表意见的方式，即团队成员之间不得互相讨论，不发生横向联系，只能与调查

人员发生关系，以反复地填写问卷，集结问卷填写人的共识及搜集各方意见，可用来构造团队沟通流程，应对复杂任务难题的管理技术。

该方法通过几轮不同的专家意见征询，可以充分识别设计方案的优缺点，通过结合不同专家的意见以实现设计方案的优化与选择，但花费时间较长。

建设项目五大目标之间的整体相关性，决定了设计方案的优化与选择必须考虑工程质量、造价、工期、安全和环保五大目标之间的最佳匹配，力求达到整体目标最优，而不能孤立、片面地考虑某一目标或强调某一目标而忽略其他目标。在保证工程质量和安全、保护环境的基础上，追求全寿命周期成本最低的设计方案。

第 9 章　施工阶段的工程造价管理

施工阶段是实现建设工程价值的主要阶段，也是资金投入量最大的阶段。在实践中，此阶段工程造价管理一般是指在建设项目已经完成施工图设计，并完成招标阶段工作和签订工程施工合同以后的工程造价确定与控制工作，其主要内容包括工程预付款确定、进度款确定、工程变更价款确定和索赔费用确定以及办理竣工结算等。

9.1　工程预付款和工程进度款

9.1.1　工程预付款

工程预付款是建设工程施工合同订立后，由发包人按照合同的约定，在正式开工前预先支付给承包人的工程款。它是施工准备和所需购买主要材料、结构件等的流动资金的主要来源，国内习惯上又称为预付备料款。工程预付款的支付，表明该工程已经实质性启动。

1.工程预付款的确定

工程预付款的确定要适应承包的方式，并在施工合同中明确约定。一般建筑施工工程承包有以下 3 种方式。

(1)包工包全部材料工程：当预付款数额确定后，由建设单位通过其开户银行，将备料款一次性或按施工合同规定分次付给施工单位。

(2)包工包地方材料工程：当供应材料范围和数额确定后，建设单位应及时向施工单位结算。

(3)包工不包料工程：建设单位不需要向施工单位预付备料款。

工程预付备料款是我国工程项目建设中一项行之有效的制度，中国人民银行对备料款的拨付做了专门规定，明确备料款作为一种制度必须执行，对全国各地区、各部门贯彻预付款制度的工作在原则和程序上起到重要的指导作用。各地区、各部门结合地区和部门的实际情况，制定了相应的实施办法，对不同承包

方式、年度内开竣工和跨年度工程等进行了具体的规定。例如，某市规定：凡是实行包工包料的工程项目，备料款由发包人通过经办银行办理，且应在双方签订工程承包合同后的一个月内付清；包工不包料的工程，原则上不应预收备料款。承包人对当年开工、当年竣工的工程，按施工图预算和合同造价规定备料款额度预收备料款；跨年度工程，按当年建筑安装工程投资额和规定的备料款额度预收备料款，下年初应按下年的建筑安装投资额调整上年已预收的备料款。凡合同规定工程所需“三大材”(钢材、木材、水泥)，全部由发包人负责供应实物，并根据工程进度或合同规定按期交料的，所提交材料可按材料预算价格作价并视作预收备料款；对虽在工程合同中规定工程所需“三大材”全部由发包人负责供应实物，而未能遵照合同规定按期、按品种、按数量交料的，承包人可按规定补足收取备料款；部分“三大材”由发包人采购供应实物的，相应扣减备料款额度，或将这部分材料抵作部分备料款。在对备料款的具体操作进行了规定后，同时又规定了违规操作的处理办法：凡是没有签订工程合同或协议和不具备施工条件的工程，发包人不得拨给承包人备料款，更不准以付给备料款为名转移资金；承包人收取备料款两个月后仍不开工，或发包人不按合同规定付给备料款的，经办银行可根据双方工程承包合同的约定分别从有关账户收回和付出备料款。

住房和城乡建设部作为我国建设行业的主管部门，为适应社会主义市场经济的发展，在《建筑工程施工发包与承包计价管理办法》(中华人民共和国住房和城乡建设部令第 16 号)第十五条中明确规定：发承包双方应当根据国务院住房城乡建设主管部门和省、自治区、直辖市人民政府住房城乡建设主管部门的规定，结合工程款、建设工期等情况在合同中约定预付工程款的具体事宜。《建设工程施工合同(示范文本)》(GF—2017—0201)中，有关工程预付款作了如下约定：“实行工程预付款的，双方应当在专用条款内约定发包人向承包人预付工程款的时间和数额，开工后按约定的时间和比例逐次扣回。预付时间应不迟于约定的开工日期前 7d。发包人不按约定预付，承包人在约定预付时间 7d 后向发包人发出要求预付的通知，发包人收到通知后仍不能按要求预付，承包人可在发出通知后 7d 停止施工，发包人应从约定应付之日起向承包人支付应付款的贷款利息，并承担违约责任。”

工程预付款在国际工程承发包活动中也是一种通行的做法。国际上的工程预付款不仅有材料设备预付款，还有为施工准备和进驻场地的动员预付款。根据国际上土木工程建筑施工合同的相关规定，预付款一般为合同总价的 10%～15%。世界银行贷款的工程项目预付款额度较高，但也不超过合同总价的

20%。近几年来，国际上减少工程预付款额度的做法有扩展的趋势。但是无论如何，工程预付款仍是支付工程价款的前提，未支付预付款，由承包人自己带资、垫资推进工程进度的做法对承包人来说是十分危险的。通常的做法是在合同签署后支付预付款，承包人从自己的开户银行中出具与预付款额相等的保函，并提交给发包人，以后就可从发包人开户银行里领取该项预付款。

2. 工程预付款额度

工程预付款额度，各地区、各部门的规定不完全相同，主要是保证施工所需材料和构件的正常储备。数额太少，备料不足，可能造成生产停工待料；数额太多，影响投资有效使用。工程预付款额度一般是根据施工工期、建筑安装工作量、主要材料和构件费用占建筑安装工作量的比例以及材料储备周期等因素经测算来确定。下面简要介绍几种确定额度的方法。

(1)百分比法。百分比法是按年度工作量的一定比例确定预付备料款额度的一种方法。各地区和各部门根据各自的条件从实际出发分别制定了地方、部门的预付备料款比例。例如建筑工程一般不得超过当年建筑(包括水、电、暖、卫等)工程工作量的25%，大量采用预制构件以及工期在5个月以内的工程，可以适当增加；安装工程一般不得超过当年安装工作量的10%，安装材料用量较大的工程，可以适当增加；小型工程(一般指30万元以下)可以不预付备料款，直接分阶段拨付工程进度款等。

(2)数学计算法。数学计算法是根据主要材料(含结构件等)占年度承包工程总价的比重，材料储备定额天数和年度施工天数等因素，通过数学公式计算预付备料款额度的一种方法。

(3)协商议定。关于工程备料款，在较多情况下是通过承发包双方自愿协商一致来确定的。通常，建设单位作为投资方，通过投资来实现其项目建设的目标，工程备料款是其投资的开始。在商洽时，施工单位作为承包人，应争取获得较多的备料款，从而保证施工有一个良好的开端并得以正常进行。但是，备料款实际上是发包人向承包人提供的一笔无息贷款，可使承包人减少自己垫付的周转资金，从而影响到作为投资人的建设单位的资金运用，如不能有效控制，则会加大筹资成本，因此，发包人和承包人必然要根据工程特点、工期长短、市场行情、供求规律等因素，最终经协商确定备料款，从而保证各自目标的实现，达到共同完成建设任务的目的。

由协商议定工程备料款，符合建设工程规律、市场规律和价值规律，必将被建设工程承发包活动越来越多地加以采用。

3. 工程备料款的回扣

发包人支付给承包人的工程备料款的性质是预支。随着工程进度的推进，拨付的工程进度款数额不断增加，工程所需主要材料、构件的用量逐渐减少，原已支付的预付款应以抵扣的方式予以陆续扣回。扣款的方法是从未施工工程尚需的主要材料及构件的价值相当于预付备料款数额时扣起，从每次中间结算工程价款中按材料及构件比重抵扣工程价款，至竣工之前全部扣清。因此，确定起扣点是工程预付款起扣的关键。

9.1.2　工程进度款

所谓工程进度款，是指承包人在施工过程中，根据合同约定的结算方式，按月或形象进度或控制界面，按已经完成的工程量计算各项费用，向发包人办理工程结算的过程，也叫中间结算。工程进度款支付程序是：承包人提交已完工程量报告→工程师确认→发包人审批认可→支付工程进度款。

1. 工程进度款的计算

为了保证工程施工的正常进行，发包人应根据合同的约定和有关规定按工程的形象进度按时支付工程进度款。

关于支付工程进度款，有关部门已做了相应的规定。住房和城乡建设部《建筑工程施工发包与承包计价管理办法》规定，“发承包双方应当按照合同约定，定期或者按照工程进度分段进行工程款结算和支付”。《建设工程施工合同(示范文本)》(GF—2017—0201)关于工程款的支付也作出了相应的规定：“在确认计量结果后 14d 内，发包人应向承包人支付工程款(进度款)。”“发包人超过约定的支付时间不支付工程款(进度款)，承包人可向发包人发出要求付款的通知，发包人接到承包人通知后仍不能按要求付款，可与承包人协商签订延期付款协议，经承包人同意后可延期支付。协议应明确延期支付的时间和从计量结果确认后第 15d 起计算应付款的贷款利息。”“发包人不按合同约定支付工程款(进度款)，双方又未达成延期付款协议，导致施工无法进行，承包人可停止施工，由发包人承担违约责任。”

工程进度款的计算主要涉及两个方面，一是工程量的核实确认，二是单价的计算方法。工程量的核实确认，应由承包人按协议条款约定的时间，向发包人代表提交已完工程量清单或报告。《建设工程施工合同(示范文本)》(GF—2017—0201)约定，发包人代表接到工程量清单或报告后 7d 内按设计图纸核实已完工程数量，经确认的计量结果作为工程价款的依据。发包人代表收到已完工程量清单或报告后7d内未进行计量，从第8d起，承包人报告中开列的工程量即视为确认，可作为工程价款支付的依据。

工程进度款单价的计算方法，主要根据由发包人和承包人事先约定的工程价格的计价方法决定。一般来讲，工程价格的计价方法可以分为工料单价法和综合单价法两种方法。所谓工料单价法是指单位工程分部分项的单价为直接成本单价，按现行计价定额的人工、材料和机械台班的消耗量及其预算价格确定，其他直接成本、间接成本、利润（酬金）、税金等按现行计算方法计算。所谓综合单价法是指单位工程分部分项工程量的单价是全部费用单价，既包括直接成本，也包括间接成本、利润（酬金）、税金等一切费用。二者在选择时，既可采取可调价格的方式，即工程价格在实施期间可随价格变化而调整，也可采取固定价格的方式，即工程价格在实施期间不因价格变化而调整。在工程价格中已考虑价格风险因素，并在合同中明确了固定价格所包括的内容和范围。实际工程中工程进度款单价的计算常采用可调工料单价法和固定综合单价法。

2. 工程进度款的支付

工程进度款的支付是工程施工过程中的经常性工作，其具体的支付时间、支付方式都应在合同中做出规定。

(1)时间规定和总额控制。建筑安装工程进度款的支付，一般实行月中按当月施工计划工作量的50%支付，月末按当月实际完成工作量扣除上半月支付数进行结算，工程竣工后办理竣工结算的办法。在工程竣工前，施工单位收取的备料款和工程进度款的总额，一般不得超过合同金额（包括工程合同签订后经发包人签证认可的增减工程价值）的95%，其余5%尾款在工程竣工结算时除保修金外一并清算。承包人向发包人出具履约保函或其他保证的，可以不留尾款。

(2)操作程序。承包人月中按月度施工计划工作量的50%收取工程款时，应填写特制的“工程付款结算账单”，送发包人或工程师确认后办理收款手续。每月月终时，承包人应根据当月实际完成的工作量以及单价和费用标准，计算已完工程价值，编制特制的“工程价款结算账单”和“已完工程量月报表”送发包人或工程师审查确认后办理结算。一般情况下，审查确认应在5d内完成。

3. 付款方式

承包人收取工程进度款，可以按规定采用汇兑、委托收款、支票、本票等各种手段，但应按开户银行的有关规定办理；工程进度款也可以使用期票结算，发包

人在开户银行存款总额内开出一定期限的商业汇票交承包人，承包人待汇票到期后持票到开户银行办理收款；还可以因地域情况采用同城结算和异地结算的方式。总之，工程进度款的付款方式可从实际情况出发，由发包人和承包人商定和选择。

4. 关于总包和分包付款

通常情况下，发包人只办理总包的付款事项。分包人的工程款由分包人根据总分包合同规定向总包提出分包付款数额，由总包人审查后列入"工程价款结算账单"并统一向发包人办理收款手续，然后结转给分包人。由发包人直接指定的分包人，可以由发包人指定总包人代理其付款，也可以由发包人单独办理付款，但须在合同中约定清楚，事先征得总包人的同意。

9.2　工程变更价款的确定

9.2.1　工程变更的概念、分类及处理要求

1. 工程变更的概念

工程变更顾名思义是工程局部做出修改而引起工程项目、工程量增(减)等的变化，包括设计变更、进度计划变更、施工条件变更等。

2. 工程变更的分类

工程建设的周期长，涉及的经济关系和法律关系复杂，受自然条件和客观因素的影响大，导致项目的实际情况与项目招标投标的情况相比会发生一些变化。工程变更包括工程量变更、工程项目变更(如发包人提出增加或删除原项目内容)、进度计划变更、施工条件变更等。如果按照变更的起因划分，变更的种类有很多，如发包人的变更指令(包括发包人对工程有了新的要求、发包人修改项目计划、发包人削减预算、发包人对项目进度有了新的要求等)；由于设计错误，必须对设计图纸做修改；工程环境变化；由于产生了新的技术和知识，有必要改变原设计、实施方案或实施计划；法律、法规或者政府对建设项目有了新的要求，等等。当然，这样的分类并不是十分严格的，变更原因也不是相互排斥的。这些变更最终往往表现为设计变更，由于我国要求严格按图施工，如果变更影响了原来的设计，则首先应当变更原设计。考虑到设计变更在工程变更中的重要性，通常

将工程变更分为设计变更和其他变更两大类。

(1)设计变更。在施工过程中如果发生设计变更,将对施工进度产生很大的影响。因此,应尽量减少设计变更,如果必须对设计进行变更,必须严格按照国家的规定和合同约定的程序进行。

发包人对原设计进行变更,以及经工程师同意的、承包人要求进行的设计变更,导致合同价款的增减及造成的承包人损失,由发包人承担,延误的工期相应顺延。

(2)其他变更。合同履行中发包人要求变更工程质量标准及发生其他实质性变更,由双方协商解决。

3.工程变更的处理要求

(1)如果出现了必须变更的情况,应当尽快变更。如果变更不可避免,不论是停止施工等待变更指令,还是继续施工,无疑都会增加损失。

(2)工程变更后,应尽快落实变更工作。变更指令发出后,应当迅速落实指令,全面修改相关的各种文件。承包人也应当抓紧落实,如果承包人不能全面落实变更指令,则扩大的损失应当由承包人承担。

(3)对工程变更的影响应进行进一步分析。工程变更的影响往往是多方面的,影响持续的时间也往往较长,对此应当有充分的分析。

9.2.2 工程变更的内容和控制

1.工程变更的内容

(1)建筑物功能未满足使用上的要求引起的工程变更。例如,某工厂的生产车间为多层框架结构,因工艺调整,需增加一台进口设备。在对原设计荷载进行验算后,发现现有的设计荷载不能满足要求,需要加固,对设备所处部位如基础、柱、梁、板提供了新的变更施工图。

(2)设计规范修改引起的工程变更。一般来讲,设计规范相对成熟,但在某些特殊情况下,需进行某种调整或禁止使用。例如,碎石桩基础作为地基处理的一种措施,在大多数地区是行之有效的,并得到了大量推广应用,但由于个别地区地质不符合设计或采用碎石桩的要求,同时地下水的过量开采,地下暗浜、流沙等发生频繁,不易控制房屋的沉降,原设计图不得不进行更改。

(3)采用复用图或标准图的工程变更。某些设计人和发包人(如房地产开发商)为节省时间,复用其他工程的图纸或采用标准图集施工,这些复用图或标准

图在过去使用时，已做过某些设计变更，或虽未做变更，也仅适用原来所建设实施的项目，并不完全适用现时的项目。由于不加分析全部套用，在施工时不得不进行设计修改，从而引起变更。

(4)技术交底会上的工程变更。在发包人组织的技术交底会上，经承包人或发包人技术人员审查研究后，发现诸如轴线、标高、位置和尺寸、节点处理、建筑图与结构图互相矛盾等问题，提出意见而产生的设计变更。

(5)施工中遇到需要处理的问题引起的工程变更。承包人在施工过程中，遇到一些原设计未考虑到的具体情况，需进行处理，因而发生的工程变更。例如挖沟槽时遇到古河道、古墓或文物，经设计人、发包人和承包人研究，认为必须采用换土、局部增加垫层厚度或增设基础梁等办法进行处理造成的设计变更。

(6)发包人提出的工程变更。工程开工后，发包人由于某种需要，提出要求改变某种施工方法，如要求设计人按逆作施工法进行设计调整，或增加、减少工程项目，或缩短施工工期等。

(7)承包人提出的工程变更。这是指施工中由于进度或施工方面的原因，例如某种建筑材料一时供应不上，或无法采购，或施工条件不便，承包人认为需要改用其他材料代替，或者需要改变某些工程项目的具体设计等，因而引起的设计变更。可引起工程变更的原因很多，如合理化建议，工程施工过程中发包人与承包人的各种洽商，都可能是工程变更的内容或会引起工程的变更。

2. 工程变更的控制

工程变更会增加或减少某些工程细目或工程量，引起工程价格的变化，影响工期甚至影响工程质量，又会增加无效的重复劳动，造成不必要的各种损失，因而设计人、发包人和承包人都有责任严格控制，尽量减少变更，为此，可从多方面进行控制。

(1)不提高建设标准。不改变主要设备和建筑结构，不扩大建筑面积，不提高建筑标准，不增加某些不必要的工程内容，避免结算超预算、预算超概算、概算超估算的“三超”现象发生。如确属必要，应严格按照审查程序，经原批准机关同意，方可办理。

(2)不影响建设工期。有些工程变更由于提出的时间较晚，又缺乏必要的准备(如某些必需材料的准备，施工设备的调遣，人员的组织等)，可能影响工期，忙中添乱，应该加以避免。承包人在施工过程中遇到困难而提出工程变更，一般也不应影响工程的交工日期，仅增加相关费用。

(3)不扩大范围。工程设计变更应该有一个控制范围，不属于工程设计变更的内容，不应列入设计变更。例如，设计师在满足设计规范和施工验收规范的条件下，可在施工图中说明钢筋搭接的方法、搭接倍数、钢筋锚固等。这样可以避免因设计不明确而可能提出采用钢筋锥螺纹、冷压套管、电渣压力焊等方法，引起设计变更，增加费用。即使由于材料供应上的原因不能满足钢筋的定尺长度规定，也可由承包人在技术交底会上提出建议，由发包人或设计人作为一般性的签证，适当微调，而不必作为设计变更，从而引起大的价格变化。

(4)建立工程变更的相关制度。工程发生变化，除某些不可预测、无法事先考虑到的客观因素之外，其主要原因是规划欠妥、勘察不明、设计不周及工作疏忽等主观原因引起面积扩大、提高标准或增加不必要的工程内容等不良后果。要避免因客观原因造成的工程变更，就要提高工程的科学预测，保证预测的准确性；要避免因主观原因造成的工程变更，就要建立工程变更的相关制度。首先要建立项目法人制度，由项目法人对工程的投资负责；其次规划要完善，尽可能树立超前意识；还要强化勘察、设计制度，落实勘察、设计责任制，要有专人负责把关，认真进行审核，谁出事，谁负责，建立勘察、设计内部赔偿制度；更要加强工作人员的责任心，增强职业道德观念。在措施方面，既要有经济措施，又要有行政措施，还要有法律措施。只有建立完善的工程变更相关制度，才能有效地把工程变更控制在合理的范围之内。

(5)要有严格的程序。工程设计变更，特别是超过原设计标准和规模时，须经原设计审查部门批准取得相应的追加投资和有关材料指标。对于其他工程变更，要有规范的文件形式和流转程序。设计变更的文件形式可以是设计单位出具的设计变更单，其他工程变更应是根据洽商结果写成的洽商记录。变更后的施工图、设计变更通知单和洽商记录应同时经过三方或双方签证认可方可生效。

(6)合同责任。合同责任主要是民事经济责任。责任方应向对方承担民事经济责任，因工程勘察、设计、监理和施工等原因造成工程变更，从而导致非正常的经济支出和损失时，按其所应承担的责任进行经济赔偿或补偿。

9.2.3 《建设工程施工合同(示范文本)》(GF—2017—0201)条件下的工程变更

9.2.3.1 工程变更的程序

1.设计变更的程序

从合同的角度看，不论因为什么原因导致的设计变更，必须首先由一方提

出，因此可以分为发包人对原设计进行变更和承包人原因对原设计进行变更两种情况。

(1)发包人对原设计进行变更。施工中发包人如果需要对原工程设计进行变更，应不迟于变更前 14d 以书面形式向承包人发出变更通知。承包人对于发包人的变更通知没有拒绝的权利，这是合同赋予发包人的一项权利。因为发包人是工程的出资人、所有人和管理者，对将来工程的运行承担主要的责任，只有赋予发包人这样的权利才能减少更大的损失。但是，变更超过原设计标准或者批准的建设规模时，须经原规划管理部门和其他有关部门审查批准，并由原设计单位提供变更的相应图纸和说明。

(2)承包人原因对原设计进行变更。承包人应当严格按照图纸施工，不得随意变更设计。施工中承包人提出的合理化建议，涉及对设计图纸或者施工组织设计的更改及对原材料、设备的更换的，须经工程师同意，并经原规划管理部门和其他有关部门审查批准，并由原设计单位提供变更的相应图纸和说明。承包人未经工程师同意不得擅自更改或换用设计图纸，否则承包人承担由此发生的费用并赔偿发包人的有关损失，延误的工期不予顺延。

(3)设计变更事项。能够构成设计变更的事项包括如下。

①更改有关部分的标高、基线、位置和尺寸。

②增减合同中约定的工程量。

③改变有关工程的施工时间和顺序。

④其他有关工程变更需要的附加工作。

2. 其他变更的程序

从合同角度看，除设计变更外，其他能够导致合同内容变更的都属于其他变更。如双方对工程质量要求的变化(指强制性标准以上的变化)、双方对工期要求的变化、施工条件和环境的变化导致施工机械和材料的变化等。这些变更的程序，首先应当由一方提出，与对方协商一致，签署补充协议后方可进行变更。

9.2.3.2　工程变更价款的确定

工程变更价款一般是由设计变更、施工条件变更、进度计划变更以及为完善使用功能提出的新增(减)项目而引起的工程价款变化，其中设计变更引起价款变化占主导地位。

工程变更价款的确定，同工程价格的编制和审核基本相同。所不同的是，由于在施工过程中情况发生了某些新的变化，应针对工程变化的特点采取相应的办法来处理工程变更价款。

工程变更价款的确定仍应根据原报价方法和合同的约定以及有关规定来办理，但应强调以下几个方面。

(1)手续应齐全。凡工程变更，都应该有发包人和承包人的盖章及代表人的签字，涉及设计上的变更还应该由设计单位盖章和有关人员的签字后才能生效。在确定工程变更价款时，应注意和重视上述手续是否齐全，否则，没有合乎程序的手续，工程变更再大也不能进行调整。

(2)内容应清楚。工程变更的资料应该齐全，内容应该清楚，要能够满足编制工程变更价款的要求。资料过于简单或不能反映工程变更的全部情况时，会给编制和确认工程变更价款增加困难。遇到这种情况时应与有关人员联系，重新填写有关记录，同时可以防止事后发生纠纷。

(3)应符合编制工程变更价款的有关规定。不是所有的工程变更通知书都可以作为计算工程变更价款的依据。应首先考虑工程变更内容是否符合规定，采用预算定额编制价格的应符合相应的规定，如已包含在定额子目工作内容中的，则不可重复计算；如果是原预算已有的项目，则不可重复列项；采用综合单价报价的，重点应放在原报价所含的工作内容，不然容易混淆；此外，更应结合合同的有关规定，因为合同的规定最直接、最有针对性。如存在疑问，先与原签证人员联系，再熟悉合同和定额，使所签的工程变更通知书符合规定后，再编制价格。

(4)办理应急时效。工程变更是一个动态的过程，工程变更价款的确认应在工程变更发生时办理，有些工程细目在完工之后或隐蔽在工程内部，或已经不复存在，如道路大石块基层因加固所增加的工程量、脚手架等，不及时办理变更手续便无法计量与计算。《建设工程施工合同(示范文本)》(GF—2017—0201)约定，承包人在双方确定变更后14d内不向工程师提出变更工程价款报告时，视为该项变更不涉及合同价款的变更。

9.2.3.3 工程变更价款的处理

工程变更发生后，应及时做好工程变更对工程造价增减的调整工作，在合同规定的时间里，先由承包人根据设计变更单、洽商记录等有关资料提出变更价格，再报发包人代表批准后调整合同价款。工程变更价款的处理应遵循下列原则。

(1)适用原价格。中标价、审定的施工图预算或合同中已有适用于变更工程的价格，按中标价、审定的施工图预算价或合同已有的价格计算，变更合同价款。

通常有很多的工程变更项目可以在原价格中找到，编制人员应认真检查原价格，一一对应，避免不必要的争议。

(2)参照原价格。中标价、审定的施工图预算或合同中没有与变更工程相同的价格，只有类似于变更工程情况的价格，应按中标价、定额价或合同中相类似项目为基础确定变更价格，变更合同价款。此种方法可以从两个方面考虑：其一是寻找相类似的项目，如现浇钢筋混凝土异形构件，可以参照其他异形构件，折合成以立方米为单位，根据难易程度、人工、模板及钢筋含量的变化，增加或减少系数后返还成以件、只为单位的价格；其二是按计算规则、定额编制的一般规定，合同商定的人工、材料和机械价格，参照消耗量定额确定合同价款。

(3)协商价格。中标价、审定的施工图预算定额分项、合同价中既没有可采用的，也没有类似的单价时，应由承包人编制适当的一次性变更价格，送发包人代表批准执行。承包人应以客观、公平、公正的态度，实事求是地制定一次性价格，尽可能取得发包人的理解并使之接受。

(4)临时性处理。如果发包人代表不同意承包人提出的变更价格，在承包人提出变更价格后规定的时间内通知承包人，提请工程师暂定，事后可请工程造价管理机构或以其他方式解释处理。

(5)争议的解决方式。对解释等其他方式有异议，可采用以下方式解决。

①向协议条款约定的单位或人员要求调解。

②向有管辖权的经济合同仲裁机关申请仲裁。

③向有管辖权的人民法院起诉。

在争议处理过程中，涉及工程价格鉴定的，由工程造价管理机构、仲裁委员会或法院指定具有相应资质的咨询代理单位负责。

9.2.4　FIDIC 合同条件下的工程变更

在 FIDIC 合同条件下，业主提供的设计一般较为粗略，有的设计(施工图)是由承包人完成的，因此设计变更少于我国施工合同条件下的施工。

9.2.4.1　工程变更的范围

由于工程变更属于合同履行过程中的正常管理工作，工程师可以根据施工进展的实际情况，在认为必要时就以下几个方面发布变更指令。

1. 对合同中任何工作工程量的改变

由于招标文件中的工程量清单中所列的工程量是依据初步设计概算的量

值，是为承包人编制投标书时合理进行施工组织设计及报价之用，因此实施过程中会出现实际工程量与计划值不符的情况。为了便于合同管理，当事人双方应在专用条款内约定工程量变化较大可以按百分比对单价进行调整（视工程具体情况，单价调整幅度可为15％～25％）。

2. 任何工作质量或其他特性的变更

如在强制性标准外提高或者降低质量标准。

3. 工程任何部分标高、位置和尺寸的改变

这方面的改变无疑会增加或者减少工程量，因此也属于工程变更。

4. 删减任何合同约定的工作内容

省略的工作应是不再需要的工程，不允许用变更指令的方式将承包范围内的工作变更给其他承包人实施。

5. 新增工程按单独合同对待

新增工程是指进行永久工程所必需的任何附加工作、永久设备、材料供应或其他服务，包括任何联合竣工检验、钻孔和其他检验以及勘察工作。这种变更指令应是增加与合同工作范围性质一致的新增工作内容，而且不应以变更指令的形式要求承包人使用超过他目前正在使用或计划使用的施工设备范围去完成新增工程。除非承包人同意此项工作按变更对待，一般应将新增工程按一个单独的合同来对待。

6. 改变原定的施工顺序或时间安排

此类变更属于合同工期的变更，既可能源于增加工程量或工作内容等情况，也可能源于工程师为了协调几个承包人施工之间的相互干扰而发布的变更指示。

9.2.4.2 变更程序

颁发工程接收证书之前的任何时间，工程师都可以通过发布变更指示或以要求承包人递交建议书的方式提出变更。

1. 指示变更

工程师在发包人授权范围内，根据施工现场的实际情况，在确属需要时有权发布变更指示。指示的内容应包括详细的变更内容、变更工程量、变更项目的施工技术要求和有关部门文件图纸，以及变更处理的原则。

2. 要求承包人递交建议书后再确定的变更

其变更的程序如下。

(1)工程师将计划变更事项通知承包人,并要求对方递交实施变更的建议书。

(2)承包人应尽快予以答复。一种情况可能是通知工程师由于受到某些非自身原因的限制而无法执行此项变更,如无法得到变更所需的物资等,工程师应根据实际情况和工程的需要再次发出取消、确认或修改变更指示的通知。另一种情况是承包人依据工程师的指示递交实施此项变更的说明。内容包括将要实施的工作的说明书以及该工作实施的进度计划;承包人依据合同规定对进度计划和竣工时间做出任何必要修改的建议,提出工期顺延要求;承包人对变更估价的建议,提出变更费用要求。

(3)工程师做出是否变更的决定,尽快通知承包人说明批准与否或提出意见。

(4)承包人在等待答复期间,不应延误任何工作。

(5)工程师发出每一项实施变更的指示时,应要求承包人记录支出的费用。

(6)承包人提出的变更建议书只作为工程师决定是否实施变更的参考。除了工程师作出指示或批准以总价方式支付的情况外,每一项变更应依据计量工程量进行估价和支付。

9.2.4.3　变更估价

1. 变更估价的原则

承包人按照工程师的变更指示实施变更工作后,往往会涉及对变更工程的估价问题。变更工程的价格或费率,往往是双方协商时的焦点。计算变更工程应采用的费率或价格,可分为如下三种情况。

①变更工作在工程量表中有同种工作内容的单价或价格,应以该单价计算变更工程费用。实施变更工作未引起工程施工组织和施工方法发生实质性变动时,不应调整该项目的单价。

②工程量表中虽然列有同类工作的单价或价格,但对具体变更工作而言已不适用,则应在原单价或价格的基础上制定合理的新单价或价格。

③变更工作的内容在工程量表中没有同类工作的单价或价格,应按照与合同单价水平相一致的原则,确定新的单价或价格。任何一方不能以工程量表中没有此项价格为借口,将变更工作的单价定得过高或过低。

2. 可以调整合同工作单价的原则

具备以下条件时,允许对某一项工作规定的单价或价格加以调整。

①此项工作实际测量的工程量比工程量表或其他报表中规定的工程量的变动大于10%。

②工程量的变更与对该项工作规定的具体费率的乘积超过了接受的合同款额的0.01%。

③由此工程量的变更直接造成该项工作每单位工程量费用的变动超过1%。

3.删减原定工作后对承包商的补偿

工程师发布删减工作的变更指示后,承包人不再实施部分工作,合同价款中包括的直接费部分没有受到损害,但摊销在该部分的间接费、税金和利润则实际上不能合理回收。因此承包人可以就其损失向工程师发出通知并提供具体的证明资料,工程师与合同双方协商后确定一笔补偿金额加入合同价内。

9.2.4.4 承包人申请的变更

承包人根据工程施工的具体情况,可以向工程师提出对合同内任何一个项目或工作的详细变更请求报告。未经工程师批准承包人不得擅自变更,若工程师同意则按工程师发布变更指示的程序执行。

①承包人提出变更建议。承包人可以随时向工程师提交一份书面建议。建议的内容包括以下几项。

a.加速完工。

b.降低业主实施、维护或运行工程的费用。

c.对业主而言能提高竣工工程的效率或价值。

d.为业主带来其他利益。

②承包人应自费编制此类建议书。

③如果由工程师批准的承包人建议包括一项对部分永久工程的设计的改变,且双方没有其他协议,承包人应设计该部分工程。如果承包人不具备设计资质,也可以委托有资质的单位进行分包。变更的设计工作应按合同中承包人负责设计的规定执行,包括如下。

a.承包人应按照合同中说明的程序向工程师提交该部分工程的承包人的文件。

b.承包人的文件必须符合规范和图纸的要求。

c.承包人应对该部分工程负责,并且该部分工程完工后应适用于合同中规定的工种的预期目的。

d. 在开始竣工检验之前，承包人应按照规范规定向工程师提交竣工文件以及操作和维修手册。

④接受变更建议的估价。

a. 如果此变更造成该部分工程的合同的价值减少，工程师应与承包人商定或决定一笔费用，并将之加入合同价格。这笔费用应是以下金额差额的一半(50%)。

合同价的减少。由此变更造成的合同价值的减少，不包括依据后续法规变化做出的调整和因物价浮动调价所做的调整。

变更对使用功能的价值影响。考虑到质量、预期寿命或运行效率的降低，对业主而言已变更工作价值上的减少(如果存在)。

b. 如果降低工程功能的价值大于减少合同价格对业主的好处，则没有该笔奖励费用。

9.2.4.5　按照计日工作实施的变更

对于一些小的或附带性的工作，工程师可以指示按计日工作实施变更。这时，工作应当按照包括在合同中的计日工作计划表进行估价。

在为工作订购货物前，承包人应向工程师提交报价单。当申请支付时，承包人应向工程师提交各种货物的发票、凭证，以及账单或收据。除计日工作计划表中规定不应支付的任何项目外，承包人应当向工程师提交每日的精确报表，一式两份，报表应当包括前一工作日中使用的各项资源的详细资料。

(1)在工程中遇到地基条件与原设计所依据的地质资料不符时，承包人应根据《建设工程施工合同(示范文本)》(GF—2017—0201)的规定，及时通知发包人，要求对工程地质重新勘察并对原设计进行变更。

(2)在出现变更工程价款和工期事件之后，主要应注意如下事项。

①承包人提出变更工程价款和工期时间。

②发包人答复的时间。

③双方对变更工程价款和工期不能达成一致意见时的解决方式和时间。

(3)在接到设计变更图纸后的 14d 内，向承包人提出变更工程价款和工期顺延的报告。承包人应在收到书面报告后的 14d 内予以答复，若同意该报告，则调整合同；若不同意，应进一步与承包人就变更价款协商，协商一致后，修改合同。如果协商不一致，按工程承包合同争议的处理方式解决。

发现出土文物后，首先应在 4 h 内，以书面形式通知发包人，同时采取妥善的保护措施；其次向发包人提出措施费用补偿和顺延工期的要求，并提供相应的计算书及其证据。

9.3 工程索赔费用的确定

9.3.1 工程索赔的概念和分类

9.3.1.1 工程索赔的概念

工程索赔是在工程承包合同履行中，当事人一方由于另一方未履行合同所规定的义务或者出现了应当由对方承担的风险而遭受损失时，向另一方提出赔偿要求的行为。在实际工作中，索赔是双向的，如我国《建设工程施工合同(示范文本)》(GF—2017—0201)中的索赔就是双向的，既包括承包人向发包人的索赔，也包括发包人向承包人的索赔。但在工程实践中，发包人索赔数量较小，而且处理方便，可以通过冲账、扣拨工程款、扣保证金等实现对承包人的索赔；而承包人对发包人的索赔则比较困难一些。通常情况下，索赔是指承包人(施工单位)在合同实施过程中，对非自身原因造成的工程延期、费用增加而要求发包人给予补偿损失的一种权利要求。

9.3.1.2 工程索赔产生的原因

1.当事人违约

当事人违约常常表现为没有按照合同约定履行自己的义务。发包人违约常常表现为没有为承包人提供合同约定的施工条件、未按照合同约定的期限和数额付款等。工程师未能按照合同约定完成工作，如未能及时发出图纸、指令等也视为发包人违约。承包人违约的情况则主要是没有按照合同约定的质量、期限完成施工，或者由于不当行为给发包人造成其他损害。

2.不可抗力事件

不可抗力事件又可以分为自然事件和社会事件。自然事件主要是不利的自然条件和客观障碍，如在施工过程中遇到了经现场调查无法发现、业主提供的资料中也未提到的、无法预料的情况，如地下水、地质断层等；社会事件则包括国家政策、法律、法令的变更等。

3. 合同缺陷

合同缺陷表现为合同文件规定不严谨甚至矛盾，合同中存在遗漏或错误。在这种情况下，工程师应当给予解释，如果这种解释将导致成本增加或工期延长，发包人应当给予补偿。

4. 合同变更

合同变更表现为设计变更、施工方法变更、追加或取消某些工作和合同规定的其他变更等。

5. 工程师指令

工程师指令有时也会产生索赔。如工程师指令承包人加速施工、进行某项工作、更换某些材料或采取某些措施等。

6. 其他第三方原因

其他第三方原因常常表现为与工程有关的第三方的问题而引起的对本工程的不利影响。

9.3.1.3　工程索赔的分类

工程索赔依据不同的标准可以进行不同的分类。

1. 按索赔的合同依据分类

工程索赔按索赔的合同依据可分为合同中明示的索赔和合同中默示的索赔。

(1)合同中明示的索赔。合同中明示的索赔是指承包人所提出的索赔要求，在该工程项目的合同文件中有文字依据，承包人可以据此提出索赔要求，并取得经济补偿。这些在合同文件中有文字规定的合同条款，称为明示条款。

(2)合同中默示的索赔。合同中默示的索赔，即承包人的该项索赔要求，虽然在工程项目的合同条款中没有专门的文字叙述，但可以根据该合同的某些条款的含义，推论出承包人有索赔权。这种索赔要求，同样有法律效力，有权得到相应的经济补偿。这种有经济补偿含义的条款，在合同管理工作中被称为“默示条款”或“隐含条款”。默示条款是一个广泛的合同概念，它包含合同明示条款中没有写入、但符合双方签订合同时设想的愿望和当时环境条件的一切条款。这些默示条款，或者从明示条款所表述的设想愿望中引申出来，或者从合同双方在法律上的合同关系引申出来，经合同双方协商一致，或被法律和法规所指明，都

成为合同文件的有效条款，要求合同双方遵照执行。

2. 按索赔目的分类

工程索赔按索赔目的可分为工期索赔和费用索赔。

(1)工期索赔。由于非承包人责任的原因而导致施工进程延误，要求批准顺延合同工期的索赔，称之为工期索赔。工期索赔形式上是对权利的要求，以避免在原定合同竣工日不能完工时，被发包人追究拖期违约责任。一旦合同工期顺延获得批准后，承包人不仅免除了承担拖期违约赔偿费的严重风险，而且可能得到工期提前的奖励，最终仍反映在经济收益上。

(2)费用索赔。费用索赔的目的是要求经济补偿。当施工的客观条件改变导致承包人增加开支，要求对超出计划成本的附加开支给予补偿，以挽回不应由承包人承担的经济损失。

3. 按索赔事件的性质分类

工程索赔按索赔事件的性质可分为工程延误索赔、工程变更索赔、合同被迫终止的索赔、工程加速索赔、意外风险和不可预见因素索赔和其他索赔。

(1)工程延误索赔。因发包人未按合同要求提供施工条件，如未及时交付设计图纸、施工现场、道路等，或因发包人指令工程暂停或不可抗力事件等原因造成工期拖延的，承包人对此提出索赔。这是工程中常见的一类索赔。

(2)工程变更索赔。由于发包人或监理工程师指令增加或减少工程量，或增加附加工程、修改设计、变更工程顺序等，造成工期延长和费用增加，承包人对此提出索赔。

(3)合同被迫终止的索赔。由于发包人或承包人违约以及不可抗力事件等原因造成合同非正常终止，无责任的受害方因其蒙受经济损失而向对方提出索赔。

(4)工程加速索赔。由于发包人或工程师指令承包人加快施工速度，缩短工期，引起承包人人力、财力、物力的额外开支而提出的索赔。

(5)意外风险和不可预见因素索赔。在工程实施过程中，因人力不可抗拒的自然灾害、特殊风险以及有经验的承包人通常不能合理预见的不利施工条件或外界障碍，如地下水、地质断层、溶洞或地下障碍物等引起的索赔。

(6)其他索赔。如因货币贬值、汇率变化，物价、工资上涨和政策法令变化等原因引起的索赔。

4. 按索赔的有关当事人分类

①承包商同业主之间的索赔。

②总承包商同分包商之间的索赔。

③承包商同供货商之间的索赔。

④承包商向保险公司、运输公司索赔等。

5. 按索赔的对象分类

工程索赔按索赔对象可分为索赔和反索赔。

①索赔。索赔是指承包商向业主提出的索赔。

②反索赔。反索赔主要是指业主向承包商提出的索赔。

6. 按索赔的处理方式分类

工程索赔按索赔的处理方式可分为单项索赔和总索赔。

(1)单项索赔。单项索赔就是采取一事一索赔的方式,即在每一件索赔事项发生后,报送索赔通知书,编报索赔报告,要求单项解决支付,不与其他的索赔事项混在一起。这是工程索赔通常采用的方式,它避免了多项索赔的相互影响和制约,解决起来较容易。

(2)总索赔。总索赔又称综合索赔或一揽子索赔,即对整个工程(或某项工程)中所发生的数起索赔事项,综合在一起进行索赔。总索赔是在特定的情况下采用的一种索赔方法,应尽量避免采用,因为它涉及的因素十分复杂,不太容易索赔成功。

9.3.2　工程索赔的处理原则和计算

9.3.2.1　工程索赔的处理原则

1. 索赔必须以合同为依据

不论是风险事件的发生,还是当事人不完成合同工作,都必须在合同中找到相应的依据,当然,有些依据可能是合同中隐含的,工程师依据合同和事实对索赔进行处理是其公平性的重要体现。在不同的合同条件下,这些依据很可能是不同的。如因为不可抗力导致的索赔,在国内《建设工程施工合同(示范文本)》(GF—2017—0201)条件下,承包人机械设备损坏的损失,是由承包人承担的,不能向发包人索赔;但在 FIDIC 合同条件下,不可抗力事件一般都列为业主承担的风险,损失都应当由业主承担。

2. 及时、合理地处理索赔

索赔事件发生后,索赔的提出应当及时,索赔的处理也应当及时。索赔处理得不及时,对双方都会产生不利的影响,如承包人的索赔长期得不到合理解决,索赔积累的结果会导致其资金困难,同时会影响工程进度,给双方都带来不利的影响。处理索赔还必须坚持合理性原则,既考虑到国家的有关规定,也应当考虑到工程的实际情况。如承包人提出索赔,要求机械停工按照机械台班单价计算损失显然是不合理的,因为机械停工不发生运行费用。

3. 加强主动控制,减少工程索赔

对于工程索赔应当加强主动控制,尽量减少索赔。这就要求在工程管理过程中,应当尽量将工作做在前面,减少索赔事件的发生。这样能够使工程更顺利地进行,降低工程投资,缩短施工工期。

9.3.2.2 《建设工程施工合同文本(示范文本)》(GF—2017—0201)规定的工程索赔程序

当合同当事人一方向另一方提出索赔时,要有正当的索赔理由,且有索赔事件发生时的有效证据,如发包人未能按合同约定履行自己的各项义务或发生错误以及第三方原因,给承包人造成延期支付合同价款、延误工期或其他经济损失,包括不可抗力延误的工期等。

(1)承包人提出索赔申请。合同实施过程中,凡不属于承包人责任导致项目拖期和成本增加事件发生后的28d内,必须以正式函件通知工程师,声明对此事项要求索赔,同时仍须遵照工程师的指令继续施工。如果逾期申报,工程师有权拒绝承包人的索赔要求。

(2)发出索赔意向通知后28d内,向工程师提出补偿经济损失和(或)延长工期的索赔报告及有关资料。正式提出索赔申请后,承包人应抓紧准备索赔的证据资料,包括事件的原因、对其权益影响的证据资料、索赔的依据,以及其他计算出的该事件影响所要求的索赔额和申请顺延工期天数,并在索赔申请发出的28d内报出。

(3)工程师审核承包人的索赔申请。工程师在收到承包人送交的索赔报告和有关资料后,于28d内给予答复,或要求承包人进一步补充索赔理由和证据。接到承包人的索赔信件后,工程师应该立即研究承包人的索赔资料,在不确认责任属谁的情况下,依据自己的同期记录资料客观分析事故发生的原因,依据有关合同条款,研究承包人提出的索赔证据。必要时还可以要求承包人进一步提交补充资料,包括索赔的更详细说明材料或索赔计算的依据。工程师在28d内未予答复或未对承包人做进一步要求,视为该项索赔已经认可。

(4)当该索赔事件持续进行时，承包人应当阶段性地向工程师发出索赔意向，在索赔事件结束后 28d 内，向工程师提供索赔的有关资料和最终索赔报告。

(5)工程师与承包人谈判，双方各自依据对这一事件的处理方案进行友好协商，若能通过谈判达成一致意见，则该事件较容易解决，如果双方对该事件的责任、索赔款额或工期顺延天数分歧较大，通过谈判达不成共识的话，按照条款规定，工程师有权确定一个他认为合理的单价或价格作为最终的处理意见报送业主并相应通知承包人。

(6)发包人审批工程师的索赔处理证明。发包人首先根据事件发生的原因、责任范围、合同条款审核承包人的索赔申请和工程师的处理报告，再根据项目的目的、投资控制和竣工验收要求，以及针对承包人在实施合同过程中的缺陷或不符合合同要求的地方提出反索赔方面的考虑，决定是否批准工程师的索赔报告。

(7)承包人是否接受最终的索赔决定。承包人同意了最终的索赔决定，索赔事件即告结束。若承包人不接受工程师的单方面决定或业主删减的索赔或工期顺延天数，就会导致合同纠纷。通过谈判和协调，双方达成互让的解决方案是处理纠纷的理想方式。如果双方不能达成谅解就只能诉诸仲裁或者诉讼。

承包人未能按合同约定履行自己的各项义务和发生错误给发包人造成损失的，发包人也可按上述时限向承包人提出索赔。

9.3.2.3　FIDIC 合同条件规定的工程索赔程序

FIDIC 合同条件只对承包人的索赔作出了规定。

(1)承包人发出索赔通知。如果承包人认为有权得到竣工时间的任何延长期和(或)任何追加付款，应当向工程师发出通知，说明索赔的事件或情况。该通知应当尽快在承包人察觉或者应当察觉该事件或情况后 28d 内发出。

(2)承包人未及时发出索赔通知的后果。如果承包人未能在上述 28d 期限内发出索赔通知，则竣工时间不得延长，承包人无权获得追加付款，而业主应免除有关该索赔的全部责任。

(3)承包人递交详细的索赔报告。在承包人察觉或者应当察觉该事件或情况后 42d 内，或在承包人可能建议并经工程师认可的其他期限内，承包人应当向工程师递交一份充分详细的索赔报告，包括索赔的依据、要求延长的时间和(或)追加付款的全部详细资料。如果引起索赔的事件或者情况具有连续影响，则：

①上述充分详细的索赔报告应被视为中间索赔报告；

②承包人应当按月递交进一步的中间索赔报告，说明累计索赔延误时间和

(或)金额,以及所有可能的要求合理的详细资料;

③承包人应当在索赔的事件或者情况产生的影响结束后 28d 内,或在承包人可能建议并经工程师认可的其他期限内,递交一份最终索赔报告。

(4)工程师的答复。工程师在收到索赔报告或对过去索赔的所有进一步证明资料后 42d 内,或在工程师可能建议并经承包人认可的其他期限内作出回应,表示批准或不批准并附具体意见。工程师应当商定或者确定应给予竣工时间的延长期及承包人有权得到的追加付款。

9.3.2.4　索赔的依据

提出索赔的依据有以下几个方面。

(1)招标文件、施工合同文本及附件,其他各签约(如备忘录、修正案等)文件,经认可的工程实施计划、各种工程图纸、技术规范等。这些索赔的依据可在索赔报告中直接引用。

(2)双方的往来信件及各种会谈纪要。在合同履行过程中,业主、监理工程师和承包人定期或不定期的会谈所作出的决议或决定,是合同的补充,应作为合同的组成部分。但会谈纪要只有经过各方签署后才可作为索赔的依据。

(3)进度计划和具体的进度以及项目现场的有关文件。进度计划和具体的进度安排,以及现场有关文件是变更索赔的重要证据。

(4)气象资料、工程检查验收报告和各种技术鉴定报告,工程中送停电、送停水、道路开通和封闭的记录和证明。

(5)国家有关法律、法令、政策文件,官方的物价指数、工资指数,各种会计核算资料,材料的采购、订货、运输、进场及使用方面的凭据。

可见,索赔要有证据,证据是索赔报告的重要组成部分。证据不足或没有证据,索赔就不可能成立。总之,施工索赔是利用经济杠杆进行项目管理的有效手段,对承包人、发包人和监理工程师来说,处理索赔问题水平的高低,反映了对项目管理水平的高低。索赔是合同管理的重要环节,也是计划管理的动力,更是挽回成本损失的重要手段,所以随着建筑市场的建立和发展,它将成为项目管理中越来越重要的问题。

9.3.2.5　索赔的计算

1.可索赔的费用

索赔费用内容一般可以包括以下几个方面。

(1)人工费。包括增加工作内容的人工费、停工损失费和工作效率降低的损失费等累计,但不能简单地用计日工资计算。

(2)设备费。可采用机械台班费、机械折旧费、设备租赁费等几种形式。

(3)材料费。

(4)保函手续费。工程延期时,保函手续费相应增加;反之,取消部分工程且发包人与承包人达成提前竣工协议时,承包人的保函金额相应折减,则计入合同价内的保函手续费也应扣减。

(5)贷款利息。

(6)保险费。

(7)利润。

(8)管理费。此项又可分为现场管理费和公司管理费两部分,由于二者的计算方法不一样,所以在审核过程中应区别对待。

2. 索赔费用的计算

计算索赔费用的方法有实际费用法、修正总费用法等。

(1)实际费用法。该方法是按照每索赔事件所引起损失的费用项目分别分析计算索赔值,然后将各费用项目的索赔值汇总,即可得到总索赔费用值。这种方法以承包人为某项索赔工作所支付的实际开支为依据,但仅限于由于索赔事项引起的、超过原计划的费用,故也称额外成本法。在这种计算方法中,需要注意的是不要遗漏费用项目。

(2)修正总费用法。这种方法是对总费用法的改进,即在总费用计算的原则上,去掉一些不确定的可能因素,对总费用法进行相应的修改和调整,使其更加合理。

3. 工期索赔中应当注意的问题

(1)厘清施工进度拖延的责任。因承包人的原因造成施工进度滞后,属于不可原谅的延期;只有承包人不应承担任何责任的延误,才是可原谅的延期。有时工期延期的原因中可能包含双方责任,此时工程师应进行详细分析,分清责任比例,只有可原谅延期部分才能批准顺延合同工期。可原谅延期又可细分为可原谅并给予补偿费用的延期和可原谅但不给予补偿费用的延期;后者是指非承包人责任的影响并未导致施工成本的额外支出,大多属于发包人应承担风险责任事件的影响,如异常恶劣的气候条件影响的停工等。

(2)被延误的工作应是处于施工进度计划关键线路上的施工内容。只有位于关键线路上工作内容的滞后，才会影响到竣工日期，但有时也应注意，既要看被延误的工作是否在批准进度计划的关键路线上，又要详细分析这一延误对后续工作的可能影响。因为若对非关键路线工作的影响时间较长，超过了该工作可用于自由支配的时间，也会导致进度计划中非关键路线转化为关键路线，其滞后将导致总工期的拖延。此时，应充分考虑该工作的自由时间，给予相应的工期顺延，并要求承包人修改施工进度计划。

9.3.3 索赔报告的内容

索赔报告的具体内容，随该索赔事件的性质和特点而有所不同。但从报告的必要内容与文字结构方面而论，一个完整的索赔报告应包括以下四个部分。

1.总论部分

总论部分一般包括以下内容：序言；索赔事项概述；具体索赔要求；索赔报告编写及审核人员名单。

文中首先应概要地论述索赔事件的发生日期与过程；施工单位为该索赔事件所付出的努力和附加开支；施工单位的具体索赔要求。在总论部分最后，附上索赔报告编写组主要人员及审核人员的名单，注明有关人员的职称、职务及施工经验，以表示该索赔报告的严肃性和权威性。总论部分的阐述要简明扼要，说明问题。

2.根据部分

根据部分主要是说明自己具有的索赔权利，这是索赔能否成立的关键。根据部分的内容主要来自该工程项目的合同文件，并参照有关法律规定。该部分中施工单位应引用合同中的具体条款，说明自己理应获得经济补偿或工期延长。

根据部分的篇幅可能很大，其具体内容随各个索赔事件的特点而不同。一般来说，根据部分应包括以下内容：索赔事件的发生情况；已递交索赔意向书的情况；索赔事件的处理过程；索赔要求的合同根据；所附的证据资料。

在写法结构上，按照索赔事件发生、发展、处理和最终解决的过程编写，并明确全文引用有关的合同条款，使建设单位和监理工程师能全面了解索赔事件的始末，并充分认识该项索赔的合理性和合法性。

3.计算部分

索赔计算的目的，是以具体的计算方法和计算过程，说明自己应得经济补偿的款额或延长时间。如果说根据部分的任务是确定索赔能否成立，则计算部分

的任务就是决定应得到多少索赔款额和工期。前者是定性的，后者是定量的。

在款额计算部分，施工单位必须说明下列问题：索赔款的要求总额；各项索赔款的计算，如额外开支的人工费、材料费、管理费和损失的利润；指明各项开支的计算依据及证据资料。施工单位应注意采用合适的计价方法。首先，应根据索赔事件的特点及自己所掌握的证据资料等因素来确定。其次，应注意每项开支款的合理性，并指出相应的证据资料的名称及编号。切忌采用笼统的计价方法和不实的开支款额。

4. 证据部分

证据部分包括该索赔事件所涉及的一切证据资料，以及对这些证据的说明。证据是索赔报告的重要组成部分，没有翔实可靠的证据，索赔是不能成功的。在引用证据时，要注意该证据的效力或可信程度，因此，对重要的证据资料最好附以文字证明或确认件。例如，对一个重要的电话内容，仅附上自己的记录本是不够的，最好附上经过双方签字确认的电话记录，或附上发给对方要求确认该电话记录的函件。即使对方未予复函，也可说明责任在对方，因为对方未复函确认或修改，按惯例应理解为已默认。

9.4　工程价款结算

9.4.1　工程价款结算方法

1. 工程价款结算的重要意义

所谓工程价款结算是指承包人在工程实施过程中，依据施工承包合同中关于付款条款的规定和已经完成的工程量，并按照规定的程序向建设单位（业主）收取工程价款的一项经济活动。

工程价款结算是工程项目承包中的一项十分重要的工作，主要表现如下。

(1)工程价款结算是反映工程进度的主要指标。在施工过程中，工程价款结算的依据之一就是按照已完成的工程量进行结算。也就是说，承包人完成的工程量越多，所应结算的工程价款就应越多。所以，根据累计已结算的工程价款占合同总价款的比例，能够近似地反映出工程的进度情况，有利于准确掌握工程进度。

(2)工程价款结算是加速资金周转的重要环节。承包人能够尽快尽早地结算工程价款，有利于偿还债务，也有利于资金的回笼，降低内部运营成本。加速资金周转可以提高资金使用的有效性。

(3)工程价款结算是考核经济效益的重要指标。对于承包人来说，只有工程价款如数结算，才意味着避免了经营风险，承包人也才能够获得相应的利润，进而达到良好的经济效益。

2. 工程价款结算依据

工程价款结算应按合同约定办理。合同未作约定或约定不明的，发承包双方应依照下列规定与文件协商处理。

(1)国家有关法律、法规和规章制度。

(2)国务院建设行政主管部门、省、自治区、直辖市或有关部门发布的工程造价计价标准、计价办法等有关规定。

(3)建设项目的合同、补充协议、变更签证和现场签证，以及经发承包人认可的其他有效文件。

(4)其他可依据的材料。

3. 工程价款的主要结算方式

我国现行工程价款结算根据不同情况，可采取多种方式。根据《建设工程价款结算暂行办法》(财建[2004]369 号)第十三条，工程进度款的结算与支付应当符合下列规定。

(1)按月结算与支付。即实行按月支付进度款，竣工后清算的方法。合同工期在两个年度以上的工程，在年终进行工程盘点，办理年度结算。我国现行建筑安装工程价款结算中，相当一部分实行这种按月结算与支付的方法。

(2)分段结算与支付。即当年开工、当年不能竣工的工程按照工程形象进度，划分不同阶段支付工程进度款。具体划分在合同中明确。

4. 工程价款的结算程序

我国现行建设工程价款结算中，相当一部分是实行按月结算的。这种结算办法是按分部分项工程，即以假定建筑安装产品为对象，按月结算(或预支)，待工程竣工后再办理竣工结算，一次结清，找补余款。

按分部分项工程结算，便于建设单位和银行根据工程进展情况控制分期付款额度，也便于施工单位的施工消耗及时得到补偿，并同时实现利润，且能按月考核工程成本的执行情况。

(1)确定工程预付款及工程进度款。施工企业承包工程一般都实行包工包

料，这就需要有一定数量的备料周转金。在工程承包合同条款中，一般要明文规定发包人(甲方)在开工前拨付给承包人(乙方)一定限额的工程预付备料款。此预付款构成施工企业为该承包工程项目储备主要材料、结构件所需的流动资金。

工程进度款是施工企业在施工过程中，按逐月(或形象进度、控制界面等)完成的工程数量计算各项费用，向建设单位(业主)办理工程进度价款。

(2)确定工程变更价款及工程索赔费用。在工程竣工结算前完成的具体工程变更价款和索赔费用的确定详见本章 9.2 节和 9.3 节相关内容。

(3)确定工程价款价差。在经济发展过程中，物价水平是动态的、经常不断变化的，有时上涨快、有时上涨慢，有时甚至表现为下降。工程建设项目中合同周期较长的项目，随着时间的推移，经常要受到物价浮动等多种因素的影响，其中主要是人工费、材料费、施工机械费和运费等的动态影响。因此有必要在工程价款结算中充分考虑动态因素，也就是要把多种动态因素纳入结算过程中认真加以计算，使工程价款结算能够基本反映工程项目的实际消耗费用。这对避免承包人(或业主)遭受不必要的损失，获取必要的调价补偿，从而维护合同双方的正当权益是十分必要的。

工程价款价差调整的方法有工程造价指数调整法、实际价格调整法、调价文件计算法和调值公式法等，下面分别加以介绍。

①工程造价指数调整法。这种方法是承发包方采用当时的预算(或概算)定额单价计算出承包合同价，待竣工时，根据合理的工期及当地工程造价管理部门所公布的该月度(或季度)的工程造价指数，对原承包合同价予以调整。调整重点为由于实际人工费、材料费和施工机械费等费用上涨及工程变更因素造成的价差，并对承包人给予调价补偿。

②实际价格调整法。在我国，由于建筑材料需要市场采购的范围越来越大，有些地区规定对钢材、木材、水泥等三大材的价格采取按实际价格结算的方法。工程承包人可凭发票按实报销。这种方法方便而准确。但由于是实报实销，承包人对降低成本不感兴趣，为了避免副作用，地方主管部门要定期发布最高限价，同时合同文件中应规定建设单位或工程师有权要求承包人选择更廉价的供应来源。

③调价文件计算法。这种方法是承发包方采取按当时的预算价格承包，在合同工期内，按照造价管理部门调价文件的规定，进行抽料补差(在同一价格期内按所完成的材料用量乘以价差。也有的地方定期发布主要材料供应价格和管理价格，对这一时期的工程进行抽料补差)。

④调值公式法。根据国际惯例，对建设项目工程价款的动态结算一般采用调值公式法。事实上，在绝大多数国际工程项目中，甲乙双方在签订合同时就明确列出调值公式，并以此作为价差调整的计算依据。建筑安装工程费用价格调值公式一般包括固定部分、材料部分和人工部分。

5. 工程保修金（尾留款）

按照有关规定，工程项目总造价中应预留出一定比例的尾留款作为质量保修费用（又称保留金），待工程项目保修期结束后最后拨付。有关尾留款应如何扣除，一般有如下两种做法。

（1）当工程进度款拨付累计额达到该建筑安装工程造价的一定比例（一般为95%～97%）时，停止支付，预留造价部分作为尾留款。

（2）尾留款（保留金）的扣除也可以从发包人向承包人第一次支付的工程进度款开始，在每次承包人应得的工程款中扣留投标书附录中规定金额作为保留金，直至保留金总额达到投标书附录中规定的限额为止。

6. 其他费用

（1）安全施工方面的费用。承包人按工程质量、安全及消防管理有关规定组织施工，采取严格的安全防护措施，承担自身的安全措施不力造成事故的责任和因此发生的费用。非承包人责任造成的安全事故，由责任方承担责任和发生的费用。

发生重大伤亡及其他安全事故时，承包人应按有关规定立即上报有关部门并通知工程师，同时按政府有关部门要求处理，发生的费用由事故责任方承担。

承包人在动力设备、输电线路、地下管道、密封防震车间、易燃易爆地段以及临街交通要道附近施工时，施工开始前应向工程师提出安全保护措施，经工程师认可后实施，防护措施费用由发包人承担。

实施爆破作业，在放射、毒害性环境中施工（含存储、运输、使用）及使用毒害性、腐蚀性物品施工时，承包人应在施工前 14d 以书面形式通知工程师，并提出相应的安全保护措施，经工程师认可后实施。安全保护措施费用由发包人承担。

（2）专利技术及特殊工艺涉及的费用。发包人要求使用专利技术或特殊工艺的，须负责办理相应的申报手续，承担申报、试验、使用等费用。承包人按发包人要求使用，并负责试验等有关工作。承包人提出使用专利技术或特殊工艺的，报工程师认可后实施。承包人负责办理申报手续并承担有关费用。

擅自使用专利技术侵犯他人专利权的，责任者承担全部后果及所发生的费用。

(3)文物和地下障碍物涉及的费用。在施工中发现古墓、古建筑遗址等文物及化石或其他有考古、地质研究等价值的物品时,承包人应立即保护好现场并于4 h内以书面形式通知工程师,工程师应于收到书面通知后 24 h 内报告当地文物管理部门,承发包双方按文物管理部门的要求采取妥善的保护措施。发包人承担由此发生的费用,延误的工期相应顺延。

如施工中发现古墓、古建筑遗址等文物及化石或其他有考古、地质研究等价值的物品,隐瞒不报致使文物遭受破坏的,责任方、责任人依法承担相应责任。

施工中发现影响施工的地下障碍物时,承包人应于 8 h 内以书面形式通知工程师,同时提出处置方案,工程师收到处置方案后 8 h 内予以认可或提出修正方案。发包人承担由此发生的费用,延误的工期相应顺延。

7. 竣工结算

工程竣工结算是指施工企业按合同规定的内容完成全部所承包的工程,经验收质量合格,并符合合同要求后,向发包单位进行的最终工程价款的结算,是工程价款确定的最后环节。

(1)工程竣工验收报告经发包人认可后 28d 内,承包人向发包人递交竣工结算报告及完整的结算资料,双方按照协议书约定的合同价款及专用条款约定的合同价款调整内容,进行工程竣工结算。

(2)发包人收到承包人递交的竣工结算报告及结算资料后 28d 内进行核实,给予确认或者提出修改意见。发包人确认竣工结算报告后通知经办银行向承包人支付工程竣工结算价款。承包人收到竣工结算价款后 14d 内将竣工工程交付发包人。

(3)发包人收到竣工结算报告及结算资料后 28d 内无正当理由不支付工程竣工结算价款的,从第 29d 起按承包人同期向银行贷款利率支付拖欠工程价款的利息,并承担违约责任。

(4)发包人收到竣工结算报告及结算资料后 28d 内不支付工程竣工结算价款的,承包人可以催告发包人支付结算价款。发包人在收到竣工结算报告及结算资料后 56d 内仍不支付的,承包人可以与发包人协议将该工程折价,也可以由承包人申请人民法院将该工程按法拍卖,承包人就该工程折价或者拍卖的价款优先受偿。

(5)工程竣工验收报告经发包人认可后 28d 内,如承包人未能向发包人递交竣工结算报告及完整的结算资料,造成工程竣工结算不能正常进行或工程竣工结算价款不能及时支付,发包人要求交付工程的,承包人应当交付;发包人不要求交付工程的，承包方承担保管责任。

(6)发包人和承包人对工程竣工结算价款发生争议时，按争议的约定处理。在实际工作中，当年开工、当年竣工的工程，只需办理一次性结算。跨年度的工程，在年终办理一次年终结算，将未完工程结转到下一年度，此时竣工结算等于各年度结算的总和。办理工程价款竣工结算的一般计算公式为：

竣工结算工程价款＝预算(或概算)或合同价款
＋施工过程中预算或合同价款调整数额
－预付及已结算工程价款－保修金

9.4.2 竣工结算的编制与审查

9.4.2.1 竣工结算概述

1.竣工结算的意义

一般来讲，任何一项工程，不管其投资主体或资金来源如何，只要是采取承发包方式营建并实行按工程预算、结算的，当工程竣工点交后，承包人与发包人都要办理竣工结算。从理论上讲，实行按投资概算包干或按施工图预算包干的工程以及招标投标发包的工程，不存在竣工结算问题，只要依照合同，合同价就是分次支付和最终结清工程价款的依据。但从我国建设市场运作的实际情况和工程建设的一般规律来看，一方面由于立项、报批、可行性研究、规划、勘察和设计等制度还不完善，项目法人制度不健全，承发包双方法制观念不强，合同意识淡薄等，在项目开工以后，往往产生工程条件不成熟，工程规模、建设标准变化大，设计修改多，合同存有缺陷或隐患，造成实行投资的包干不全，实行招标投标的范围又涵盖不了工程全部，造价调整频繁。另一方面，工程建设是一项系统工程，受到很多方面的牵制，工程的初始阶段和结束阶段难免有所调整，就是实行投资包干的工程也会考虑预留一些调整余地，例如增加一定的不可预见系数，以满足调整的需要。因而在施工合同中往往订立有关调整价格和经济补偿的特别条款，发包人承诺必要时负担某些费用，在项目竣工阶段就可能出现补充结算的情况，以对承发包价格进行最后的调整。因此，办理竣工结算仍是发包人和承包人合同部门的重要职责，也是咨询机构、代理人员的主要工作之一。

办理竣工结算，实际上就是按编制施工图预算、招标投标报价、工程变更价款、工程索赔款的方法，确定工程的最终建筑安装价格。承包人通过竣工结算，

最终取得工程项目的应收价款。发包人与承包人共同编制、审核、认可的工程竣工结算书，是银行支付款项的依据。同时，发包人与承包人双方的财务部门，也要根据竣工结算书办理往来款的清账结算，如发包人扣回承包人已支的预付款和进度款，应收的甲供材料款、设备款和水电费等其他代付费用。竣工结算办理完毕后，承包人一方面要据此调整实际完成的建筑安装工程工作量，另一方面要对照分析考核成本，即工程盈亏情况，与分包人办理结算。发包人要据此调整投资计划，对超支的投资应设法平衡补上，对节约的投资可安排他用。工程竣工结算文件不仅是竣工决算的重要依据，还是一种历史性资料。在实际工作中，有些竣工结算文件也是主管部门确定建筑安装技术经济指标和价格指数的重要资料来源，还是咨询代理人、承包人编制标底、投标报价的重要信息资源。

2. 竣工结算的原则

办理工程竣工结算，要求遵循以下基本原则。

(1)任何工程的竣工结算，必须在工程全部完工、经点交验收并提出竣工验收报告以后方能进行。对于未完工程或质量不合格者，一律不得办理竣工结算。对于竣工验收过程中提出的问题，未经整改达到设计或合同要求，或已整改而未经重新验收认可者，也不得办理竣工结算。当遇到工程项目规模较大且内容较复杂时，为了给竣工结算创造条件，应尽可能提早做好结算准备。在施工进入最后收尾阶段即将全面竣工之前，结算双方取得一致意见，就可以开始逐项核对结算的基础资料，但办理结算手续仍应到竣工以后，不能违反原则，擅自结算。

(2)工程竣工结算的各方应共同遵守国家有关法律、法规、政策方针和各项规定。要依法办事，防止抵触、规避法律、法规、政策方针和其他各项规定的发生。要对国家负责，对集体负责，对工程项目负责，对投资主体的利益负责，严禁通过竣工结算，高估冒算，将国家和集体资金挪作他用或牟取私利。

(3)工程竣工结算一般都会涉及许多具体复杂的问题，要坚持实事求是原则，具体情况具体分析。对于具体疑难问题的处理要慎重，要有针对性，做到既合法又合理，既坚持原则又灵活对待。不得以任何借口和强调特殊原因，高估冒算和增加费用，也不得无理压价，以致损害对方的合法利益。

(4)应强调合同的严肃性。合同是工程结算最直接、最主要的依据之一，应全面履行工程合同条款，包括双方根据工程实际情况共同确认的补充条款。同时，应严格执行双方据以确定合同造价的包括综合单价、工料单价及取费标准和材料设备价格等计价方法，不得随意变更，变相违反合同以达到不正当目的。

(5)办理竣工结算必须依据充分，基础资料齐全。基础资料包括设计图纸、设计修改手续、现场签证单、价格确认书、会议记录、验收报告和验收单、原施工图预算和报价单、甲供材料及设备清单等，保证竣工结算建立在事实基础上，防止走过场或虚构事实的情况发生。

3.竣工结算的程序

办理竣工结算应按一定的程序进行。由于建设工程的施工周期大多比较长，跨年度的工程较多，且多数情况下作为一个项目的整体可能包括很多单位工程，涉及面广。各个单位工程的完工按计划有先有后，承包人不能等到建设项目报竣工时统一来办理结算。因此在实际工作中，竣工结算以单位工程为基础，完成一项，结算一项，直至项目全部完成为止。以下是竣工结算的一般程序。

(1)对确定作为结算对象的工程项目内容进行全面认真的清点，备齐结算依据和资料。

(2)以单位工程为基础，对施工图预算、报价的内容，包括项目、工程量、单价及计算方面进行检查核对。为了尽可能做到竣工结算不漏项，可在工程即将竣工时，召开单位内部由施工、技术、材料、生产计划、财务和预算人员参加的办理竣工结算预备会议，必要时也可邀请发包人、监理单位等参加会议，做好核对工作。包括如下。

①核对开工前施工准备与水、电、煤气、路、污水、通信、供热、场地平整等“七通一平”。

②核对土方工程挖、运数量，堆土处置的方法和数量。

③核对基础处理工作，包括淤泥、流沙、暗浜、河流、塌方等引起的基础加固有无漏算。

④核对钢筋混凝土工程中的钢筋含量是否按规定进行调整，包括为满足施工需要所增加的钢筋数量。

⑤核对加工订货的规格、数量与现场实际施工数量是否相符。

⑥核对特殊工程项目与特殊材料单价有无应调整而未调整的。

⑦核对室外工程设计要求与施工实际是否相符。

⑧核对因设计修改引起的工程变更记录与增减账是否相符。

⑨核对分包工程费用支出与预算收入是否有矛盾。

⑩核对施工图要求与施工实际有无不符的项目。

⑪核对单位工程结算书与单项工程结算书有关相同项目、单价和费用是否相符。

⑫核对施工过程中有关索赔的费用是否有遗漏。

⑬核对其他有关的事实、根据、单价和与工程结算相关联的费用。

经检查核对，如发生多算、漏算或计算错误以及定额分部分项或单价错误，应及时进行调整，漏项应予以补充，如有重复或多算应删减。

(3)对发包人要求扩大的施工范围和由于设计修改、工程变更、现场签证引起的增减预算进行检查，核对无误后，分别归入相应的单位工程结算书。

(4)将各个专业的单位工程结算分别以单项工程为单位进行汇总，并提出单项工程综合结算书。

(5)将各个单项工程汇总成整个建设项目的竣工结算书。

(6)编写竣工结算编制说明，内容主要为结算书的工程范围、结算内容、存在的问题，以及其他必须加以说明的事宜。

(7)复写、打印或复印竣工结算书，经相关部门批准后送发包人审查签认。

9.4.2.2　竣工结算方法

竣工结算方法同编制施工图预算或投标报价的方法，在很多地方基本一样，可以相通，但也有所不同，有其特点，主要应从以下几个方面着手。

1. 注重检查原施工图预算、报价单和合同价

在编制竣工结算的工作中，一方面，应当注重检查原预算价、报价和合同价，熟悉所必备的基础资料，尤其是对报价的单价内容，即每个分项内容所包括的范围，哪些项目允许按设计和招标要求予以调整或换算，哪些项目不允许调整和换算都应予以充分了解。另一方面，要特别注意项目所示的计算单位，计算调整工程量所示的计量单位，一定要与原项目计量单位相符合；对采用定额的，要熟悉定额子目的工作内容、计量单位、附注说明、分项说明、总说明及定额中规定的人工、材料、机械的数量，从中发现按定额规定可以调整和换算的内容；对合同价，主要是检查合同条款对合同价格是否可以调整的规定。

2. 熟悉竣工图纸，了解施工现场情况

工作人员在编制竣工结算前，必须充分熟悉竣工图，了解工程全貌，对竣工图中存在的矛盾和问题应及时提出。进行竣工结算时，应充分认识到竣工图是反映工程全貌和最终反映工程实际情况的图纸。同时还要了解现场全过程实际情况，如土方是挖运还是填运，土壤的类别，运输距离，是场外运输还是场内运输，钢筋混凝土和钢构件采用什么方法运输、吊装，采用哪种脚手架进行施工，等等。如已按批准的施工方案实施的可按施工方案办理,如没有详细明确的施工方案,或施工方案有调整的,则应向有关人员了解清楚,这样才能正确确定有关分部分项的工程量和工程价格,避免竣工结算与现场脱节,影响结算质量和脱离实际的情况发生。

3. 计算和复核工程量

计算和复核工程量的工作在整个竣工结算过程中仍是重要的一道工序。尽管原先做施工图预算和报价时已经完成了大量的计算任务,但设计修改、工程变更等原因会引起工程量的增减或重叠,有些子目有时会有重大的变化甚至推倒重来,所以不仅要对原计算进行复核,而且有可能需要重新计算。因此,计算和复核工作量花费的时间有时会很长,会影响结算的及时性,只有充分予以重视,才能保证结算的质量和进度。

工程量的计算和复核应与原工程量计算口径相一致,对新增子目的,可以直接按照国家和地方的工程量计算规则的规定执行。

4. 汇总竣工工程量

工程量计算复核完毕经仔细核对无误后,一般应根据预算定额或原报价的要求,按分部分项工程的顺序逐项汇总,整理列项,列项可以分为增加栏目和减少栏目,既为套用单价提供方便,也可以使发包人在审核时方便对照。对于不同的设计修改、签证但内容相同的项目,应先进行同类合并,在备注栏内加以说明以免混淆或漏算。

5. 套用原单价或确定新单价

汇总的工程结算工程量经核对无误就可以套用原定额单价和报价单价。选用的单价应与原预算或原报价的单价相同,对于新增的项目必须与竣工结算图纸要求的内容相适应,分项工程的名称、规格、计量单位要与预算定额分部分项工程所列的内容一致,施工预算或原报价中没有相同的单价时,应按定额或原报价单价相类似的项目确定价格,没有相类似项目的价格时,应由承包人根据定额编制的基本方法、原则或报价确定或合同确定的基本原则编制一次性补充单价作为结算的依据,以免重套、漏套或错套单价以及不符合实际的乱定价,影响工程结算。

6. 正确计算有关费用

单价套完经核对无误后,应计算合价,并按分部分项计算分部工程的价格,

再把各分部工程的价格相加。如果是按预算定额、可调工料单价估价法或固定综合单价估价法编制结算的，应根据这些计算方法和当地的规定，分别按价差调整办法计算价差，求出管理费、利润、税金等，然后把这些费用相加就得出该单位工程的结算总造价。

7. 作竣工结算工料分析

竣工结算工料分析是承包人进行经济核算的重要工作和主要指标，也是发包人进行竣工决算总消耗量统计的必要依据，同时还是提高企业管理水平的重要措施，此外还是造价主管机构统计社会平均物耗水平真实的信息来源。作竣工结算工料分析，应按以下方法进行。

(1)逐项从竣工结算中的分项工程结算中查出各种人工、材料和机械的单位用量并乘以该工程项目的工程量，就可以得出该分项工程各种人工、材料和机械的数量。

(2)按分部分项的顺序，将各分部工程所需的人工、材料和机械分别进行汇总，得出该分部工程各人工、材料和机械的数量。

(3)将各分部工程进行再汇总，就得出该单位工程各种人工、材料和机械的总数量，并可进而得知每平方米的消耗量。在进行工料分析时，要注意把钢筋混凝土、钢结构等制品、半制品单独进行分析，以便进行成本核算和结算“三大材”指标。

8. 写竣工结算编制说明

编写竣工结算说明，应明确结算范围、依据和发包人供材料的基本内容、数量，对尚不明确的事实作出说明。

(1)竣工结算范围既是工程项目的范围，也包括专业工程范围。工程项目范围可以是全部建设工程或单项工程和单位工程，应视具体情况而定；专业工程范围是指土建工程，安装工程，防水、耐酸等特殊工程，在明确专业工程范围时应注意竣工图已有反映，但由发包人直接发包的专业项目，以免引起误解。

(2)竣工结算依据主要应写明采用的竣工图纸及编号，采用的计价方法和依据，现行的计价规定，合同约定的条件，招标文件及其他有关资料。

(3)发包人供材料的基本内容通常为钢材、木材、水泥、设备和特殊材料，应列明规格数量和供货的方式，以便财务清账，一目了然。

(4)其他有关事宜。

9.4.2.3 竣工结算的审查与监督

1.竣工结算的审查

竣工结算书编制完成后,须按照一定的程序进行审查确认才能生效。发包人在收到承包人提出的工程竣工结算书后,由发包人或其委托的具有相应资质的工程咨询代理单位对之进行审查,并按合同约定的时间提出审查意见,作为办理竣工结算的依据。

竣工结算的审查目的在于保证结算的合法性和合理性,正确反映工程所需的费用,只有经审核的竣工结算才具有合法性,才能得到正式的确认,从而成为发包人与承包人支付款项的有效凭证。

(1)竣工结算审查方法。竣工结算审查有全面审查法、重点审查法、经验审查法和分析对比法等。

①全面审查法。全面审查法是对结算项目进行全面的审查,包括招标投标文件,合同的约定条款,工程量和单价、取费等各项费用,等等,是按各分部分项施工顺序和定额分部分项顺序,对各个分项工程中的工程细目从头到尾逐一详细审查的一种方法,是全面、彻底、客观、有效且符合竣工结算审查根本要求的一种审查方法。竣工结算直接涉及利益分配,随着市场经济机制的建立和进一步发展成熟,发包人以及承包人的经济意识不断增强,必然会对之予以高度重视。此外,工程招投标代理机构和相关的咨询机构也以较快的速度发展起来,适应市场变化,参与承发包价格的控制和管理活动,以服务的方式和较强的专业技术力量进行价格审查。因此,全面审查法已成为竣工结算常用的方法之一。

②重点审查法。重点审查法是抓住竣工结算重点进行审核,例如选择工程量大的或造价较高的项目进行重点审查,对补充单价进行重点审查,对计取的各项费用进行重点审查,对招标投标项目尤其是对现场签证、设计修改所增加的费用进行重点审查。

③经验审查法。经验审查法主要是凭实践经验,审查容易发生差错的那部分工程量等问题。如土方工程,会遇到土壤类别、挖土放坡比例、挖运和填运、土方堆置相互混淆和交叉等问题;又如钢筋工程,施工图往往不能很详细地反映现浇钢筋混凝土构件交叉节点,搭接、定尺长度和施工措施用钢筋等。凭经验发现差错,较容易解决问题。

④分析对比法。分析对比法是针对相类似的建筑物,特别是通常使用定型标准图和标准设计的城镇住宅建设的审查方法。例如用单元组合的条形住宅,

通过分析对比只要解决合用轴线部分的工程量分配问题，就可很快地在标准消耗量上进行调整，得到较准确的结算依据。

总之，竣工结算审查的方法很多，除以上的方法外，还有统筹审核法、快速审核法、分组计算审核法和利用手册审核法，等等。在这里不一一赘述，仅以全面审查法对竣工结算的审查法和内容进行介绍。

(2)竣工结算审查的主要内容。竣工结算的主要内容，应放在招标投标文件、合同约定的条款、工程量是否正确、分部分项子目、单价套用是否正确、各项费用是否符合现行规定等方面。

①审查招标投标文件及合同约定的条款。建设工程承发包，或是采用公开招标、邀请招标、议标方式，或是采用直接发包、指定发包方式，每种发包方式最终都以合同或协议的形式规定双方的权利和义务。采用招标投标方式有招标书、投标书等，其实质是要约邀请、要约、承诺的过程。合同一般在适用格式条款基础上，对具体可变的某种情况进行调整。例如，每个工程都有其特征，即使同样的工程由于建设工程周期有长有短，时期不一，环境地域不同，市场价格变化大，供求关系变化大，也都会影响发包人的招标策略。如采用预算定额报价方式的，由于供求关系发生了变化，发包人提出按预算定额下降一定的幅度；某些材料的用量很大，对造价有很大的影响，发包人根据已有的生产或采购便利，以发包人供材料方式供货且要求施工管理费用按规定的费率乘以折扣系数；开办费用一次报价，包干使用等，这些调整都是审查的内容，是发包人和承包人在招标投标及订立合同时的要约和承诺，也是竣工结算时必须遵守的。采用直接发包或指定发包的，发包人通常会要求承包人明示人工单价、主要材料单价、施工设备台班单价、费用、利润标准等，以合同条款制约承包人，也是一方要约，一方承诺。作为承包人，需要对招标投标文件和合同约定的条款予以响应，并作为自己的义务。因此，竣工结算审查一开始，首先要对招标文件和合同条款进行审查，以指导工程量和单价费用的审查。

②审查工程量。审查工程量应先审查是否按计算规则进行计算。建筑物的实体与按计算规则计算出的实物工程量概念不同，结果并不完全相等，前者可以直接用数学计算公式进行计算，而后者则需先执行计算规则，在计算规则指导下再用数学计算公式进行计算，只有按计算规则计算的实物工程量才符合规范。

③审查分部分项子目。审查分部分项子目可按施工顺序和预算定额顺序，如按定额顺序审查，可从土石方工程、桩基础工程、脚手架工程、砌筑工程、钢筋混凝土工程、混凝土工程等的先后顺序一一过目，进行对照审查。其实定额子目

排列是有规律的，用此方法能达到事半功倍的效果。同时，遇到特殊工程时，应加以注意，这样可以提示审查者不漏项、不重复。在审查过程中，每审查一个子目后在工程量计算书上标一记号，待按所有定额顺序过目后，未标记号的剩余款项就不会遗漏，可以引起重视，达到审查效果。

④审查单价套用是否正确。审查结算单价，应注意以下几个方面。

a.结算单价是否与报价单价相符，子目内容没有变化的仍应套用原单价，如单价有变化的，则要查明原因；内容发生变化的要分析具体的内容，审查单价是否符合成立的条件。

b.结算单价是否与预算定额的单价相符，其名称、规格、计量单位和所包括的工程内容是否相一致。

c.对换算的单价，首先要审查换算的分项工程是否是定额所允许的，其次审查换算的过程是否正确。

d.对补充的单价，要审查补充单价是否符合预算定额编制原则或报价时关于人工、材料、机械的约定，单位估价表是否正确。

⑤审查其他有关费用。

a.其他直接费的内容，各专业和各地的情况不同，具体审查计算时，应按专业和当地的规定执行，要符合规定和要求。

b.施工管理费的审查，要注意以下几个方面内容：是否按工程性质和类别计取费用，有无错套取费标准；施工管理费的计取基础是否符合规定；材料差价是否计取了施工管理费；有无将不需安装的设备或已经安装但不可计费的也计取为安装工程的施工管理费；有无巧立名目、乱摊费用。

c.利润和税金的审查，重点为计取基础和费率是否符合当地有关部门的现行规定，有无多算或重算的现象。

在审核固定综合单价时，其基本的内容和方法与上述方法相同，重点是综合单价组成的所有费用应与报价和合同约定的相一致。

2.竣工结算的监督

我国建设市场经济活动的情况表明，竣工结算历来是一个难点和热点。由于各种原因，建设工程投资失控，结算超预算、预算超概算、概算超估算的现象仍然普遍存在。因此，加强竣工结算监督已变得越来越重要。建立竣工结算的监督制度，将有利于提高工作人员的业务素质，调整各方利益，合理控制造价，防止腐败现象的发生。

(1)加强竣工结算的外部监督。

①法律、规范监督。竣工结算的法律、规范监督，首先是要建立起竣工结算

相应的法律、规范制度，当前《民法典》、《中华人民共和国建筑法》、《中华人民共和国招标投标法》、《建设工程工程量清单计价规范》(GB 50500—2013)、《建设工程施工合同(示范文本)》(GF—2017—0201)等是竣工结算的法律和规范性文件。随着社会的进一步发展，指导竣工结算的针对性较强的各地各部门的实施办法或实施细则也将陆续出台。其次是做到有法必依、依法办事，要求发包人、承包人、咨询代理人等必须严格遵照法律、法规的规定，在法律、法规允许的范围内进行竣工结算工作，避免违法行为发生。再次是完善人民法院、仲裁委员会对于竣工结算合同双方当事人的争议进行司法鉴定、仲裁、判决的法律手段和程序，以法律的方式维护当事人的合法权益，保障当事人的权利不受侵犯，保证建设市场的正常运行。对于在竣工结算过程中有触犯刑事法律的行为的，应按《中华人民共和国刑法》的规定严惩不贷。

②行政监督。各级人民政府的主管部门应是竣工结算行政监督的主体。工程承发包管理机构对工程竣工结算负有监督责任。政府部门的行政监督主要是运用宏观管理手段，通过咨询代理机构资质和人员资格的培训、考核、申请、批准，认定有资质的咨询代理人和有资格的专业技术人员持证参与竣工结算活动；对于发包人，可以允许其自己办理竣工结算，但要符合基本条件，如不符合，则应委托有资质的单位或有资格的人员办理；同时，可以定期对咨询机构人员进行再教育培训、复查、评比、处理，以提高人员的整体素质。政府和国有集体投资的工程项目竣工结算，应按有关规定报经工程承发包管理机构和有关部门审定。工程承发包管理机构有权定期和不定期地抽查工程竣工结算。对于其他工程竣工结算双方的争议，也可根据双方的要求进行调解，从而起到监督的作用。

③行业监督。随着改革的发展和深化，经济活动受市场支配的因素日益增加，行业监督已经显示出较强的社会性作用。在国外，行业监督是竣工结算的主要监督方式。在国内，要加强咨询代理机构、人员的行业监督，就应建立健全行业组织，规定行业会员准入制，在行业组织内，要加强行业自律和进行职业道德教育以及公德教育，可实行批评教育、劝退、制裁等方式，从而净化行业组织，扩大和提高行业在社会上的影响，使注册的机构和人员能够得到市场的承认。

④社会监督。社会监督是竣工结算体系的重要组成部分。社会监督不像其他监督那样，与竣工结算过程有直接的联系，但它有自己独特的作用和意义。社会监督，如党的监督、人民群众团体的监督，专业性学术团体的监督、新闻舆论的监督，可以使竣工结算审查过程中没有被发现的问题及时得到反映，暴露在广大人民群众的视野之中，促进对竣工结算审查违法犯罪行为的揭露，有利于公开、

公平、公正,有利于防止和惩治腐败现象,有利于提高竣工结算的工作质量。

(2)实行竣工结算的内部监督。

竣工结算的内部监督主要如下。

①承包人的监督。办理竣工结算时,承包人应指定有资格的人员持证上岗操作,竣工结算完成后,交相关部门流转核对无误,签上编制人员的姓名,复核人员进行复核并签名后,交单位主管领导审核,最后盖上单位的公章或合同专用章送交发包人,从而保证竣工结算质量。

②发包人的监督。发包人对竣工结算文件进行研究后,应成立以主管人员为主,相关人员参与的审查班子进行监督管理。相关人员对相关的事务负责,如物资、设备采购人员应对物资和设备提出清单交主管人员审核;财务人员应将财务支付列出清单交主管人员审核;现场人员应对现场从开工到工程竣工验收后的所有签证、现场记录、会议备忘录等进行整理后交由主管人员审核。所有关于竣工结算的材料收齐后,再由主管人员根据实际情况,提出建议,或自办竣工结算,或委托咨询代理机构办理竣工结算,最后由发包人的主管负责人进行审定。在委托办理竣工结算时,应派专人对口予以协助和跟踪审查,竣工结算审查结束以后,应写出竣工结算的专题总结报告。

③咨询代理人的监督。咨询代理人是办理竣工结算审查的专业单位,应建立完整、规范的操作制度,应有持专业执业证书的人员上岗,每个工程项目由于涉及多项专业,应由主审人牵头,专业人员各司其职,不能互相代替。所有的计算公式、套用的单价和取费等,均应增加透明度,防止暗箱操作、秘密交易或无理拒绝对方的建议和意见;需要多人受理和商洽的,不可以单独参与。竣工结算审查完成,签上审核人的名字后,应由专人复核,复核后也需签名并盖上咨询代理机构的审核专用章,写出竣工结算审查报告。发包人、承包人对审查报告有异议的,可向咨询代理人的行业行政主管部门提出复审的申请,经核准的,可以进行复审。

(3)强调竣工结算监督的时间顺序。

按时间顺序为标准,竣工结算的监督可分为事前监督、事中监督和事后监督。事前监督是指为防患于未然,在竣工结算之前实施监督,此种监督可采取教育、签订工作责任状及廉正协议之类的办法,做到未雨绸缪;事中监督是指在竣工结算过程中,根据事先制定的考核标准以及中间信息反馈,对竣工结算实施监督,这种监督比较有效,可将可能发生的各种问题在其发生之前予以解决;事后监督是指监督竣工结算实施结束之后对各方面的行为进行监督审查,以便及时

处理和补救。三个阶段的监督按时间顺序前后相接,使竣工结算始终处于有效的控制和监督之中。

(4)咨询代理单位和相关工作人员应遵循的基本职责。

咨询代理单位的基本职责包括如下。

①遵守国家法律、法规,客观公正。

②不得参与与委托工程有关的经营活动。

③独立承担受委托的工程代理业务,不得转让给其他单位。

④接受政府主管部门的监督、检查。

⑤按照国家法律、法规进行经营服务活动。

咨询代理相关工作人员的基本职责如下。

①要有良好的职业道德、社会公德和敬业精神。

②在工作中必须遵守法律、法规和规章的规定。

③在资格证书指定的专业范围和有效期限内从事本工作。

④不得伪造、涂改、出借、转让、出卖资格证书、证章或岗位证书。

⑤完成工作文件时,加盖本人的执业证章。

⑥接受上级部门的检查。

(5)建立违反竣工结算基本职责的惩罚制度。

竣工结算应严禁弄虚作假、高估冒算等不正当行为。对于不正当的竣工结算行为,有关部门和单位应当按照有关法律、法规的规定建立惩戒制度给予处罚;对于咨询代理机构,视其违纪行为可采取包括限期改正,降低资质等级,暂扣、吊销资质证书,责令停止活动、予以警告或没收非法所得、罚款等;因严重失职或者业务水平低劣,造成委托方重大经济损失的,应当承担相应的民事赔偿责任;因单位违反法律构成犯罪的,依法追究单位主管人员的刑事责任;对于咨询代理人员可采取批评、教育、警告、暂扣或吊销资格证书,如因严重失职或者业务水平低劣,造成他方损失的,应追究其个人连带责任;对玩忽职守、滥用职权、徇私舞弊、索贿受贿的执行者,构成犯罪的,依法追究刑事责任。

第10章　竣工验收阶段的工程造价管理

10.1　竣工验收概述

10.1.1　竣工验收的概念

10.1.1.1　竣工验收的含义和作用

1. 含义

竣工验收是指由建设单位组织勘察设计单位、施工单位、工程监理单位和建设行政主管部门等单位组成项目验收组织，以项目批准的设计任务书和设计文件，以及国家或部门颁发的施工验收规范和质量检验标准为依据，按照一定的程序和手续，在项目建成并试生产合格后(工业生产性项目)，对工程项目的总体进行检验和认证、综合评价和鉴定的活动。

2. 作用

(1)竣工验收工作能够全面考核建设成果，检查设计、工程质量是否符合要求，确保项目按设计要求的各项技术经济指标正常使用。

(2)通过竣工验收办理固定资产使用手续，可以总结工程建设经验，为提高建设项目的经济效益和管理水平提供重要依据。

(3)建设项目竣工验收是基本建设程序的最后一个阶段，是施工阶段的最后一个程序，是建设成果转入生产使用的标志，是审查投资使用是否合理的重要环节。有效地进行竣工验收阶段的造价管理，对于确认建设项目的最终实际造价具有重要的意义。

10.1.1.2　竣工验收的标准

1. 工业建设项目竣工验收标准

根据国家规定，工业建设项目竣工验收、交付生产使用，必须满足以下要求。

(1)生产性项目和辅助性公用设施,已按设计要求完成,能满足生产使用。

(2)主要工艺设备配套经联动负荷试车合格,形成生产能力,能够生产出设计文件所规定的产品。

(3)有必要的生活设施,并已按设计要求建成合格。

(4)生产准备工作能适应投产的需要。

(5)环境保护设施,劳动、安全、卫生设施,消防设施已按设计要求与主体工程同时建成使用。

(6)设计和施工质量已经过质量监督部门检验并做出评定。

(7)工程结算和竣工决算通过有关部门审查和审计。

2. 民用建设项目竣工验收标准

(1)建设项目各单位工程和单项工程,均已符合项目竣工验收标准。

(2)建设项目配套工程和附属工程,均已施工结束,达到设计规定的相应质量要求,并具备正常使用条件。

10.1.1.3　竣工验收的依据和条件

1. 竣工验收的依据

竣工项目除必须符合国家规定的竣工标准外,还应依据以下文件进行验收。

(1)项目的可行性研究报告、工程勘察、设计文件(含设计图纸、标准图集和设计变更单等)的要求。

(2)国家法律、法规、规章及规范性文件规定以及国家和地方的强制性标准等。

(3)建设单位与施工单位签订的工程施工承包合同(含合同协议、工程量清单、会议纪要等)。

(4)《建筑工程施工质量验收统一标准》(GB 50300—2013)和相关专业工程施工质量验收规范的规定。

(5)建筑安装工程的统一规定及上级主管部门有关工程竣工的规定。

(6)对于引进技术或进口成套设备的项目,还应按照签订的合同和国外提供的设计文件等资料进行验收。

2. 竣工验收的条件

建设项目必须具备以下基本条件,才能组织竣工验收。

(1)完成建设工程设计和合同约定的各项内容,并满足使用要求。

(2)有完整的技术档案和施工管理资料；有工程使用的主要建筑材料、建筑构配件和设备的进场试验报告。

(3)建设单位已按合同约定支付工程款；有施工单位签署的工程质量保修书。

(4)勘察、设计单位对勘察、设计文件及施工过程中设计单位签署的设计变更通知书等进行了检查，并提出质量检查报告。

(5)有城乡规划行政主管部门对工程是否符合规划设计要求进行的检查、认可文件；有公安消防、环保等部门出具的认可文件或者准许使用文件。

(6)建设行政主管部门及其委托的工程质量监督机构等有关部门责令整改的问题全部整改完毕。

(7)施工单位在工程完工后对工程质量进行了自检，确认工程质量符合有关法律法规和工程建设强制性标准，符合设计文件及合同要求，并提出工程竣工报告。

(8)对于委托监理的项目，已由监理单位对工程进行了竣工预验收，并提出工程质量评估报告。

10.1.2 竣工验收的内容

竣工验收的内容一般包括对工程资料的验收和对工程内容的验收两部分。

10.1.2.1 工程资料的竣工验收

竣工验收的工程资料包括工程项目技术资料、工程项目综合资料和工程项目财务资料。

1.工程项目技术资料的验收

工程项目技术资料的验收包括以下内容。

(1)工程地质、水文、气象、地形、地貌、建筑物、构筑物及重要设备安装位置、勘察报告和记录。

(2)建设项目的初步设计、技术设计、关键的技术试验和总体规划设计。

(3)土质试验报告、基础处理情况记录。

(4)建筑工程施工记录、单位工程质量检验记录，管线强度、密封性试验报告，设备及管线安装施工记录及质量检查、仪表安装施工记录。

(5)设备试车、验收运转、维护记录。

(6)产品的技术参数、性能、图纸、工艺说明、工艺规程、技术总结、产品检验、包装、工艺图。

(7)设备的图纸、说明书,涉外合同、谈判协议、意向书。

(8)各单项工程及全部管网竣工图等资料。

2. 工程项目综合资料的验收

工程项目综合资料的验收包括以下内容。

(1)项目建议书及批复文件、可行性研究报告及批复文件、项目评估报告、环境影响评估报告书、设计任务书。

(2)土地征用申报及批准的文件、承包合同、招投标及合同文件、施工执照、项目竣工验收报告,验收鉴定书。

3. 工程项目财务资料的验收

工程项目财务资料的验收包括以下内容。

(1)历年建设资金供应(拨款、贷款)情况和应用情况。

(2)历年批准的年度财务决算。

(3)历年年度投资计划、财务收支计划。

(4)建设成本资料,支付使用的财务资料。

(5)设计概算、预算资料,施工决算资料。

10.1.2.2　工程内容的竣工验收

竣工验收的工程内容包括建筑工程验收和安装工程验收。

1. 建筑工程的验收内容

竣工验收时,对于建筑工程的验收,主要是通过运用有关资料进行审查性验收,包括以下内容。

(1)建筑物的位置、标高、轴线是否符合设计要求。

(2)对基础工程中的土石方工程、垫层工程、砌筑工程等资料的审查验收。

(3)对结构工程中的砖木结构、砖混结构、内浇外砌结构、钢筋混凝土结构的审查验收。

(4)对屋面工程的结构层、屋面瓦、保温层、防水层等的审查验收。

(5)对门窗工程、装饰装修工程的审查验收(如抹灰、油漆等工程)。

2. 安装工程的验收内容

竣工验收时,对于安装工程的验收,分为建筑设备安装工程验收、工艺设备安装工程验收和动力设备安装工程验收三项内容。

(1)建筑设备安装工程验收。建筑设备安装工程包括民用建筑物中的上下水管道,暖气、天然气或煤气、通风、电气照明等的安装。验收时应检查这些设备的规格、型号、数量、质量是否符合设计要求,检查安装时的材料、材质、材种,并进行试压、闭水和照明试验。

(2)工艺设备安装工程验收。工艺设备安装工程包括生产、起重、传动、试验等设备的安装以及附属管线敷设和油漆、保温等。验收时应检查设备的规格、型号、数量、质量,设备安装的位置、标高,机座尺寸、质量,单机试车、无负荷联动试车、有负荷联动试车是否符合设计要求;检查管道的焊接质量、洗清、吹扫、试压、试漏、油漆、保温等及各种阀门。

(3)动力设备安装工程验收。动力设备安装工程验收是指对有自备电厂的项目或变配电室(所)、动力配电线路的验收。

10.1.3 竣工验收的方式与程序

10.1.3.1 竣工验收的方式

竣工验收按被验收的对象划分,可分为单位工程竣工验收、单项工程竣工验收和全部工程竣工验收。

1.单位工程竣工验收

单位工程竣工验收,又称中间验收,是承包人以单位工程或某专业工程为对象,独立签订建设工程施工合同,达到竣工条件后,承包人可单独进行交工,发包人根据竣工验收的依据和标准,按施工合同约定的工程内容组织竣工验收。

单位工程竣工验收工作由监理单位组织,发包人和承包人派人参加验收工作,单位工程验收资料是最终验收的依据。

2.单项工程竣工验收

单项工程竣工验收,是指总体建设项目中的某个单项工程已完成设计图纸规定的工程内容,能满足生产要求或具备使用条件时,承包人向监理单位提交“工程竣工报告”和“工程竣工报验单”,经鉴定认可后向发包人发出“交付竣工验收通知书”,说明工程完工情况、竣工验收准备情况、设备无负荷单机试车情况,具体约定单项工程竣工验收的有关工作。

单项工程竣工验收工作由发包人组织,会同承包人、监理单位、设计单位和

使用单位等有关部门完成。

3. 全部工程竣工验收

全部工程竣工验收，是指建设项目已按设计规定全部建成、达到竣工验收条件，初验结果全部合格，且竣工验收所需资料已准备齐全后，所进行的建设项目整体验收。

全部工程的竣工验收工作按项目规模建立相应的验收组织。对于大中型和限额以上项目由国家发改委或由其委托项目主管部门或地方政府部门组织验收；小型和限额以下项目由项目主管部门组织验收；发包人、监理单位、承包人、设计单位和使用单位参加验收工作。

10.1.3.2　建设项目竣工验收的程序

建设项目竣工验收涉及的单位、部门和人员多，范围和内容广，为保证竣工验收的顺利进行，能够按计划有步骤地有效开展各项验收工作，应按照竣工验收程序进行竣工验收的组织与实施。

1. 承包人申请交工验收

承包人在完成了合同工程或按合同约定可移交工程的，可申请交工验收；交工验收一般为单项工程，但在某些特殊情况下也可以是单位工程的施工内容，诸如特殊基础处理工程、发电站单机机组完成后的移交等。

承包人施工的工程达到竣工条件后，应先进行预检验，对不符合要求的部位和项目，确定修补措施和标准，修补有缺陷的工程部位；对于设备安装工程，要与发包人和监理工程师共同进行无负荷的单机和联动试车。承包人在完成了上述工作和准备好竣工资料后，即可向发包人提交“工程竣工报验单”。

2. 监理工程师组织现场初步验收

对于委托了监理单位的建设项目，在监理工程师收到承包人提交的“工程竣工报验单”后，应由总监理工程师组织各专业监理工程师等人员组成验收组，对竣工项目的竣工资料和各专业工程内容的质量进行初步验收。

对于监理工程师在初验中发现的质量问题，要及时书面通知承包人，令其修理甚至返工；承包人整改合格后，由总监理工程师签署“工程竣工报验单”，并向发包人提交质量评估报告；至此，现场初步竣工验收工作结束。

3. 单项工程验收

单项工程验收又称交工验收，即验收合格后发包人方可投入使用。由发包人组织的交工验收，监理单位、设计单位、承包人、工程质量监督站等参加，主要依据国家颁布的有关技术规范和施工承包合同，对以下几方面进行检查或检验。

(1)检查、核实竣工项目准备移交给发包人的所有技术资料的完整性、准确性。

(2)按照设计文件和合同，检查已完工程是否有漏项。

(3)检查工程质量、隐蔽工程验收资料，关键部位的施工记录等，考察施工质量是否达到合同要求。

(4)检查试车记录及试车中所发现的问题是否得到改正。

(5)其他涉及的有关问题。

单项工程验收合格后，发包人和承包人共同签署"交工验收证书"，然后由发包人将有关技术资料和试车记录、试车报告及交工验收报告一并上报主管部门，经批准后该部分工程即可投入使用。验收合格的单项工程，在全部工程验收时，原则上不再办理验收手续。

4. 全部工程的竣工验收

全部施工过程完成后，由国家主管部门组织的竣工验收，又称为动用验收。全部工程的竣工验收分为验收准备、预验收和正式验收三个阶段。

(1)验收准备。发包人、承包人和其他有关单位均应进行验收准备，验收准备工作主要内容如下。①收集、整理各类技术资料，分类装订成册。②核实建筑安装工程的完成情况，列出已交工程和未完工程一览表，包括单位工程名称、工程量、预算估价以及预计完成时间等内容。③提交财务决算分析。④检查工程质量，查明须返工或补修的工程并提出具体的时间安排，预申报工程质量等级的评定，做好相关材料的准备工作。⑤整理汇总项目档案资料，绘制工程竣工图。⑥登记固定资产，编制固定资产构成分析表。⑦落实生产准备各项工作，提出试车检查的情况报告，总结试车考评情况。⑧编写竣工结算分析报告和竣工验收报告。

(2)预验收。建设项目竣工验收准备工作结束后，由发包人或上级主管部门会同监理单位、设计单位、承包人及有关单位或部门组成预验收组进行预验收。预验收的主要工作包括如下。①核实竣工验收准备工作内容，确认竣工项目所有档案资料的完整性和准确性。②检查项目建设标准、评定质量，对竣工验收准备过程中有争议的问题和有隐患及遗留问题提出处理意见。③检查财务账表是

否齐全并验证数据的真实性。④检查试车情况和生产准备情况。⑤编写竣工预验收报告和移交生产准备情况报告，在竣工预验收报告中应说明项目的概况，对验收过程进行阐述，对工程质量作出总体评价。

(3)正式验收。建设项目的正式竣工验收是由国家、地方政府、建设项目投资商或开发商以及有关单位领导和专家参加的最终整体验收。全部工程的竣工验收要根据工程规模大小、复杂程度组成验收委员会或验收组。验收委员会或验收组应由银行、物资、环保、劳动、消防及其他有关部门组成。建设主管部门和发包人、接管单位、承包人、勘察设计单位及工程监理单位也应参加验收工作。

正式验收的程序如下。

①听取汇报。发包人、勘察设计单位分别汇报工程合同履约情况以及在工程建设各环节执行法律、法规与工程建设强制性标准的情况；听取承包人汇报建设项目的施工情况、自检情况和竣工情况；听取监理单位汇报建设项目监理内容和监理情况及对项目竣工的意见。

②组织验收。组织竣工验收小组全体人员进行现场检查，了解项目现状、查验项目质量，及时发现存在和遗留的问题；审查竣工项目移交生产使用的各种档案资料。

③评审项目质量。对主要工程部位的施工质量进行复验、鉴定；对工程设计的先进性、合理性和经济性进行复验和鉴定；按设计要求和建筑安装工程施工的验收规范和质量标准进行质量评定验收；在确认工程符合竣工标准和合同条款规定后，签发竣工验收合格证书。

④审查试车规程，检查投产试车情况，核定收尾工程项目，对遗留问题提出处理意见。

⑤在进行竣工验收时，已验收过的单项工程可以不再办理验收手续，但应将单项工程交工验收证书作为最终验收的附件而加以说明。发包人在竣工验收过程中，如发现工程不符合竣工条件，应责令承包人进行返修，并重新组织竣工验收，直到通过验收。

⑥签署竣工验收鉴定书，对整个项目作出总的验收鉴定。竣工验收鉴定书是表示建设项目已经竣工并交付使用的重要文件，是全部固定资产交付使用和建设项目正式动用的依据，整个建设项目进行竣工验收后，发包人应及时办理固定资产交付使用手续。

10.2 竣工结算与竣工决算

10.2.1 竣工结算概述

竣工结算是指承包人在全部完成合同规定的工程内容,亦即完成了合同规定的全部责任和义务后,向发包人进行的最终工程结算。竣工结算确定了承包人按合同应得的全部工程价款总额和由发包人按合同支付给承包人所应获得的余额。

10.2.1.1 竣工结算的内容

1.竣工结算的编制依据

(1)工程竣工报告及工程竣工验收单。

(2)建设工程设计文件及相关资料,投标文件、技术洽商现场记录等。

(3)发承包双方签订的工程合同,发承包双方实施过程中已确认的工程量及其结算的合同价款,发承包双方实施过程中已确认调整后追加或追减的合同价款。

(4)现行的《建设工程工程量清单计价规范》(GB 50500—2013),地区配套预算定额、费用定额及有关文件规定等。

2.竣工结算价款支付申请的内容

承包人应根据竣工结算文件,向发包人提交竣工结算价款支付申请,申请的内容包括:竣工结算合同价款总额;累计已实际支付的合同价款;应预留的质量保证金;实际应支付的竣工结算款金额。

10.2.1.2 竣工结算的审查

竣工结算的审查主要是通过对合同条款、隐蔽验收记录、设计变更签证、工程数量及单价和费用等方面的核对、核查与核实工作进行的。

1.核对合同条款

主要包括:①核对竣工工程内容是否符合合同条件要求,工程是否竣工验收合格,只有按合同要求完成全部工程并验收合格才能竣工结算;②应按合同规定

的结算方法、计价方式及相应的计价定额或规范、材料供应方式、优惠条款等，对工程竣工结算进行审查。

2. 检查隐蔽验收记录及设计变更签证手续是否齐全

主要包括：①要求所有隐蔽工程均需进行验收，审核竣工结算时应核对隐蔽工程施工记录和验收签证手续是否完整；②设计的修改与变更应有原设计单位出具的设计变更通知单和变更图纸，现场签证应有各方签字认可的凭证，对于重大设计变更，还应经过原审批部门的审批通过，否则不应列入结算。

3. 核实工程数量、单价和费用的计取

主要包括：①竣工结算的工程量应按竣工图、设计变更单和现场签证等进行核算，并按国家统一规定的计价规范与该工程适用的定额规则进行单价的核算；②建筑安装工程的取费标准应按合同要求或项目建设期间与计价定额配套使用的费用定额及有关规定执行。

4. 核查各种误差

工程竣工结算牵涉工程内容多、分部分项工程多，在审查时要采用适当的方法进行漏算、重算或错算项目的更正。

10.2.1.3　竣工结算程序

工程竣工后，承包人应在经发承包双方确认的工程进度款结算的基础上，汇总编制完成竣工结算文件，并在合同约定的时间内办理工程结算。

1. 竣工结算的程序

(1)工程竣工验收报告经发包人认可后 28d 内，承包人向发包人递交竣工结算报告及完整的结算资料，双方按照协议书约定的合同价款及专用条款约定的合同价款调整内容，进行工程结算。

(2)发包人收到承包人递交的竣工结算报告及结算资料后 28d 内进行核实，给予确认或者提出修改意见。

(3)发包人确认竣工结算报告后，通知经办银行向承包人支付竣工结算价款。承包人收到竣工结算价款后 14d 内将竣工工程交付发包人。

2. 竣工结算的违约处理

(1)发包人收到竣工结算报告及结算资料后，超过 28d 无正当理由不支付工程竣工结算价款，承包人可催告发包人支付。

(2)发包人超过56d仍不支付,承包人可与发包人协议将工程折价,也可由承包人向法院申请将该工程依法拍卖,承包人就该工程折价或拍卖的价款优先受偿。

(3)工程竣工验收报告经发包方认可后28d内,承包人未能向发包人递交竣工结算报告及完整的结算资料,造成工程竣工结算不能正常进行,或工程竣工结算价款不能及时支付的情况时:①发包人要求交付工程的,承包人应当交付;②发包人不要求交付工程的,承包人应当承担保管责任。

10.2.2 竣工决算概述

竣工决算是全部工程完工并经有关部门验收后,由建设单位编制的以实物数量和货币指标为计量单位,综合反映竣工项目从筹建开始到竣工交付使用为止的全部建设费用、建设成果和财务情况的总结性经济文件。它是竣工验收报告的重要组成部分,是正确核定新增固定资产价值、考核分析投资效果、建立健全经济责任制的重要依据,也是反映建设项目实际造价和投资效果的重要文件。

10.2.2.1 竣工决算的内容

建设项目的竣工决算应包括从筹集到竣工投产全过程的全部实际费用,它是由竣工财务决算说明书、竣工财务决算报表、建设工程竣工图和工程竣工造价对比分析四部分组成的,前两部分又称为建设项目竣工财务决算,是竣工决算的核心内容。

1.竣工财务决算说明书

竣工财务决算说明书主要反映竣工工程建设成果和经验,是对竣工决算报表进行分析和补充说明的文件,是全面考核分析工程投资与造价的书面总结,是竣工决算报告的重要组成部分。其内容主要包括如下。①建设项目概况,对工程总的评价。②会计账务的处理、财产物资清理及债权债务的清偿情况。③基建结余资金等分配情况。④主要技术经济指标的分析、计算情况。⑤基本建设项目管理及决算中存在的问题、建议。⑥决算与概算的差异和原因分析。⑦需要说明的其他事项。

2.竣工财务决算报表

建设项目竣工财务决算报表按大、中型建设项目和小型建设项目分别制定。

(1)大、中型建设项目竣工财务决算报表。包括:建设项目竣工财务决算审批表；大、中型建设项目概况表；大、中型建设项目竣工财务决算表；大、中型建设项目交付使用资产总表。

(2)小型建设项目竣工财务决算报表。包括：建设项目竣工财务决算审批表、竣工财务决算总表、建设项目交付使用资产明细表。

3. 建设工程竣工图

建设工程竣工图是真实地记录各种地上地下建筑物、构筑物等情况的技术文件；是工程进行交工验收、维护改建和扩建的依据，是国家的重要技术档案。国家规定：各项新建、扩建、改建的基本建设工程，特别是基础、地下建筑、管线、结构、井巷、桥梁、隧道、港口、水坝以及设备安装等隐蔽部位，都要编制竣工图。

为确保竣工图质量，必须在施工过程中(不能在竣工后)及时做好隐蔽工程检查记录，整理好设计变更文件，竣工图的具体要求如下。

(1)凡按图竣工没有变动的，由承包人(包括总包和分包承包人，下同)在原施工图上加盖“竣工图”标志后，即作为竣工图。

(2)凡在施工过程中，虽有一般性设计变更，但能将原施工图加以修改补充作为竣工图的，可不重新绘制，由承包人负责在原施工图(必须是新蓝图)上注明修改的部分，并附以设计变更通知单和施工说明，加盖“竣工图”标志后，作为竣工图。

(3)凡结构形式改变、施工工艺改变、平面布置改变、项目改变以及有其他重大改变，不宜再在原施工图上修改、补充时，应重新绘制改变后的竣工图。①由原设计原因造成的，由设计单位负责重新绘制；②由施工原因造成的，由承包人负责重新绘图；③由其他原因造成的，由建设单位自行绘制或委托设计单位绘制；④承包人负责在新图上加盖“竣工图”标志，并附以有关记录和说明，作为竣工图。

(4)为了满足竣工验收和竣工决算需要，还应绘制反映竣工工程全部内容的工程设计平面示意图。

4. 工程竣工造价对比分析

在竣工决算中必须对控制工程造价所采取的措施、效果及其动态的变化进行认真比较对比，总结经验教训。批准的概算是考核建设工程造价的依据，在分析时，可将决算报表中所提供的实际数据和相关资料与批准的概算、预算指标进行对比，以确定竣工项目总造价是节约还是超支，并在对比的基础上，总结先进经验，找出节约和超支的内容和原因，提出改进措施。在实际工作中，应主要分

析以下内容。

(1)考核主要实物工程量。对于实物工程量出入比较大的情况,必须查明原因。

(2)考核主要材料消耗量。要按照竣工决算表中所列明的三大材料实际超概算的消耗量,查明是在工程的哪个环节超出量最大,再进一步查明超耗的原因。

(3)考核建设单位管理费、措施费和其他费用的取费标准。建设单位管理费、措施费和其他费用的取费标准要按照国家和各地的有关规定,根据竣工决算报表中所列的建设单位管理费及概预算所列的建设单位管理费数额进行比较,依据规定查明是否有多列或少列的费用项目,确定其节约或超支的数额,并查明原因。

以上所列内容是工程造价对比分析的重点,应侧重分析,但究竟选择哪些内容作为考核、分析重点,应因地制宜,视项目的具体情况而定。

10.2.2.2 竣工决算的编制依据

竣工决算的主要编制依据如下。①经批准的可行性研究报告、投资估算书,初步设计或扩大初步设计,修正总概算及其批复文件。②经批准的施工图设计及其施工图预算书。③设计交底或图纸会审会议纪要。④设计变更记录、施工记录或施工签证单及其他施工发生的费用记录。⑤招标控制价、承包合同、工程结算等有关资料。⑥竣工图及各种竣工验收资料。⑦历年基建计划、历年财务决算及批复文件。⑧设备、材料调价文件和调价记录。⑨有关财务核算制度、办法和其他有关资料。

10.2.2.3 竣工决算与竣工结算的关系

1. 二者的联系

建设项目竣工决算是以工程竣工结算为基础进行编制的。在整个建设项目竣工结算的基础上,加上从筹建开始到工程全部竣工,有关基本建设的其他工程费用支出,就构成了建设项目竣工决算的主体。

2. 二者的区别

竣工决算与竣工结算的区别主要体现在以下几个方面。

(1)编制单位不同。竣工决算是由建设单位编制的,而竣工结算是由施工单位编制的。

(2)编制范围不同。竣工结算主要是针对单位工程编制的,每个单位工程竣工后,便可以进行竣工结算的编制;而竣工决算是针对建设项目编制的,必须在整个建设项目全部竣工后,才能够进行编制。

(3)编制作用不同。竣工决算是建设单位考核基本建设投资效果的依据,是正确确定固定资产价值的依据。而竣工结算是建设单位与施工单位结算工程价款的依据,是核对施工企业生产成果和考核工程成本的依据,是建设单位编制建设项目竣工决算的依据。

10.2.2.4　竣工决算的编制步骤

1. 收集、整理和分析有关依据资料

完整齐全的资料,是准确而快速编制竣工决算的必要条件,因此,在编制竣工决算文件之前,应系统地整理所有的技术资料、工程结算的经济文件、施工图纸和各种变更与签证资料,并分析它们的准确性。

2. 清理各项账务、债务和结余物资

在收集、整理和分析有关资料中,要特别注意建设工程从筹建到竣工投产或使用的全部费用的各项账务、债权和债务的清理,做到工程完毕账目清晰,既要核对账目,又要查点库存实物的数量,做到账与物相等,账与账相符。对结余的各种材料、工器具和设备,要逐项清点核实,妥善管理,并按规定及时处理,收回资金。对各种往来款项要及时进行全面清理,为编制竣工决算提供准确的数据和结果。

3. 核实工程变动情况

重新核实各单位工程、单项工程造价,将竣工资料与原设计图纸进行查对、核实,必要时可实地测量,确认实际变更情况。根据经审定的承包人竣工结算等原始资料,按照有关规定对原概算、预算进行增减调整,重新核定工程造价。

4. 编制建设工程竣工决算说明

按照建设工程竣工决算说明的内容要求,根据编制依据材料及相关报表中的结果,编写文字说明。

5. 填写竣工决算报表

按照建设工程决算表格中的内容要求,根据编制依据中的有关资料进行统计或计算各个项目和数量，并将其结果填到相应表格的栏目内，完成所有报表的填写。

6.做好工程造价对比分析

认真对比竣工工程的实物工程量、主要材料消耗量以及工程费用的取费标准，做好结论分析。

7.清理、装订好竣工图

按要求整理、装订满足竣工验收和竣工决算需要的竣工图。

8.上报主管部门审查存档

将上述编写的文字说明和填写的表格经核对无误，装订成册，即为建设工程竣工决算文件。将其上报主管部门审查，并把其中财务成本部分送交开户银行签证。

竣工决算在上报主管部门的同时，抄送有关设计单位。大、中型建设项目的竣工决算还应抄送财政部，建设银行总行和省、直辖市、自治区的财政局和建设银行分行各一份。建设工程竣工决算的文件，由建设单位负责组织人员编写，在竣工建设项目办理验收使用一个月之内完成。

10.2.3 新增资产价值的确定

建设项目竣工投入运营后，所花费的总投资形成相应的资产。按照新的财务制度和企业会计准则，新增资产按资产性质可分为固定资产、流动资产、无形资产、递延资产和其他资产等五大类。

10.2.3.1 新增固定资产价值的确定

新增固定资产价值是建设项目竣工投产后所增加的固定资产的价值，它是以价值形态表示的固定资产投资最终成果的综合性指标。

1.新增固定资产价值的确定原则

新增固定资产价值是投资项目竣工投产后所增加的固定资产价值，即交付使用的固定资产价值，是以价值形态表示建设项目的固定资产最终成果的指标。新增固定资产价值的计算是以独立发挥生产能力的单项工程为对象的，单项工程建成经有关部门验收鉴定合格，正式移交生产或使用，即应计算新增固定资产价值。一次交付生产或使用的工程一次计算新增固定资产价值，分期分批交付

生产或使用的工程，应分期分批计算新增固定资产价值。

2. 新增固定资产价值的内容

新增固定资产价值的内容包括：已投入生产或交付使用的建筑、安装工程造价；达到固定资产标准的设备、工器具的购置费用；增加固定资产价值的其他费用。

3. 新增固定资产价值的计算要点

(1)对于为了提高产品质量、改善劳动条件、节约材料消耗、保护环境而建设的附属辅助工程，只要全部建成，正式验收交付使用后就要计入新增固定资产价值。

(2)对于单项工程中不构成生产系统，但能独立发挥效益的非生产性项目，如住宅、食堂、医务所、托儿所、生活服务网点等，在建成并交付使用后，也要计算新增固定资产价值。

(3)凡购置达到固定资产标准不需安装的设备、工器具，应在交付使用后计入新增固定资产价值。

(4)属于新增固定资产价值的其他投资，应随同受益工程交付使用的同时一并计入。

(5)交付使用财产的成本，应按下列内容计算。①房屋、建筑物、管道、线路等固定资产的成本包括：建筑工程成果和应分摊的待摊投资。②动力设备和生产设备等固定资产的成本包括：需要安装设备的采购成本，安装工程成本，设备基础、支柱等建筑工程成本或砌筑锅炉及各种特殊炉的建筑工程成本，应分摊的待摊投资。③运输设备及其他不需要安装的设备、工具、器具、家具等固定资产一般仅计算采购成本，不计分摊的“待摊投资”。

(6)共同费用的分摊方法。①新增固定资产的其他费用，如果是属于整个建设项目或两个以上单项工程的，在计算新增固定资产价值时，应在各单项工程中按比例分摊。②建设单位管理费按建筑工程、安装工程、需安装设备价值总额等按比例分摊。③土地征用费、地质勘察和建筑工程设计费等费用则按建筑工程造价比例分摊。④生产工艺流程系统设计费按安装工程造价比例分摊。

10.2.3.2　新增流动资产价值的确定

流动资产是指可以在一年内或者超过一年的一个营业周期内变现或者运用的资产，包括现金及各种存款以及其他货币资金、短期投资、存货、应收及预付款项以及其他流动资产等。

1. 货币性资金

货币性资金是指现金、各种银行存款及其他货币资金。其中现金是指企业的库存现金，包括企业内部各部门用于周转使用的备用金；各种存款是指企业的各种不同类型的银行存款；其他货币资金是指除现金和银行存款以外的其他货币资金，根据实际入账价值核定。

2. 应收及预付款项

应收账款是指企业因销售商品、提供劳务等应向购货单位或受益单位收取的款项；预付款项是指企业按照购货合同预付给供货单位的购货定金或部分货款。应收及预付款项包括应收票据、应收款项、其他应收款、预付货款和待摊费用。一般情况下，应收及预付款项按企业销售商品、产品或提供劳务时的实际成交金额入账核算。

3. 短期投资

短期投资包括股票、债券、基金等，根据是否可以上市流通分别采用市场法和收益法确定其价值。

4. 存货

存货是指企业的库存材料、在产品、产成品等。各种存货应当按照取得时的实际成本计价。存货的形成，主要有外购和自制两个途径。外购的存货，按照买价加运输费、装卸费、保险费、途中合理损耗、入库前加工、整理及挑选费用以及缴纳的税金等计价；自制的存货，按照制造过程中的各项实际支出计价。

10.2.3.3　新增无形资产价值的确定

无形资产是指特定主体所拥有或者控制的、不具有实物形态、能持续发挥作用且能带来经济利益的资源。我国作为评估对象的无形资产通常包括专利权、专有技术、商标权、著作权、销售网络、客户关系、供应关系、人力资源、商业特许权、合同权益、土地使用权、矿业权、水域使用权、森林权益、商誉等。

1. 无形资产的计价原则

投资者按无形资产作为资本金或者合作条件投入时，按评估确认或合同协议约定的金额计价。购入的无形资产，按照实际支付的价款计价，企业自创并依法申请取得的，按开发过程中的实际支出计价。企业接受捐赠的无形资产，按照发票账单所载金额或者同类无形资产市场价计价。无形资产计价入账后，应在

其有效使用期内分期摊销，即企业为无形资产支出的费用应在无形资产的有效期内得到及时补偿。

2. 无形资产的计价方法

(1)专利权的计价。专利权分为自创和外购两类。自创专利权的价值为开发过程中的实际支出，主要包括专利的研制成本和交易成本。研制成本包括直接成本和间接成本：直接成本是指研制过程中直接投入发生的费用(主要包括材料费用、工资费用、专用设备费、资料费、咨询鉴定费、协作费、培训费和差旅费等)；间接成本是指与研制开发有关的费用(主要包括管理费、非专用设备折旧费、应分摊的公共费用及能源费用)。交易成本是指在交易过程中的费用支出(主要包括技术服务费、交易过程中的差旅费及管理费、手续费、税金)。专利权是具有独占性并能带来超额利润的生产要素，因此，专利权转让价格不按成本估价，而是按照其所能带来的超额收益计价。

(2)非专利技术的计价。非专利技术具有使用价值和价值，使用价值是非专利技术本身应具有的，非专利技术的价值在于非专利技术的使用所能产生的超额获利能力，应在研究分析其直接和间接的获利能力的基础上，准确计算出其价值。如果非专利技术是自创的，一般不作为无形资产入账，自创过程中发生的费用，按当期费用处理。对于外购非专利技术，应由法定评估机构确认后再进行估价，通常采用收益法进行估价。

(3)商标权的计价。如果商标权是自创的，一般不作为无形资产入账，而将商标设计、制作、注册、广告宣传等发生的费用直接作为销售费用计入当期损益。只有当企业购入或转让商标时，才需要对商标权计价。商标权的计价一般根据被许可方新增的收益确定。

(4)土地使用权的计价。根据取得土地使用权的方式不同，土地使用权可有以下几种计价方式：当建设单位向土地管理部门申请土地使用权并为之支付一笔出让金时，土地使用权作为无形资产核算；当建设单位获得土地使用权是通过行政划拨的，这时土地使用权就不能作为无形资产核算；在将土地使用权有偿转让、出租、抵押、作价入股和投资，按规定补交土地出让价款时，才作为无形资产核算。

10.2.3.4　其他资产价值的确定

其他资产是指不能全部计入当年损益、应当在以后年度分期摊销的各种费用，包括开办费、租入固定资产改良支出等。

1. 开办费的计价

开办费是筹建期间建设单位管理费中未计入固定资产的其他各项费用，如建设单位经费，包括筹建期间工作人员工资、办公费、差旅费、印刷费、生产职工培训费、样品样机购置费、农业开荒费、注册登记费等以及不计入固定资产和无形资产购建成本的汇兑损益、利息、支出。按照新财务制度规定，除筹建期间不计入资产价值的汇兑净损失外，开办费从企业开始生产经营月份的次月起，按照不短于5年的期限平均摊入管理费用中。

2. 租入固定资产改良支出的计价

租入固定资产改良支出是企业从其他单位或个人租入的固定资产，所有权属于出租人，但企业依合同享有使用权。通常双方在协议中规定，租入企业应按照规定的用途使用，并承担对租入固定资产进行修理和改良的责任，即发生的修理和改良支出全部由承租方负担。对租入固定资产的大修理支出，不构成固定资产价值，其会计处理与自有固定资产的大修理支出无区别。对租入固定资产实施改良，因有助于提高固定资产的效用和功能，应当另外确认为一项资产。由于租入固定资产的所有权不属于租入企业，不宜增加租入固定资产的价值而作为其他资产处理。租入固定资产改良及大修理支出应当在租赁期内分期平均摊销。

10.3 保修费用的处理

10.3.1 保修的基本概念

10.3.1.1 保修的含义

根据《中华人民共和国建筑法》的相关规定，我国建筑工程实行质量保修制度。建设工程质量保修制度是国家所确定的重要法律制度，它在促进承包方加强质量管理、保护用户及消费者的合法权益等方面起着重要的作用。

质量保修是指项目竣工验收交付使用后，在规定的保修期限内，由施工单位按照国家或行业现行的有关技术标准、设计文件以及合同中对质量的要求，对已竣工验收的建设工程进行维修、返工等工作。

建设项目竣工并交付使用后，在使用过程中仍会逐步暴露出存在的质量缺

陷和隐患，如：屋面漏雨、建筑物基础不均匀沉降超标、采暖系统供热不佳等。因此，为了使建设项目达到最佳使用状态，确保工程质量，降低生产或使用费用，发挥最大的投资效益，业主应督促设计单位、施工单位、设备材料供应单位认真做好保修工作，并加强保修期间的造价控制。

10.3.1.2　保修的范围和保修期限的规定

1.保修范围

建筑工程的保修范围应包括地基基础工程、主体结构工程、屋面防水工程和其他土建工程以及电气管线、上下水管线的安装工程，供热、供冷系统工程等项目。

2.保修期限的规定

保修的期限应当按照保证建筑物合理寿命内正常使用，维护使用者合法权益的原则确定。具体的保修范围和最低保修期限由国务院规定。按照国务院《建设工程质量管理条例》的相关规定，在正常使用条件下，建设工程的最低保修期限如下。

(1)基础设施工程、房屋建筑的地基基础工程和主体结构工程，为设计文件规定的该工程的合理使用年限。

(2)屋面防水工程，有防水要求的卫生间、房间和外墙面的防渗漏为 5 年。

(3)供热与供冷系统为 2 个采暖期和供热期。

(4)电气管线、给排水管道、设备安装和装修工程为 2 年。

(5)其他项目的保修期限由承发包双方在合同中规定。

建设工程的保修期，自竣工验收合格之日算起。建设工程在保修范围和保修期限内发生的质量问题，承包人应当履行保修义务，并对因其造成的损失承担赔偿责任。由于用户使用不当而造成建筑功能不良或损坏的，或工业产品项目发生问题的，不属于保修范围，且应由建设单位自行组织修理。

10.3.2　保修费用及其处理

1.保修费用的含义

保修费用是指对保修期间和保修范围内所发生的维修、返工等各项费用支出。保修费用应按合同和有关规定合理确定和控制。一般可参照建筑安装工程造价的确定程序和方法计算；也可以按照建筑安装工程造价或承包工程合同价的一定比例计算(目前取5%)。

2.保修费用的处理

根据《中华人民共和国建筑法》的规定,在保修费用的处理问题上,必须根据修理项目的性质、内容以及检查修理等多种因素的实际情况,区别保修责任的承担问题。对于保修的经济责任的确定,应当由有关责任方承担,由建设单位和施工单位共同商定经济处理办法。

(1)施工单位未按国家有关标准、规范和设计要求施工,造成的质量问题,由施工单位负责返修并承担经济责任。

(2)设计方面的原因造成的质量问题,先由施工单位负责维修,其经济责任按有关规定通过建设单位向设计单位索赔。

(3)建筑材料、构配件和设备质量不合格引起的质量问题,先由施工单位负责维修,其属于施工单位采购的,由施工单位承担经济责任;属于建设单位采购的,由建设单位承担经济责任。

(4)建设单位(含监理单位)错误管理造成的质量问题,先由施工单位负责维修,其经济责任由建设单位承担,如属监理单位责任,则由建设单位向监理单位索赔。

(5)使用单位使用不当造成的损坏问题,先由施工单位负责维修,其经济责任由使用单位负责。

参考文献

[1] 伯婷.国土空间规划体系下的综合交通规划转型思考[J].城市住宅,2021,28(10):143-144.

[2] 曹磊.街道 & 道路景观设计[M],南京:江苏科学技术出版社,2014.

[3] 陈鹏飞.城市交通规划中存在的问题分析及其对策建议[J].城市道桥与防洪,2013(5):1-3.

[4] 陈星斗.浅析山地城市道路规划与工程设计[J].科技展望,2015,25(26):22-23.

[5] 陈旭.新时代城市群综合交通规划的形势及对策浅析[C]//中国城市规划学会城市交通规划学术委员会.交通治理与空间重塑——2020 年中国城市交通规划年会论文集.北京:中国建筑工业出版社,2020.

[6] 中国城市规划设计研究院.城市交通设计导则[Z].2015.

[7] 邓蕾蕾,刘波.城市道路规划设计存在问题及改进对策[J].城市建筑.2016(5):280.

[8] 邓蕾蕾.市政道路规划设计及布局规划研究[J].城市道桥与防洪,2017(5):9-10,26.

[9] 韩永启,赵静,魏艳庆.国土空间新形势下综合交通规划的问题与对策[C]//2020 万知科学发展论坛论文集(智慧工程二).[出版者不详],2020:328-336.

[10] 贺国太.城市道路规划设计面临的困境与改进方法探讨[J].城市地理.2017(14):53.

[11] 侯光旭.人性化慢行交通系统的构建[J].城市道桥与防洪,2014(4):29-34.

[12] 黄建德,田浩洋.新基建背景下智慧道路内涵与应用场景研究[J].交通与运输,2020,36(S02):5.

[13] 李建峰.工程计价与造价管理[M].2 版.北京:中国电力出版社,2012.

[14] 李建峰.工程造价管理[M].北京:机械工业出版社,2017.

[15] 李清波,符锌砂.道路规划与设计[M].北京:人民交通出版社,2004.

[16] 李昕.市政道路规划设计及布局规划[J].建筑技术开发,2018,45(23):22-23.

[17] 李远富.铁路规划与建设[M].成都:西南交通大学出版社,2011.

[18] 李远富.线路勘测设计[M].北京:高等教育出版社,2009.

[19] 刘灿齐.现代交通规划学[M].北京:人民交通出版社,2001.

[20] 刘运哲,何显慈.公路运输项目可行性研究[M].北京:人民交通出版社,1998.

[21] 陆化普,朱军,王建伟.城市轨道交通规划的研究与实践[M].北京:中国水利水电出版社,2001.

[22] 彭海林.发展新时期的城市道路设计新理念[J].城市道桥与防洪,2016(6):4.

[23] 琼斯,布热科,马歇尔.交通链路与城市空间:街道规划设计指南[M].孙壮志,刘剑锋,刘新华,译.北京:中国建筑工业出版社,2012.

[24] 王庆云.交通运输发展理论与实践[M].北京:中国科学技术出版社,2006.

[25] 王炜,杨新苗,陈学武.城市公共交通系统规划方法与管理技术[M].北京:科学出版社,2002.

[26] 项新里.借鉴发达国家经验,融公路于自然环境之中[J].公路交通技术,2002(1):62-63.

[27] 杨斌.新发展理念下的城市道路规划设计思考[J].城市道桥与防洪,2018(9):4.

[28] 越晓冬,越晓峰.浅淡城市道路的空间及景观设计[J].城市交通,2000(1):10-11.

[29] 张岐.城市道路景观环境设计——以天津市滨海新区为例[D].天津:天津科技大学,2016.

[30] 张乔,黄建中,马煜箫.国土空间规划体系下的综合交通规划转型思考[J].华中建筑,2020,38(1):87-91.

[31] 张新虎.市政道路规划设计及布局规划[J].居舍,2020(16):98.

[32] 郑莘荑.浅谈市道路规划设计存在的问题及改进措施[J].江西建材.2016(20):157.

[33] 周坤.城市智慧道路的设计与实践[J].智能城市,2020,6(10):2.

[34] 朱启政,张新宇,丁思锐.数据驱动的智慧道路规划设计与关键技术[C]//第十六届中国智能交通年会学术委员会.第十六届中国智能交通年会科技论文集.北京:机械工业出版社,2021.

后　记

在城市规划中，城市道路越来越重要。一个城市的道路规划水平在一定程度上影响着城市的现代化水平，因此提高道路规划水平、改进规划方法是城市道路规划工作面临的重点问题。在进行城市道路规划时，要确保道路设计的合理性和科学性，理性分析，合理定位，保证所设计的道路体现人性化的设计理念，实现道路规划的科学化发展。同时，在城市道路建设项目中，全面加强城市道路工程造价控制也是十分重要的。目前，道路建设工程造价控制难度依然巨大，需要各阶段、各参建方的共同配合。出现问题时及时采取措施解决，才能有效提高道路工程项目的管理水平，力求降低工程造价、提升建设质量、提高施工效率，从而实现经济效益的最大化。